●サンプルデータについて

本書で紹介したデータは、サンプルとして秀和システムのホームページからダウンロードできます。詳しいダウンロードの方法については、次のページをご参照ください。

🌐 **ダウンロードページ**

https://www.shuwasystem.co.jp/
books/vscodepermas191/

3.3 JavaScript

3.3.1 IntelliCodeを導入する

VSCodeには標準でインテリセンス（入力補完）が搭載されていますが、より強力な入力支援機能として、Microsoft社が開発している拡張機能「IntelliCode」があります。「AIが、使用する可能性が高いものを入力候補一覧の最上位に配置するため、入力時間を節約できる」とされています。
JavaScriptとTypeScriptに標準で対応するほか、開発言語に対応するための拡張機能をインストールすることにより、C#、C++、Java、Python、XAMLなどの各言語にも対応します。

IntelliCodeをインストールする

拡張機能ビューを表示して、IntelliCodeをインストールしましょう。

1 アクティビティバーの拡張機能ボタンをクリックします。

2 拡張機能ビューの入力欄に「IntelliCode」と入力します。

3 候補の一覧から「IntelliCode」を選択します。

4 インストールボタンをクリックします。

▼IntelliCodeのインストール

211

3

HTML/CSS/JavaScriptによるフロントエンド開発

● **中見出し**

紹介する機能や内容を表します。

● **本文の太字**

重要語句は太字で表しています。用語索引（➡ P.548）とも連動しています。

● **手順解説（Process）**

操作の手順について、順を追って解説しています。

● **具体的な操作**

どこをどう操作すればよいか、具体的な操作と、その手順を表しています。

JN093579

● **理解が深まる囲み解説**

下のアイコンのついた囲み解説には関連する操作や注意事項、ヒント、応用例など、ほかに類のない豊富な内容を網羅しています。

 Onepoint
正しく操作するためのポイントを解説しています。

 Attention
操作上の注意や、犯しやすいミスを解説しています。

 Tips
関連操作やプラスアルファの上級テクニックを解説しています。

 Hint
機能の応用や、実用に役立つヒントを紹介しています。

Memo
内容の補足や、別の使い方などを紹介しています。

見やすい手順と
わかりやすい解説で
理解度抜群！

◢ サンプルデータについて

　本書で紹介したデータは、㈱秀和システムのホームページからダウンロードできます。本書を読み進めるときや説明に従って操作するときは、サンプルデータをダウンロードして利用されることをおすすめします。

　ダウンロードは以下のサイトから行ってください。

・㈱秀和システムのホームページ

> https://www.shuwasystem.co.jp/

・サンプルファイルのダウンロードページ

> https://www.shuwasystem.co.jp/books/vscodepermas191/

　サンプルデータは、「chap03.zip」「chap04.zip」など章ごとに分けてありますので、それぞれをダウンロードして、解凍してお使いください。

　ファイルを解凍すると、フォルダーが開きます。そのフォルダーの中には、サンプルファイルが節ごとに格納されていますので、目的のサンプルファイルをご利用ください。

　なお、解凍したファイルは、操作を始める前にバックアップを作成してから利用されることをおすすめします。

・Visual Studio Code パーフェクトマスターのサポートページ (追加ページ)

> https://www.shuwasystem.co.jp/support/7980html/6797.html

　本書、第1版第2刷 (2023年7月14日) 発行にあたって、Pythonの仮想環境をVisual Studio Codeを用いて構築する方法をPDFにて解説しました。本書のサポートページに公開しましたので、あわせてご参照ください。

▼サンプルデータのフォルダー構造

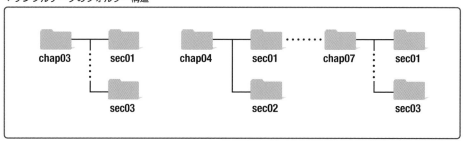

Perfect Master 191

Microsoft source code editer

Visual Studio Code

[Windows macOS 対応]

パーフェクトマスター 全機能解説

 ダウンロードサービス付

金城 俊哉 著

秀和システム

はじめに

開発者にとって、プログラミングを手助けする開発環境の選択は、とても重要です。プログラミング言語によっては「定番」の開発環境があり、それを利用している人も多いことでしょう。また、プログラミングに関しては好みのテキストエディターを使う、という人も多いと思われます。

本書で紹介する「Visual Studio Code」（以下「VSCode」とも表記）は、Microsoft社が開発しているWindows、macOS、Linux用の無償のテキストエディター（ソースコードエディター）です。プログラミング技術に関するコミュニティ「Stack Overflow」による、プログラマーを対象とした調査では、回答者の50.7%がVSCodeを使用しているとの結果を得たそうです（87,317人を対象とした2019年の調査）。

VSCodeはテキストエディターでありながら、機能を拡張することで、各言語に対応したコンパイラーやデバッガーを搭載することができます。また、Pythonのような言語では、機能拡張によって、インタープリターと連携してデバッグを行うことが可能になります。つまり、後付けの「拡張機能」を追加インストールすることで、様々なプログラミング言語に対応した統合開発環境（IDE）を用意できるというわけです。

もちろん、日ごろ使用している言語の機能だけを拡張すればよいので、特定の言語に特化した統合開発環境にすることが可能です。インストールしたてのVSCodeはとても軽快に動作しますが、機能を拡張して統合型の環境にしても、変わらず軽快に動作します。この辺りが多くのプログラマーに受け入れられている理由でしょう。

そしてもう1つ、機能の拡張については先ほど触れましたが、VSCodeでは「後付け」の数多くの拡張機能がパッケージとして提供されています。VSCodeの画面から簡単にインストールでき、VSCode本体と同様に無償です。言語ごとの入力補完機能をはじめ、構文チェックなどの機能が数多く用意されているので、好みの機能をチョイスしてカスタマイズできるのも魅力です。

本書では、こうしたVSCodeの魅力を存分にお伝えしたいと考え、操作方法の解説と並行して、できるだけ多くの拡張機能についても紹介しました。インストールもアンインストールも簡単ですので、気に入ったものがあれば、ぜひ使ってみてください。

あと、本書では実用的なアプリの開発についても紹介しています。少し難しく感じる部分もあるかもしれませんが、言語解説よりも「VSCodeを便利に使う」ことをテーマにしています。最後まで楽しくお読みいただけると思いますので、ぜひともチャレンジしてみてください。

VSCodeを使うようになってから、プログラミングがより快適に、そして楽しくなったような気がします。最後になりましたが、この本が、VSCodeユーザーの皆様のお役に立てることを願っております。

2023年1月　金城俊哉

Contents
目次

Perfect Master Series
Visual Studio Code

0.1 VSCodeを使い倒して 快適プログラミング

この本では、VSCode（Visual Studio Code）の基本的な使い方から、便利な拡張機能を後付けで追加して自分好みにカスタマイズする応用的な使い方、さらにはVSCodeで本格的なプログラムを快適に開発する方法までを紹介しています。VSCodeを初めて使う人はもちろん、VSCodeがいまひとつ使いこなせていないと感じる人にも役立つ内容になっています。

初めてVSCodeを使う人は 1章から順番に読むことをお勧めします

1章では、VSCodeのインストールと初期設定、VSCodeの画面について説明しています。続く2章では、VSCodeの各種の機能を紹介しながら、コーディングからデバッグまでの一連の開発工程について解説しています。3章以降は、VSCodeの開発言語ごとの使い方になりますので、気になる章から読み進めていただければと思います。

VSCodeのインストールと初期設定、操作画面とその使い方を紹介

Chapter 1 Visual Studio Codeの導入

「Visual Studio Code」はMicrosoft社が開発しているソースコードエディターです。Web開発におけるHTML、CSS、JavaScriptをはじめ、Python、Go、Java、C++、C#など、様々なプログラミング言語に対応し、現在、最も多く利用されている統合開発環境（IDE）だといわれています。

この章では、VSCodeをインストールし、初期設定を行う手順から、VSCodeの操作画面の使い方までを紹介しています。VSCodeを初めて使う人は、この章からお読みください。

▼ Visual Studio Codeのダウンロードページ

ソースファイルの作成、コーディング、デバッグを体験してVSCodeを使いこなそう！

● Chapter 2 VSCodeの基本操作

VSCodeには、ソースコードエディターとしての機能が豊富に搭載されています。コーディングに関しては、VSCodeの標準搭載の機能だけで十分快適に作業できます。この章では、プログラミング環境を構築し、コーディングからデバッグまでの一連の作業を体験しつつ、VSCodeの機能を使いこなすためのテクニックを習得します。デバッグについては、JavaScriptのプログラムを例にします。

▼ファイル間の差分表示

拡張機能を使いこなして快適プログラミング

● Chapter 3 HTML/CSS/JavaScriptによるフロントエンド開発

HTML、CSS、JavaScriptのコードを記述して、開閉式パネルが配置されたWebページの開発を行います。開発にあたっては、各言語の入力支援やコードチェックを行う拡張機能を導入します。HTMLやCSSのカラーコードに実際に色付けする拡張機能なども導入し、快適に素早くプログラミングする術を学びます。

▼エディターとプレビュー画面

VSCodeでPythonプログラミングを体験しよう！

● Chapter 4 VSCodeでPythonプログラミング

人気のプログラミング言語であるPythonを使ってプログラミングする環境を構築します。拡張機能「Python」をインストールし、Pythonに特化したコードスニペット（よく使われるコードを自動入力する機能）や自動フォーマッタを導入して快適なプログラミング環境を用意します。シンプルなWebスクレイピングツールの開発を通して、Pythonプログラミングの楽しさを体験しましょう。

▼Pythonのプログラムをデバッグする

VSCodeでプロフェッショナルプログラミング

● Chapter 5 Djangoを用いたWebアプリ開発

VSCodeの使い方をひととおりマスターしたら、本格的なアプリ開発を体験してみましょう。題材は「画像投稿アプリ」です。ユーザー管理機能も備え、実用にも耐えるアプリです。VSCodeでの開発について重点的に解説していますので、ぜひとも挑戦してみてください。

▼会員制画像投稿アプリ

Git、GitHubと連携した開発

● Chapter 6 VSCodeからGit、GitHubを使う

VSCodeは標準でGitに対応しているので、GitをインストールするだけでVSCode上で使えるようになります。Gitは本来、コマンドラインツールを用いて操作しますが、VSCodeのビジュアルな画面で操作することで、開発効率が一段とアップします。リモート環境のGitHubと連携する方法についても詳しく解説します。

▼Gitのコミット履歴をビジュアルに表示

VSCodeで機械学習を体験しよう！

● Chapter 7 Jupyter Notebookを用いた機械学習

データ分析や機械学習で人気の「Jupyter Notebook」をVSCode上で起動し、実際にデータ分析や機械学習を行います。必須といわれるライブラリをひととおりインストールし、大量のデータを分析にかけるので、初めての人も経験のある人も、VSCodeで分析する醍醐味や楽しさを味わってもらえると思います。難しい理論は専門書に任せて、プログラミングすることに重点を置いた解説になっています。

▼Notebookでグラフを表示

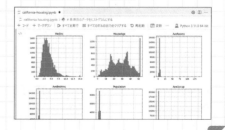

Perfect Master Series
Visual Studio Code

Chapter 1

Visual Studio Code の導入

　「Visual Studio Code」はMicrosoft社が開発しているソースコードエディターで、Windows、macOS、Linuxに対応してします。Web開発におけるHTML、CSS、JavaScriptをはじめ、Python、Go、Java、C++、C#など、様々なプログラミング言語に対応し、現在、最も多く利用されている統合開発環境（IDE）だといわれています。

新定番のソースコード
エディター：
Visual Studio Code

Level ★★★ | Keyword | Visual Studio Code、ソースコードエディター、シンタックスハイライト、インテリセンス、コンパイル、デバッグ、Git

「Visual Studio Code」は、Microsoft社が開発しているソースコードエディターです。Windows、macOS、Linuxに対応し、軽快な動作で機能も豊富なことから、今、プログラマーの間で最も広く使われているソースコードエディターだといわれています。

ここが
ポイント！

ソースコードエディターの新定番
「Visual Studio Code」

　プログラム開発時のコーディングに利用されるテキストエディターのことを、「ソースコードエディター」または「コードエディター」と呼びます。Visual Studio Codeは、Microsoft社によって開発され、無償で提供されているソースコードエディターです。

● Visual Studio Codeの特徴

・オープンソフトウェアとして開発されている
・クロスプラットフォームである（Windows、macOS、Linux対応）
・動作が軽快で、強力な編集機能を持つ
・カスタマイズ性が高く、IDE（統合開発環境）並み、あるいはそれ以上のレベルに機能強化できる
・標準でGitによるバージョン管理をサポート

拡張機能をインストールして機能強化できる

◀ Visual Studio Codeの拡張機能のインストール画面

1.1.1 Visual Studio Codeがつくる快適なプログラミング環境

Visual Studio Code（VSCode）は、誰でも無償でダウンロードでき、インストールを行えばすぐにプログラミングを始めることができます。数多くのプログラミング言語に対応し、各言語における**シンタックスハイライト**（構文強調）や**インテリセンス**（コード補完）をサポートしています。

IDE並みの機能を備え、多言語に対応

Visual Studio Codeはソースコードエディターであり、IDE（統合開発環境）ではありません。IDEといえば同じくMicrosoft社の「Visual Studio」が有名ですが、Visual Studio Codeには、デバッグ機能やGitのサポート、タスク（頻繁に行う作業の自動化）の機能などが組み込まれているので、

・ソースコードの編集
・コンパイルやビルド
・デバッグ実行
・Gitリポジトリへのコミット/プッシュ

といった、プログラミングに必要な作業のすべてを完結させることができます。

Visual Studio Codeが対応する言語

Visual Studio Codeは、今日広く使われているプログラミング言語のほぼすべてに対応しています。次表は、Visual Studio Codeの各機能がどのプログラミング言語に対応しているか、をまとめたものです。

▼Visual Studio Codeの各機能が対応するプログラミング言語

機能	プログラミング言語
シンタックスハイライト（構文強調）	C++、Clojure、CoffeeScript、Docker、F#、Go、Jade、Java、Handlebars、INIファイル、Lua、Makefile、Objective-C、Perl、PowerShell、Python、R、Razor、Ruby、Rust、SQL、Visual Basic、XML
スニペット（再利用できるコード）	Groovy、Markdown、PHP、Swift
インテリセンス（コード補完）	CSS、HTML、JavaScript、JSON、LESS、Sass
リファクタリング（コードの構造整理）	C#、TypeScript
デバッグ	JavaScript、TypeScript（Node.js）、C#、F#（Mono）

※出典：ウィキペディア「Visual Studio Code」（https://ja.wikipedia.org/wiki/Visual_Studio_Code）

1

Visual Studio Codeの導入

■ 言語拡張機能

言語拡張機能を追加インストールすることで、コンパイルやビルド、デバッグまでが行えるようになります。

▼言語拡張機能が対応する主な言語

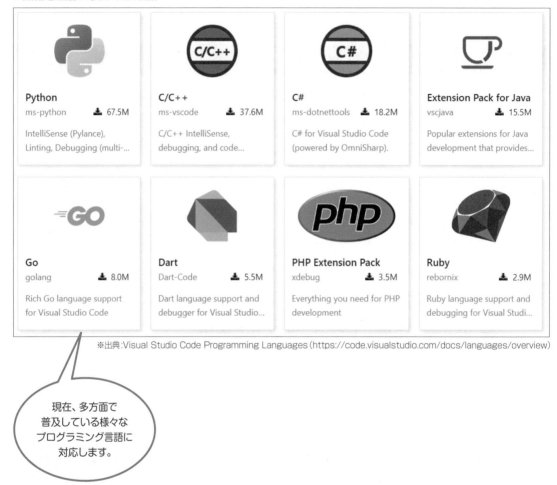

Python	
ms-python	⬇ 67.5M
IntelliSense (Pylance), Linting, Debugging (multi-...	

C/C++	
ms-vscode	⬇ 37.6M
C/C++ IntelliSense, debugging, and code...	

C#	
ms-dotnettools	⬇ 18.2M
C# for Visual Studio Code (powered by OmniSharp).	

Extension Pack for Java	
vscjava	⬇ 15.5M
Popular extensions for Java development that provides...	

Go	
golang	⬇ 8.0M
Rich Go language support for Visual Studio Code	

Dart	
Dart-Code	⬇ 5.5M
Dart language support and debugger for Visual Studio...	

PHP Extension Pack	
xdebug	⬇ 3.5M
Everything you need for PHP development	

Ruby	
rebornix	⬇ 2.9M
Ruby language support and debugging for Visual Studi...	

※出典：Visual Studio Code Programming Languages (https://code.visualstudio.com/docs/languages/overview)

> 現在、多方面で普及している様々なプログラミング言語に対応します。

1.1.2　拡張機能

Visual Studio Codeには、言語拡張機能のほかにも、機能強化のための様々な拡張機能が用意されていて、「拡張機能」の画面から簡単にインストールできるようになっています。ここでは、どのような拡張機能があるのか見てみましょう。

エディターの拡張機能

エディターにおけるソースコードの表示や解析機能を強化する拡張機能です。

- ・EvilInspector
  全角スペースを目立たせることで、うっかり全角のスペースが入ることによるエラーを防止します。
- ・zenkaku
  全角スペースをグレーに色付けして目立たせます。
- ・Bracket Pair Colorization
  前後のカッコを色付きで表示することで、対になるカッコを見やすく表示します。
- ・indent-rainbow
  インデントの深さが色分けで表示されます。
- ・Code Spell Checker
  スペルミスの箇所を波線で強調表示し、修正案を表示します。
- ・Path Autocomplete
  画像などのファイルパスの補完を行います。タイプミスがなくなり、とても便利です。
- ・vscode-icons
  エディター関連ではありませんが、**エクスプローラー**のファイル名の横に表示されるアイコンを、ファイルの種類がひと目でわかる視認性のよいものにします。

HTMLの拡張機能

HTMLの編集に役立つ拡張機能です。

- ・Bookmarks
  ブックマークが付けられる拡張機能です。ブックマークにジャンプしたり、ブックマークをリスト化することもできます。
- ・Live Server
  リアルタイムでプレビューを表示します。同じような拡張機能に「HTML Preview」や「Live HTML Previewer」があります。
- ・Auto Rename Tag
  開始タグと終了タグのどちらかを書き換えると、残りのタグも同時に書き換えます。

- **HTMLHint**
  HTMLのエラーを検出し、警告を表示します。エラー内容も確認できます。

CSSの拡張機能

CSSに関する拡張機能です。

- **IntelliSense for CSS class names in HTML**
  HTMLでクラス名を入力する際に、CSSのクラス名を読み取って入力補完します。
- **CSSTree validator**
  CSSの文法チェックを行います。
- **Color Highlight**
  カラーコードを、実際の色で囲んで表示します。どのような色が使われているのか、ひと目でわかって便利です。
- **CSS Peek**
  HTML側のクラス名をマウスでポイントすると、CSSのコードをポップアップ表示します。

JavaScriptの拡張機能

JavaScriptの拡張機能です。

- **IntelliCode**
  Microsoftの公式プラグインで、インテリセンス機能を付加します。アルファベット順ではなく、AIが予測した使用可能性が高いコードを上位に表示します。
- **JavaScript code snippets**
  JavaScriptのスニペット（再利用可能なソースコード）です。
- **Prettier**
  ソースコードの整形をする拡張機能で、**フォーマッタ**または**コードフォーマッタ**と呼ばれます。ソースコードのスタイルを統一して、読みやすいソースコードにします。Webプログラミングに用いられる、HTML、CSS、JavaScript、TypeScript、JSON、SCSS、Markdown、JSX、GraphQLなどをカバーします。

デバッグに関する拡張機能

デバッグに関する拡張機能です。

- **Code Runner**
  ソースコードをVSCode上で手軽に実行できます。JavaScript、Python、PHP、Ruby、Java、Go、C、C++など非常に多くの言語に対応しています。選択した範囲のソースコードだけを実行できるので、簡単なデバッグを行いたいときに便利です。

1.2

VSCodeを
インストールする

　Visual Studio Code（以後は主に「VSCode」と略記）は、公式サイトにおいて無償で公開されています。Windowsの場合はインストーラーをダウンロードし、これを実行してインストールを行います。macOSの場合は、アプリケーションファイルをダウンロードするだけで、すぐに使うことができます。

ここが
ポイント！

VSCodeのインストール

　VSCodeは、Windows、macOS、Linux対応版が、公式サイト（https://code.visualstudio.com/）において配布されています。macOS版は実行ファイルをダウンロードするだけですぐに使えますが、Windows版は、インストーラーをダウンロードして起動し、インストールを行います。

▼VSCodeのダウンロードページ

OSの種類ごとにダウンロードの
リンクがある

▼Windows版VSCodeのインストーラー（起動直後の画面）

次へボタンをクリックして
先に進む

1.2.1　VSCodeのダウンロードとインストール

Windows版VSCodeは、公式サイトからインストーラーをダウンロードし、これを実行してインストールを行います。

Windows版インストーラーのダウンロード

VSCodeのサイトにアクセスして、インストーラーをダウンロードしましょう。

▼VSCodeのインストーラーをダウンロードする

1 ブラウザーを起動し、「https://code.visual studio.com/」にアクセスします。

2 ダウンロード用ボタンの▼をクリックして、**Windows x64 User Installer**の**Stable**のダウンロード用アイコンをクリックします。

Stableのダウンロード用アイコンをクリックする

Windows版VSCodeのインストール

インストーラーを起動して、VSCodeのインストールを行います。

▼VSCodeのインストーラーの起動直後

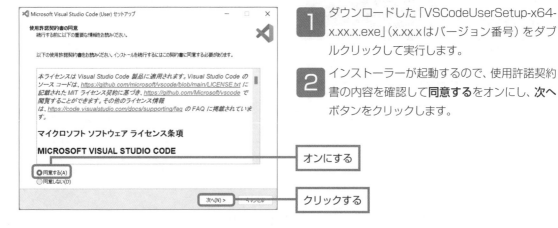

1 ダウンロードした「VSCodeUserSetup-x64-x.xx.x.exe」（x.xx.xはバージョン番号）をダブルクリックして実行します。

2 インストーラーが起動するので、使用許諾契約書の内容を確認して**同意する**をオンにし、**次へ**ボタンをクリックします。

オンにする

クリックする

1

③ インストール先のフォルダーが表示されるので、これでよければ**次へ**ボタンをクリックします。変更する場合は**参照**ボタンをクリックし、インストール先を指定してから次へボタンをクリックします。

▼インストール先の指定

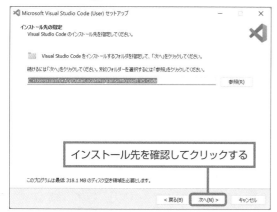

インストール先を確認してクリックする

④ ショートカットを保存するフォルダー名が表示されるので、このまま**次へ**ボタンをクリックします。

▼スタートメニューフォルダーの指定

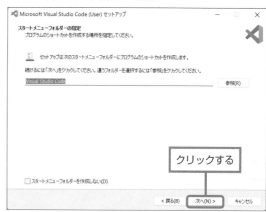

クリックする

⑤ VSCodeを実行する際のオプションを選択する画面が表示されます。**サポートされているファイルの種類のエディターとして、Codeを登録する**、および**PATHへの追加（再起動後に使用可能）**がチェックされた状態のまま、必要に応じて他の項目もチェックして、**次へ**ボタンをクリックします。

▼追加タスクの選択

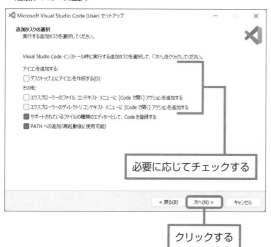

必要に応じてチェックする

クリックする

⑥ **インストール**ボタンをクリックして、インストールを開始します。

▼インストール準備完了

クリックする

▼インストールの完了

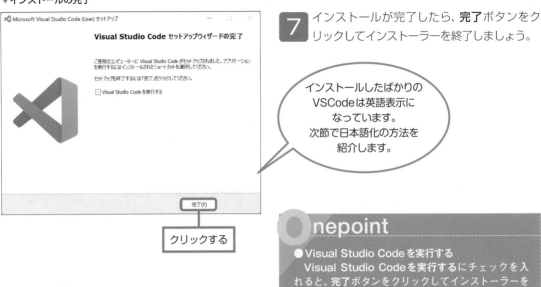

7 インストールが完了したら、**完了**ボタンをクリックしてインストーラーを終了しましょう。

インストールしたばかりの
VSCodeは英語表示に
なっています。
次節で日本語化の方法を
紹介します。

クリックする

nepoint

● Visual Studio Codeを実行する
Visual Studio Codeを実行するにチェックを入れると、完了ボタンをクリックしてインストーラーを終了した直後にVSCodeが起動します。

macOS版VSCodeのダウンロード

　macOSの場合は、「https://code.visualstudio.com/」のページでダウンロード用ボタンの▼をクリックして、**macOS Universal**の**Stable**のダウンロード用アイコンをクリックします。

　ダウンロードしたZIP形式ファイルをダブルクリックして解凍すると、アプリケーションファイル「VSCode.app」が作成されるので、これを「アプリケーション」フォルダーに移動します。以降は、「VSCode.app」をダブルクリックすればVSCodeが起動します。

VSCodeの日本語化

Level ★ ★ ★ | Keyword | 日本語化パック

VSCodeは、標準で英語表示になっていますが、拡張機能の「Japanese Language Pack for VS Code」をインストールすることで、日本語の表示にすることができます。

ここが
ポイント!

VSCodeを日本語化する

VSCodeは、初期状態ではメニューをはじめすべての項目が英語表示になっています。日本語化パック（Japanese Language Pack for VS Code）をインストールすることで、日本語表示にすることができます。

● 日本語化パックのインストール

日本語化パックは、次の2つの方法のいずれかを利用してインストールすることができます。

・VSCodeの初回起動時のメッセージを利用する

VSCodeを初めて起動したときに表示される、日本語化パック（Japanese Language Pack for VS Code）のインストールを促すメッセージの**インストールして再起動(Install and Restart)**をクリックしてインストールします。

・Extensions Marketplaceタブを利用する

VSCodeには、拡張機能をインストールするための**Extensions Marketplace**タブがあります。「Japanese Language Pack for VS Code」を検索し、**Install**ボタンをクリックしてインストールします。

▼日本語化パック適用後のVSCode

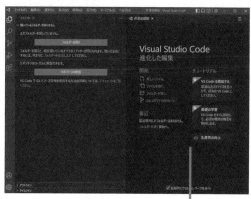

すべての項目が日本語で
表示される

1.3.1 「Japanese Language Pack for VS Code」を インストールする

VSCodeには様々な拡張機能が用意されており、個別にインストールして使うことができます。「**Japanese Language Pack for VS Code**」は、VSCodeを日本語表示にするための拡張機能であり、ここで紹介する2つの方法のいずれかを使ってインストールすることができます。

初回起動時のメッセージを利用してインストールする

VSCodeを初めて起動したときに、日本語化パック（Japanese Language Pack for VS Code）のインストールを促すメッセージが表示されることがあります。この場合、**インストールして再起動 (Install and Restart)** をクリックすると、日本語化パックがインストールされます。

ただし、状況によってはメッセージが表示されないこともあるので、その場合は次ページで紹介する方法でインストールしてください。

▼初回起動時のメッセージから日本語化パックをインストールする

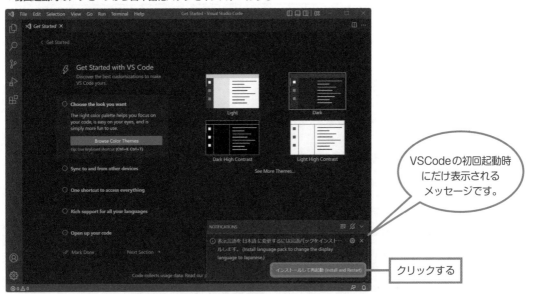

VSCodeの初回起動時にだけ表示されるメッセージです。

クリックする

「Extensions Marketplace」タブからインストールする

VSCodeには、拡張機能をインストールするためのExtensions Marketplaceビュー（Extensions ビュー）があります。これを使って日本語化パックをインストールする方法を紹介します。

1 VSCodeの画面左側、アクティビティバーの Extensionsボタンをクリックします。

2 Extensionsビューが開くので、検索欄に 「Japanese」と入力します。

3 「Japanese Language Pack for VS Code」 が表示されるので、Installボタンをクリックし ます。

▼VSCodeのアクティビティバー（左端）

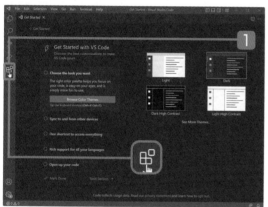

▼「Japanese Language Pack for VS Code」のインストール

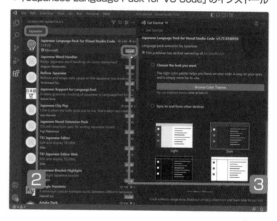

4 インストールが完了すると、VSCodeの再起動 を促すメッセージが表示されるので、Restart （またはChange Language and Restart） ボタンをクリックします。

5 VSCodeが起動すると、メニューをはじめ、す べての表示が日本語に切り替わったことが確 認できます。

▼VSCodeの再起動

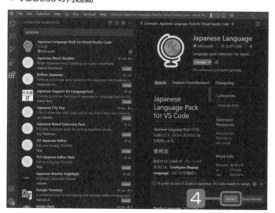

▼再起動後のVSCode

Section

1.4 初期設定

Level ★★★　｜　Keyword　｜　ウェルカムページ、配色テーマ

VSCodeを起動すると、よく使う機能へのリンクが設定された「ウェルカムページ」が表示されます。
また、VSCodeの画面全体の配色が初期状態で特定の配色テーマが設定されています。

ここがポイント！

「ウェルカムページ」の表示/非表示と配色テーマの切り替え

VSCodeを起動すると、右図のような「ウェルカムページ」が表示されます。この画面は、必要に応じて表示と非表示を切り替えることができます。

▼ VSCode 起動直後に表示される「ウェルカムページ」

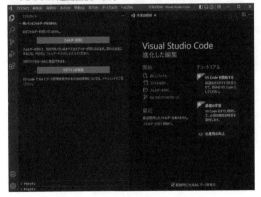

VSCodeの画面全体の配色は、「配色テーマ」の設定を変更することで、好みのものにすることができます。

▼ 配色テーマを「Light+（既定のLight）」に設定したところ

1.4.1 ウェルカムページ

VSCodeの初期状態では、起動時に**ウェルカムページ**が表示されるようになっています。ウェルカムページには、フォルダーやファイルを開いたり、新しいファイルを作成したりするリンクが表示され、VSCode起動時の操作が網羅されています。

ウェルカムページの非表示と再表示

ウェルカムページは、VSCode起動時の表示または非表示を切り替えることができます。

■ ウェルカムページを非表示にする

ウェルカムページには、**起動時にウェルカムページを表示**というチェックボックスがあります。このチェックを外すと、次回の起動時からウェルカムページは表示されないようになります。

▼ウェルカムページを非表示にする

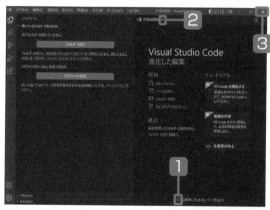

1 **起動時にウェルカムページを表示**のチェックを外します。

2 **作業の開始**の×をクリックします。

3 **閉じる**ボタンをクリックしてVSCodeを終了します。

▼ウェルカムページが非表示になった

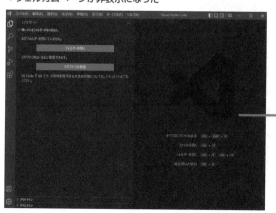

4 VSCodeを起動すると、ウェルカムページが非表示になっていることが確認できます。

> ウェルカムページが非表示になっている

ウェルカムページを再表示する

非表示にしたウェルカムページは、次の方法で再表示できます。

[1] ヘルプメニューの**作業の開始**を選択します。

▼ウェルカムページの表示

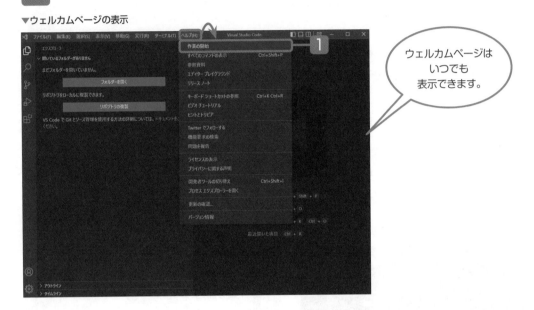

ウェルカムページは
いつでも
表示できます。

[2] ウェルカムページが表示されます。

[3] **起動時にウェルカムページを表示**にチェックを
入れると、次回の起動時からウェルカムページ
が表示されるようになります。

▼表示されたウェルカムページ

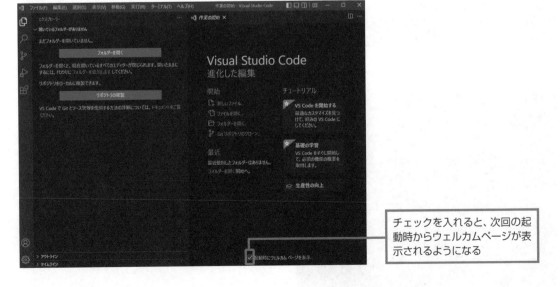

チェックを入れると、次回の起
動時からウェルカムページが表
示されるようになる

1.4.2 配色テーマの切り替え

VSCodeでは、配色テーマを切り替えることで、画面全体を暗い色調や明るい色調で表示することができます。

画面全体の配色を設定する

VSCodeの画面には**配色テーマ**が適用されていて、暗い色調や明るい色調で表示されるようになっています。ここでは、Dark+（既定のDark）が適用されている状態から**Light+（既定のLight）**に切り替えて、白を基調にした明るい色調に切り替えてみることにします。

1 **ファイル**メニューをクリックして、**ユーザー設定➡配色テーマ**を選択します。

2 設定したい配色テーマを選択します。ここでは**Light+（既定のLight）**を選択しています。

▼ファイルメニュー

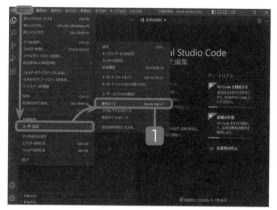

▼配色テーマの選択

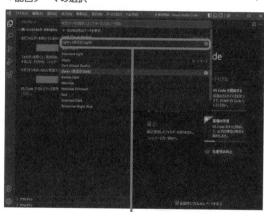

Light+（既定のLight）を選択

3 選択した配色テーマが適用されます。

▼配色テーマ設定後の画面

選択した配色テーマが適用される

Section

1.5

VSCodeの画面構成

Level ★ ★ ★	Keyword	アクティビティバー、サイドバー、メニューバー、エディター、パネル、ステータスバー

VSCodeの画面は、6つの領域で構成されます。ここではVSCodeの画面を構成する、それぞれの領域について見ていくことにしましょう。

 ここが ポイント！

VSCodeの画面は6つの領域で構成される

VSCodeの画面は6つの領域で構成されます。上下の細い領域が**メニューバー**と**ステータスバー**です。左端に上下に細くのびるのが**アクティビティバー**、その隣が**サイドバー**、そしてコーディングを行うための**エディター**が配置されます。**エディター**の下には、プログラムの出力結果やターミナルが表示される**パネル**が配置されています。次図は、JavaScriptのソースコードを開いた状態の画面です。

▼VSCodeの各領域の名称

1.5.1　メニューバー

画面最上部の**メニューバー**には、8つのメニューが配置されています。

[ファイル] メニュー

▼ [ファイル] メニュー

ファイル操作に
関連する項目が
まとめられています。

ファイルメニューでは、ファイルやフォルダーの作成、保存、開く操作、およびエディターやワークスペースを閉じる操作などが行えます。

[編集] メニュー

▼ [編集] メニュー

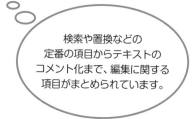

編集メニューでは、操作の取り消しとやり直し、切り取りやコピー、貼り付けの操作、文字列の検索と置換、さらにはソースコード内のコメントに関する操作が行えます。

検索や置換などの
定番の項目からテキストの
コメント化まで、編集に関する
項目がまとめられています。

[選択] メニュー

▼ [選択] メニュー

選択(S)	表示(V)	移動(G)	実行(R)	ターミナル(T)
すべて選択				Ctrl+A
選択範囲の展開			Shift+Alt+RightArrow	
選択範囲の縮小			Shift+Alt+LeftArrow	
行を上へコピー			Shift+Alt+UpArrow	
行を下へコピー			Shift+Alt+DownArrow	
行を上へ移動			Alt+UpArrow	
行を下へ移動			Alt+DownArrow	
選択範囲の複製				
カーソルを上に挿入			Ctrl+Alt+UpArrow	
カーソルを下に挿入			Ctrl+Alt+DownArrow	
カーソルを行末に挿入			Shift+Alt+I	
次の出現個所を追加			Ctrl+D	
前の出現箇所を追加				
すべての出現箇所を選択			Ctrl+Shift+L	
マルチ カーソルを Ctrl+Click に切り替える				
列の選択モード				

選択メニューでは、選択範囲の展開（拡大）や縮小、行単位での移動やコピー、マルチカーソル（複数のカーソルを表示する機能）に関する操作が行えます。

> VSCodeの強力な機能「マルチカーソル」の項目があります。

[表示] メニュー

▼ [表示] メニュー

表示(V)	移動(G)	実行(R)	ターミナル(T)
コマンド パレット...			Ctrl+Shift+P
ビューを開く...			
外観			>
エディター レイアウト			>
エクスプローラー			Ctrl+Shift+E
検索			Ctrl+Shift+F
ソース管理			Ctrl+Shift+G
実行			Ctrl+Shift+D
拡張機能			Ctrl+Shift+X
問題			Ctrl+Shift+M
出力			Ctrl+Shift+U
デバッグ コンソール			Ctrl+Shift+Y
ターミナル			Ctrl+@

右端での折り返し(&W)	Alt+Z
✓ ミニマップ	
✓ 階層リンク	
✓ 空白を描画する	
✓ 制御文字を表示する	
固定スクロール()	

> ビューやパネルの表示は**表示**メニューから行います。

表示メニューでは、サイドバーやパネルへのビューの表示などの操作が行えます。

[移動] メニュー

1

▼ [移動] メニュー

移動(G)　実行(R)　ターミナル(T)　ヘルプ(H)	
戻る	Alt+LeftArrow
進む	Alt+RightArrow
最後の編集場所	Ctrl+K Ctrl+Q
エディターの切り替え	>
グループの切り替え	>
ファイルに移動...	Ctrl+P
ワークスペース内のシンボルへ移動...	Ctrl+T
エディター内のシンボルへ移動...	Ctrl+Shift+O
定義に移動	F12
型定義に移動	
宣言へ移動	
実装箇所に移動	Ctrl+F12
参照へ移動	Shift+F12

行/列に移動...	Ctrl+G
ブラケットに移動	Ctrl+Shift+\
次の問題箇所	F8
前の問題箇所	Shift+F8
次の変更箇所	Alt+F3
前の変更箇所	Shift+Alt+F3

変数や関数の定義への移動が素早く行えます。

　移動メニューでは、ソースコードの特定の場所（定義など）への移動などの操作が行えます。

[実行] メニュー

▼ [実行] メニュー

実行メニューでは、プログラムのデバッグに関する操作が行えます。

実行(R)　ターミナル(T)　ヘルプ(H)	
デバッグの開始	F5
デバッグなしで実行	Ctrl+F5
デバッグの停止	Shift+F5
デバッグの再起動	Ctrl+Shift+F5
構成を開く	
構成の追加...	
ステップ オーバーする	F10
ステップ インする	F11
ステップ アウトする	Shift+F11
続行	F5
ブレークポイントの切り替え	F9
新しいブレークポイント	>
すべてのブレークポイントを有効にする	
すべてのブレークポイントを無効にする	
すべてのブレークポイントの削除	
その他のデバッガーをインストールします...	

プログラムのデバッグに関するすべての操作がまとめられています。

[ターミナル] メニュー

▼ [ターミナル] メニュー

ターミナルメニューでは、ターミナルの表示、分割表示、タスクの実行など、ターミナルに関する操作が行えます。

> VSCodeの画面下側に
> 表示される**ターミナル**
> パネルの操作が行えます。

[ヘルプ] メニュー

▼ [ヘルプ] メニュー

ヘルプメニューでは、ヘルプに関する操作が行えるほか、VSCodeのバージョンや更新の確認が行えます。

> VSCodeに関して
> わからないことがあったら
> ヘルプメニューを
> 開きましょう。

1.5.2　アクティビティバーとサイドバー

アクティビティバーには、**エクスプローラー**、**検索**、**ソース管理**、**実行とデバッグ**、**拡張機能**といったビューを**サイドバー**に表示するためのボタンが配置されています。

▼［アクティビティバー］のボタン

ボタン	名称	説明
	エクスプローラー	開いているファイルの一覧、フォルダーやワークスペースの階層構造などを確認するための**エクスプローラー**ビューを表示します。
	検索	キーワードを指定して、検索や置換を行うための**検索**ビューを表示します。
	ソース管理	Git（ギット）と連携するための**ソース管理**ビューを表示します。
	実行とデバッグ	プログラムを実行またはデバッグするための**実行とデバッグ**ビューを表示します。
	拡張機能	拡張機能をインストールするための**拡張機能**ビューを表示します。

エクスプローラー

アクティビティバーの**エクスプローラー**ボタン をクリックすると、**サイドバーにエクスプローラー**が表示されます。**エクスプローラー**ボタンをもう一度クリックすると、**エクスプローラー**が非表示になります。

▼［エクスプローラー］ボタンをクリックしたところ

エクスプローラー

エクスプローラーには、**開いているエディター**、**フォルダー**、**アウトライン**、**タイムライン**の各ビューが表示されるようになっていて、既定で**フォルダー**が表示されるようになっています。

▼［エクスプローラー］に表示されるビュー

ビュー	説明
開いているエディター	エディターで開いているファイルの一覧が表示されます。
フォルダー	現在、開いているフォルダーやワークスペースの階層構造が表示されます。表示されているファイルをダブルクリックしてエディターで開くことができます。
アウトライン	開いているファイルの概要が表示されます。ソースファイルを開いている場合は、関数名や変数名などが一覧で表示されます。表示されている名前をダブルクリックすると、ソースコード内の定義部に移動することができます。
タイムライン	ファイルの編集履歴が表示されます。「ファイルが保存されました」という履歴をクリックすると、保存前と保存後のファイルが表示され、どこを変更して保存したのかを確認することができます。

［ビューとその他のアクション］ボタン

エクスプローラーの右上に表示される**ビューとその他のアクション**ボタンをクリックすると、ビューの表示／非表示を切り替えるメニューが表示され、任意のビューにチェックを付けた状態にすると、対象のビューが表示されます。

▼［エクスプローラー］にすべてのビューを表示したところ

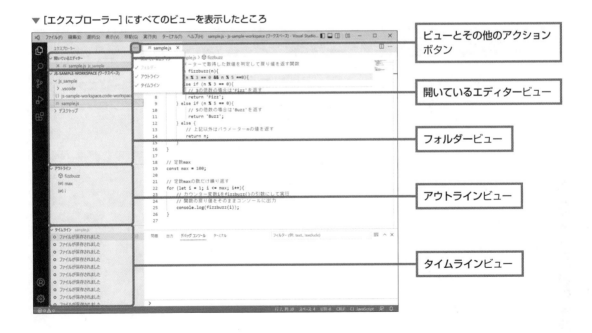

- ビューとその他のアクションボタン
- 開いているエディタービュー
- フォルダービュー
- アウトラインビュー
- タイムラインビュー

検索

アクティビティバーの**検索**ボタン🔍をクリックすると、**サイドバー**に**検索**ビューが表示されます。**検索**ボタンをもう一度クリックすると、**検索**ビューが非表示になります。

▼［検索］ボタンをクリックしたところ

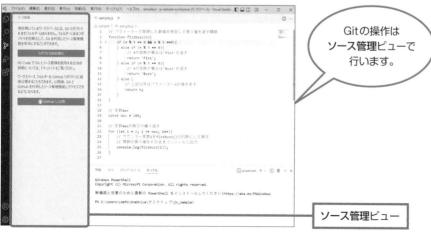

検索ビュー

ソース管理

アクティビティバーの**ソース管理**ボタン🔀をクリックすると、**サイドバー**に**ソース管理**ビューが表示されます。**ソース管理**ボタンをもう一度クリックすると、**ソース管理**ビューが非表示になります。

▼［ソース管理］ボタンをクリックしたところ

Gitの操作は
ソース管理ビューで
行います。

ソース管理ビュー

実行とデバッグ

アクティビティバーの**実行とデバッグ**ボタン♪をクリックすると、**サイドバー**に**実行とデバッグ**ビューが表示されます。**実行とデバッグ**ボタンをもう一度クリックすると、**実行とデバッグ**ビューが非表示になります。

▼[実行とデバッグ]ボタンをクリックしたところ

実行とデバッグビューには、**変数**、**ウォッチ式**、**コールスタック**、**ブレークポイント**など、プログラムのデバッグ時に必要な情報が表示されます。

実行とデバッグビュー

拡張機能

アクティビティバーの**拡張機能**ボタンをクリックすると、**サイドバー**に**拡張機能**ビューが表示されます。**拡張機能**ボタンをもう一度クリックすると、**拡張機能**ビューが非表示になります。

検索欄に検索キーワードを入力すると該当する拡張機能がリストアップされるので、**インストール**ボタンをクリックしてインストールする、という使い方をします。

▼[拡張機能]ボタンをクリックしたところ

各言語に特化した数多くの拡張機能がインストールできます。

拡張機能ビュー

1.5.3　エディター

エディターは、ファイルを開いて編集するための領域です。**エクスプローラー**の**フォルダービュー**で任意のファイルをダブルクリックすると、**エディター**が（編集モードで）開いて、ファイルの内容を編集できるようになります。次図は、「js_sample」フォルダーに格納されているJavaScriptのソースファイル「sample.js」を**エディター**で開いたところです。

▼JavaScriptのソースファイルを［エディター］で開いたところ

ファイル名をダブルクリック

エディターの分割表示

エディターの領域は分割して表示できるようになっていて、同じファイルを左右に表示したり、異なるファイルを複数のエリアで表示することができます。

同じファイルを左右の2エリアで表示する

エディター上部の**エディターを右に分割**ボタンをクリックすると、**エディター**の領域が左右に分割されて、同じファイルが表示されます。

▼開いているファイルを左右のエリアで表示する

1 **エディターを右に分割**ボタンをクリックします。

2 同じファイルが右側のエリアにも表示されます。

▼開いているファイルを左右の2エリアで表示したところ

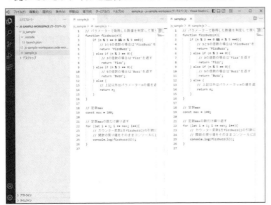

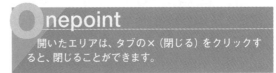

Shortcut

エディターを左右に分割
Windows ：Ctrl + ¥
macOS 　：⌘ + control + option + ¥

同じファイルを上下の2エリアで表示する

エディター上部の**エディターを右に分割**ボタンを Alt キーを押しながらクリック（macOSでは option キーを押しながらクリック）すると、同じファイルが上下に分割されたエリアに表示されます。

1 Alt キーを押しながら（macOSでは option キーを押しながら）**エディターを右に分割**ボタンをクリックします。

2 同じファイルが上下に分割されたエリアに表示されます。

▼開いているファイルを上下のエリアで表示する

▼分割後の画面

Shortcut

エディターを上下に分割
Windows ：Ctrl + K ➡ Ctrl + ¥
macOS 　：⌘ + K ➡ ⌘ + control + option + ¥

別のファイルを横に並べて表示する

エクスプローラーに表示されているファイルを**エディター**の右端にドラッグ＆ドロップすると、右側にエリアが開いてファイルが表示されます。

1 **エクスプローラー**に表示されているファイルを**エディター**の右端にドラッグし、右側のエリアの色が変わったタイミングでドロップします。

2 ドラッグ＆ドロップしたファイルが右側に開いたエリアに表示されます。

▼ [エディター] の右エリアにファイルを開く

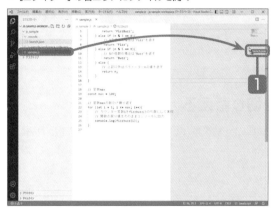

▼ ドラッグ＆ドロップしたファイルが開いたところ

別のファイルを縦に並べて表示する

エクスプローラーに表示されているファイルを**エディター**の下端にドラッグ＆ドロップすると、下側にエリアが開いてファイルが表示されます。

▼ [エディター] の下側のエリアにファイルを開く

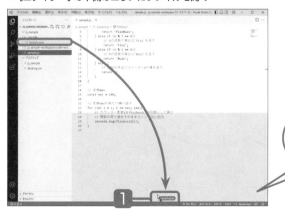

1 **エクスプローラー**に表示されているファイルを**エディター**の下端にドラッグし、下半分のエリアの色が変わったタイミングでドロップします。

色が変わったタイミングでドロップするのがポイントです。

▼ドラッグ＆ドロップしたファイルが開いたところ

2 ドラッグ＆ドロップしたファイルが下側に開いたエリアに表示されます。

エディターの領域が
上下に分割
されました。

エディターの縦/横の分割を切り替える

ショートカットキーを使用して、**エディター**領域の分割を縦から横、または横から縦に切り替えることができます。

hortcut

エディターの分割表示 (垂直または水平) を切り替える
Windows　：　Shift + Alt + 0 (テンキー不可)
macOS　　：　control + ⌘ + 0 (テンキー不可)

▼左右 (水平) に分割された [エディター] 領域

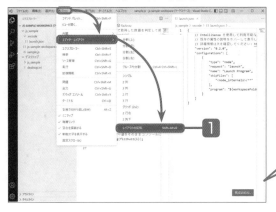

1 現在、**エディター**の領域が左右に分割されています。**表示**メニューの**エディターレイアウト➡レイアウトの反転**を選択します。

左右の分割を上下の
分割に変更します。

2 エディターの領域が上下（垂直）の分割になります。再度、**表示**メニューの**エディターレイアウト➡レイアウトの反転**を選択します。

3 エディターの領域が左右（水平）の分割になります。

▼上下（垂直）に分割された［エディター］領域

▼左右（水平）に分割された［エディター］領域

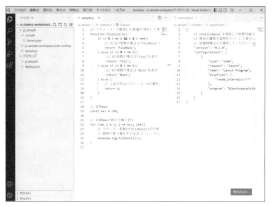

■ エディターグループの操作

エディターを分割すると、それぞれのエリアごとのまとまりが「エディターグループ」として管理されます。エディターグループは、**開いているエディター**で確認できます。

1 エクスプローラーのビューとその他のアクションをクリックして**開いているエディター**を選択します。

2 **開いているエディター**にエディターグループが表示されます。

▼［開いているエディター］を表示する

▼［開いているエディター］に表示されたエディターグループ

エディターグループとして「グループ1」、「グループ2」が表示されている

　　ここでは、「グループ1」にsample.jsとlaunch.jsonが配置され、「グループ2」にsample.jsが配置されています。この場合、**エディター**のタブをドラッグ＆ドロップして、別のエディターグループに移動させることができます。

1　「グループ1」のlaunch.jsonのタブを「グループ2」のエリアにドラッグ＆ドロップします。

2　launch.jsonが「グループ2」に移動します。

▼「グループ1」のlaunch.jsonを「グループ2」に移動させる

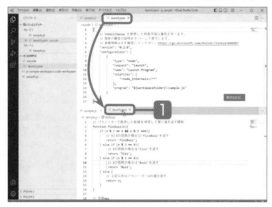

▼グループ移動後の画面

launch.jsonが「グループ2」に移動する

ミニマップでファイル上の任意の位置に移動する

　　エディターの右端には、ファイルの中身を縮小表示した**ミニマップ**が表示され、表示中のコードの範囲の確認や、任意の位置への移動が行えるようになっています。

▼コードの表示範囲の移動

1　ミニマップをポイントすると、現在、表示中のコードの範囲が強調表示（背景色が変わる）されます。

2　下側のコードの部分をクリックします。

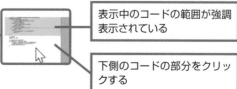

表示中のコードの範囲が強調表示されている

下側のコードの部分をクリックする

▼コードの表示範囲を移動したあと

3 クリックした位置にカーソルが移動します。ミニマップは本来、画面上にいま現在表示されているコードの範囲を確認・変更するためのものですが、このような使い方もできます。

画面では見づらいですが、選択した位置にカーソルが移動しています。

エディターを全画面表示にする

Zenモードを有効にすると、エディターのみを画面全体に表示することができます。

1 表示メニューの外観➡Zen Modeを選択します。

2 「Zenモード」が有効になり、エディターが画面全体に表示されます。

3 元の状態に戻す場合は、Ctrl+Kを押したあとZキーを押します。

▼[表示]メニュー

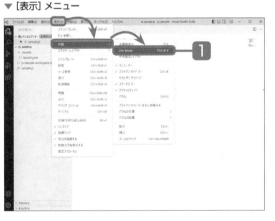

▼「Zenモード」で[エディター]を表示したところ

Shortcut

「Zenモード」への切り替えと取り消し
Windows ：Ctrl+K ➡ Z
macOS 　：⌘+K ➡ Z

1.5.4　パネル

エディターの下部には**パネル**と呼ばれる領域が表示されます。**パネル**には、**ターミナル**、**デバッグコンソール**、**出力**、**問題**の4つのタブが配置され、任意のタブをクリックすることで表示内容を切り替えることができます。

非表示になっている場合は、**表示**メニューの**ターミナル**、**デバッグコンソール**、**出力**、**問題**のいずれかを選択すると、対象のタブが開いた状態で**パネル**が表示されます。

ターミナル

ターミナルは対話型シェル（コマンドラインツール）を利用するためのもので、Windowsでは**PowerShell**が既定になっています。画面右上の▼をクリックすると、リストの中から任意のシェルを選択して起動できます。

▼［ターミナル］

▼をクリックすると任意のシェルを起動できる

Shortcut

ターミナルの表示／非表示
Windows　：　Ctrl + @
macOS　　：　shift + control + @

Memo｜PowerShellのインストール

ターミナルでPowerShellを使用している場合、「新機能と改善のために最新のPowerShellをインストールしてください！ https://aka.ms/PSWindows」と表示される場合があります。この場合は、URLの部分を「Ctrlキーを押しながらクリック」すると、PowerShellの最新バージョンをダウンロードするページが表示されます。

▼表示されたページから「MSIパッケージのインストール」画面を表示

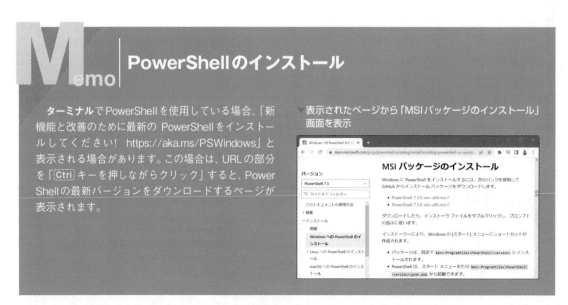

デバッグコンソール

デバッグコンソールは、プログラムからの出力を表示します。次図は、JavaScriptのプログラムを実行し、console.log()メソッドの出力結果が表示された状態です。

▼[デバッグコンソール]への出力

出力、問題

出力パネルには、専用ツールによるユニットテスト（単体テスト）の実行結果が出力されます。**問題**パネルには、プログラム実行時のエラーが表示されます。

▼[問題]パネル

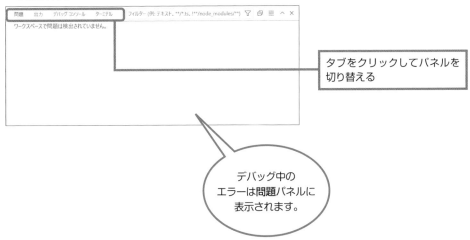

1.5.5　ステータスバー

　　　　　VSCodeの画面下に表示される**ステータスバー**には、作業環境（ワークスペース）全体の情報や、開いているファイルに関する情報が表示されます。

▼JavaScriptのソースファイルを開いているときの［ステータスバー］の状態

ステータスバーのファイルに関する情報

　　　　　ステータスバーの右側の領域に注目しましょう。ここには、ファイルに関する情報が表示されます。

▼［ステータスバー］に表示されたファイルに関する情報

エンコード方式の切り替え

　　　　　VSCodeでは、文字コードの**エンコード方式**が**UTF-8**に設定されています。このため、VSCodeで作成したソースファイルが文字化けすることはありませんが、**Shift-JIS**などの他のエンコード方式のテキストファイルなどを開くと、**文字化け**が発生することがあります。

▼Shift-JISが設定されたテキストファイルを開いたところ

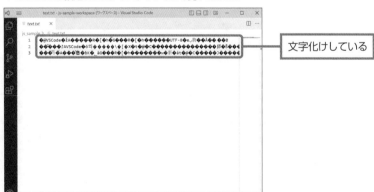

この場合は、次のように適切なエンコード方式を指定してファイルを開き直すことで、文字化けを解消することができます。

1 ステータスバーの「UTF-8」と表示されている部分 (エンコードの選択) をクリックします。

2 エディターの上部にコマンドパレットが表示されるので、**エンコード付きで再度開く**を選択します。

▼ [ステータスバー]

▼ [エディター] の上部に表示された [コマンドパレット]

3 エンコード方式を選択します (ここでは **Japanese(Shift JIS)** を選択)。

4 指定したエンコード方式でファイルが開き直されます。

▼エンコード方式の選択

▼指定したエンコード方式でファイルが開き直されたところ

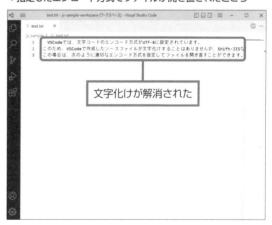

インデントの方法を変更する

ステータスバーの**インデントを選択**をクリックすると、インデントをタブにしたり、スペース何個ぶんにするかを指定することができます。

次に示す例では、**エディター**にJavaScriptのソースファイルが表示されています。JavaScriptのインデントは半角スペース4個が設定されていますが、ここでは半角スペース4個をタブに変更してみることにします。

1 ステータスバーの**インデントを選択**（「スペース:4」と表示されている部分）をクリックします。

2 **エディター**の上部に**コマンドパレット**が表示されるので、**インデントをタブに変換**を選択します。

▼［ステータスバー］の［インデントを選択］　　　▼［エディター］の上部に表示された［コマンドパレット］

3 半角スペース4個のインデントがタブに変更されます。

▼インデントをタブに変更したところ

半角スペース4個のインデントがタブに変更される

■ 言語モードの設定

エディターでソースファイルを開いている場合、**ステータスバー**には、プログラミング言語の種類を示す**言語モード**が表示されています。ファイルの拡張子から適切な言語モードが選択されますが、異なる言語が選択されている場合や、あえて他の言語モードに切り替えたい場合は、**言語モードの選択**で任意の言語モードを設定することができます。

▼［ステータスバー］の［言語モードの選択］

1　ステータスバーの**言語モードの選択**（ここでは「JavaScript」と表示されている部分）をクリックします。

ここには自動検出された
プログラミング言語が
表示されています。

▼［エディター］の上部に表示された［コマンドパレット］

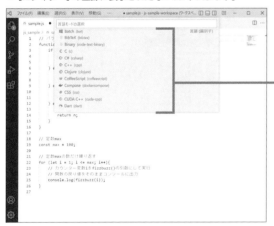

2　**エディター**の上部に**コマンドパレット**が表示されるので、任意の言語モードを選択します。

設定したい言語モードを選択する

●nepoint

「言語モード」では、プログラミング言語ごとに、その言語特有の「**シンタックスハイライト**」（テキスト中の文字を分類ごとに異なる色やフォントで表示すること）が適用されます。

Section

1.6

コマンドパレット

Level ★ ★ ★ | Keyword | コマンドの実行、コマンドパレット

VSCodeに用意されている各種の機能は、「コマンドパレット」から実行できます。コマンドパレットに任意のコマンドを入力して Enter キーを押せば、対応する機能が実行される、という仕組みです。

ここが
ポイント!

コマンドパレットを使う

　「**コマンド**」とは、「命令する」という意味を持つ英単語で、ITの分野では「コンピューターへの命令」という意味で使われています。VSCodeにおいても、各種のコマンドが登録されていて、**コマンドパレット**から実行できるようになっています。

▼ [コマンドパレット]

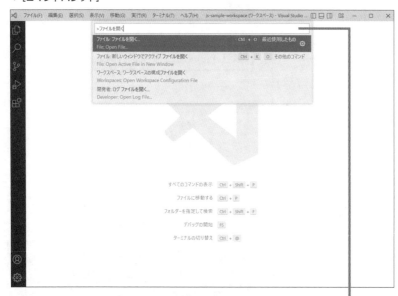

コマンドの種類を入力してコマンドを実行する

1.6.1 コマンドパレットを開いてコマンドを実行する

コマンドパレットは、F1 キー、または Shift + Ctrl + P（macOS： shift + ⌘ + P）で開くことができます。

▼［コマンドパレット］

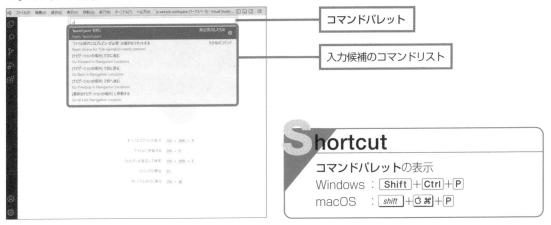

コマンドパレット

入力候補のコマンドリスト

Shortcut

コマンドパレットの表示
Windows ： Shift + Ctrl + P
macOS ： shift + ⌘ + P

コマンドを実行する

コマンドパレットを表示すると、すべてのコマンドがリストに表示されます。コマンドの数が多くて目的のコマンドを探すのが大変そうですが、語句の一部を入力すれば、コマンドを絞り込むことができます。

「ファイルを開く」コマンドを実行してみる

ここでは、例として「ファイルを開く」コマンドを**コマンドパレット**から実行してみます。

▼［コマンドパレット］で「ファイルを開く」コマンドを実行

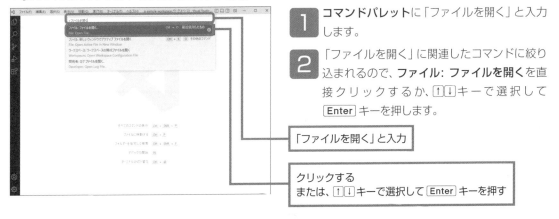

1 **コマンドパレット**に「ファイルを開く」と入力します。

2 「ファイルを開く」に関連したコマンドに絞り込まれるので、**ファイル: ファイルを開く**を直接クリックするか、↑↓キーで選択してEnter キーを押します。

「ファイルを開く」と入力

クリックする
または、↑↓キーで選択してEnter キーを押す

▼「ファイルを開く」コマンドの実行結果

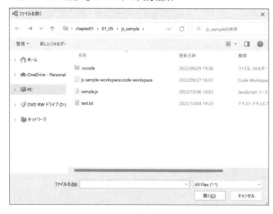

②　ファイルを開くダイアログが表示されます。

関連するコマンドを接頭辞でまとめてリストアップする

コマンドパレットに表示されるコマンドは、多くの場合、

　接頭辞: コマンド

の形式で登録されています。「ファイルを開く」コマンドの場合は、

　ファイル: ファイルを開く

と表記されています。接頭辞には、「ファイル:」をはじめ、「表示:」、「エクスプローラー:」など、VSCodeを日本語化している場合は日本語表記のものがありますが、「Debug:」、「Emmmet:」のように英語表記のものもあります。

　例として、コマンドパレットで接頭辞の「ファイル:」を指定して、ファイルに関連するコマンドをリストアップしてみます。

▼［コマンドパレット］で接頭辞を入力してコマンドを抽出する

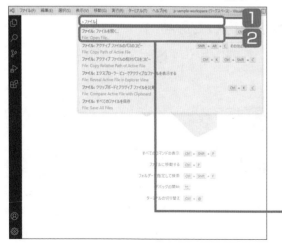

①　コマンドパレットに「ファイル:」と入力します。

②　ファイル操作に関連するコマンドが表示されます。

1.6.2 主なコマンドの一覧

VSCodeでよく使うコマンドを紹介します。

ファイル操作系のコマンド

ファイル操作に関連するコマンドは、接頭辞に「ファイル:」が付きます。

▼ファイル操作（接頭辞「ファイル:」）

コマンド（日本語表記）	コマンド（英語表記）
ファイル: ファイルを開く	File: Open Files
ファイル: すべてのファイルを保存	File: Save All Files
ファイル: 保存	File: Save
ファイル: 名前を付けて保存	File: Save As
ファイル: ファイルでワークスペースを開く	File: Open Workspace from File
ファイル: ファイルを元に戻す	File: Revert File
ファイル: フォルダーを開く	File: Open Folder
ファイル: 最近開いた項目	File: Open Recent
ファイル: 最近開いた項目をクリア	File: Clear Recently Opened
ファイル: 新しいファイル	File: New File
ファイル: 新しいフォルダー	File: New Folder

表示系のコマンド

表示に関連するコマンドは、接頭辞に「表示:」が付きます。

▼表示（接頭辞「表示:」）

コマンド（日本語表記）	コマンド（英語表記）
表示: Zen Modeの切り替え	View: Toggle Zen Mode
表示: アクティビティバーの表示の切り替え	View: Toggle Activity Bar Visiblity
表示: エクスプローラーを表示	View: Show Explorer
表示: エディターグループを右側に移動する	View: Move Editor Group Right
表示: エディターグループを下に移動	View: Move Editor Group Down
表示: エディターグループを上に移動	View: Move Editor Group Up
表示: エディターグループを左側に移動する	View: Move Editor Group Left

コマンド（日本語表記）	コマンド（英語表記）
表示: エディターグループを最大化	View: Maximize Editor Group
表示: エディターの分割	View: Split Editor
表示: エディターを1番目のグループに移動	View: Move Editor into First Group
表示: エディターを右へ移動	View: Move Editor Right
表示: エディターを左へ移動	View: Move Editor Left
表示: エディターを閉じる	View: Close Editor
表示: グループ内で次のエディターを開く	View: Open Next Editor in Group

エクスプローラー系のコマンド

エクスプローラーに関連するコマンドは、接頭辞に「エクスプローラー:」が付きます。

▼エクスプローラー（接頭辞「エクスプローラー:」）

コマンド（日本語表記）	コマンド（英語表記）
エクスプローラー: フォルダービューにフォーカスを置く	View: Focus on アウトライン View（一部カタカナ表記）
エクスプローラー: 開いているエディタービューにフォーカスを置く	View: Focus on 開いているエディター View（一部カタカナ表記）
エクスプローラー: エクスプローラーを表示	View: Show Explorer

ターミナル系のコマンド

ターミナルに関連するコマンドは、接頭辞に「ターミナル:」が付きます。

▼ターミナル（接頭辞「ターミナル:」）

コマンド（日本語表記）	コマンド（英語表記）
ターミナル: エディター領域でアクティブなターミナルを強制終了	Terminal: Kill the Active Terminal in Editor Area
ターミナル: ターミナルグループ内の次のターミナルにフォーカス	Terminal: Focus Next Terminal in Terminal Group
ターミナル: ターミナルグループ内の前のターミナルにフォーカス	Terminal: Focus Previous Terminal in Terminal Group
ターミナル: ターミナルタブビューにフォーカス	Terminal: Focus Terminal Tabs View
ターミナル: ターミナルの分割	Terminal: Split Terminal
ターミナル: 次のコマンドにスクロール	Terminal: Scroll To Next Command

コマンド（日本語表記）	コマンド（英語表記）
ターミナル: 前のコマンドにスクロール	Terminal: Scroll To Previous Command
ターミナル: 次のコマンドを選択	Terminal: Select To Next Command
ターミナル: 前のコマンドを選択	Terminal: Select To Previous Command
ターミナル: 次を検索	Terminal: Find Next
ターミナル: 新しいターミナルを作成する	Terminal: Create New Terminal

デバッグ系のコマンド

デバッグに関連するコマンドは、接頭辞に「Debug:」が付きます。

▼デバッグ（接頭辞「Debug:」）

コマンド（日本語表記）	コマンド（英語表記）
Debug: デバッグコンソールを選択	Debug: Select Debug Console
Debug: デバッグなしで開始	Debug: Start Without Debugging
Debug: デバッグの開始	Debug: Start Debugging
Debug: 再起動	Debug: Restart

基本設定のコマンド

基本的な設定に関連するコマンドは、接頭辞に「基本設定:」が付きます。

▼基本設定（接頭辞「基本設定:」）

コマンド（日本語表記）	コマンド（英語表記）
基本設定: キーボードショートカットを開く	Preferences: Open Keyboard Shortcuts
基本設定: フォルダーの設定を開く	Preferences: Open Folder Settings
基本設定: ユーザー設定を開く	Preferences: Open User Settings
基本設定: ライトテーマとダークテーマの切り替え	Preferences: Toggle between Light/Dark Themes
基本設定: ワークスペース設定を開く	Preferences: Open Workspace Settings
基本設定: 配色テーマ	Preferences: Color Themes

その他のコマンド

使用頻度が高いと思われるその他のコマンドです。接頭辞は付きません。

▼その他のコマンド

コマンド（日本語表記）	コマンド（英語表記）
ウィンドウの切り替え	Switch Window
ウィンドウを閉じる	Close Window
すべてのコマンドの表示	Show All Commands
すべてのブレークポイントを削除する	Remove All Breakpoints
すべてのブレークポイントを無効にする	Disable All Breakpoints
すべてのブレークポイントを有効にする	Enable All Breakpoints

Hint

●ミニマップのスライダー

ミニマップをマウスでポイントすると、「スライダー」と呼ばれるグレーの四角い領域が表示されます。スライダーを上下にドラッグすると、これと連動して**エディター**も上下にスクロールします。

▼ミニマップのスライダー

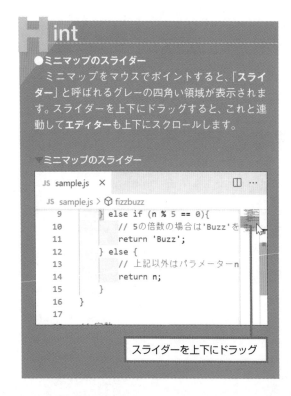

スライダーを上下にドラッグ

Onepoint

●ミニマップの表示／非表示の切り替え

ミニマップは、表示メニューの**外観➡ミニマップ**を選択して冒頭に付いているチェックを外した状態にすると、非表示になります。再度、表示する場合も、同じように表示メニューの**外観➡ミニマップ**を選択して、冒頭にチェックが付いた状態にします。

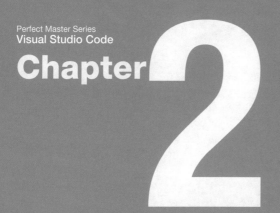

Perfect Master Series
Visual Studio Code

Chapter 2

VSCodeの基本操作

VSCodeには、多言語に対応した、プログラミングを便利にする機能が豊富に搭載されています。この章では、VSCodeの便利な機能を使いながら、ソースファイルの作成からプログラミング、プログラムの実行まで、一連の流れを見ていきます。

2.1 プログラミング環境の構築

Level ★★★ | Keyword : ファイル／フォルダーの作成、作業用フォルダー、Markdownファイル

VSCodeでプログラミングを始めるための手順について紹介します。

ここが
ポイント！

作業用フォルダーとファイルの作成

VSCodeでプログラミングを始める最も簡単な方法は、任意の場所にフォルダーを作成し、VSCode 上でプログラミング用のファイル (ソースファイル) を作成することです。

▼フォルダーを開いてファイルを作成する

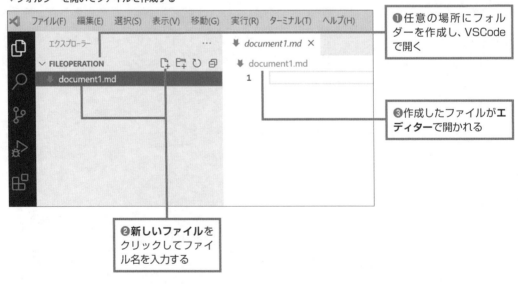

❶任意の場所にフォルダーを作成し、VSCodeで開く

❸作成したファイルが**エディター**で開かれる

❷**新しいファイル**をクリックしてファイル名を入力する

2.1.1 作業用フォルダーを作成して新規のファイルを追加する

プログラミングを行う作業環境を構築してみましょう。ここでは、作業環境用のフォルダーを作成し、新規のMarkdownファイルを追加してみます。

作業用のフォルダーに新規ファイルを追加する

プログラミングを行うためのファイルを作成する例として、Markdownファイルを作成します。VSCodeでファイルを作成する方法として、次の2つがあります。

・新規ファイルを先に開いてから、保存先のフォルダーを選択してファイルを保存する。
・既存のフォルダーを開き、新規のファイルを追加する。

ここでは、それぞれの方法で新規のファイルを作成してみます。

◾新規ファイルを先に開いてから任意のフォルダーに保存

まず、1つ目の方法です。VSCodeで新規ファイルを開き、作成済みのフォルダー内に保存します。

▼［ファイル］メニュー

1 ファイルメニューをクリックし、**新しいファイル**を選択します。

Onepoint

●Markdownファイル

Markdownファイルは、テキストファイルの一種ですが、テキストに「大見出し」、「小見出し」、「本文」のような構造を持たせることができるのが特徴です。テキスト全体を構造化できることから、ドキュメントの作成に多く使われています。拡張子は「.md」です。

2 画面上部に**新しいファイル**が表示されるので、「document1.md」と入力して [Enter] キーを押します。

3 **ファイルの作成**ダイアログが表示されるので、保存先のフォルダーを選択します。

4 **ファイル名**にファイル名が入力されていることを確認し、**ファイルの作成**ボタンをクリックします。

▼ 画面上部に表示された [新しいファイル]

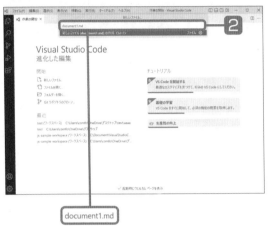

document1.md

▼ [ファイルの作成] ダイアログ

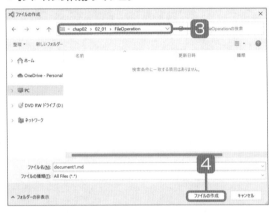

Onepoint

●**新規フォルダーの作成**
　ファイルの作成ダイアログの新しいフォルダーをクリックして新規のフォルダーを作成し、これを保存先のフォルダーにすることもできます。

5 新規のファイルが作成され、**エディター**に表示されます。

▼ [エディター] の表示

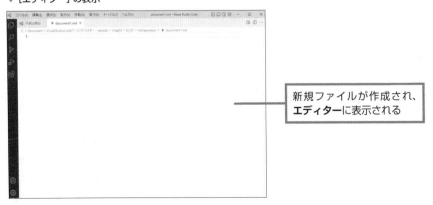

新規ファイルが作成され、**エディター**に表示される

●新規に作成したファイルをエクスプローラーに表示する

ここで紹介した方法でファイルを作成した場合、対象のファイルは**エクスプローラー**に表示されません。

▼ファイル作成直後に［エクスプローラー］を表示したところ

> **エクスプローラーにファイル
> は表示されていない**

作成したファイルを**エクスプローラー**に表示するには、次の方法で保存先のフォルダーを開く必要があります。

1 **ファイル**メニューをクリックし、**フォルダーを
開く**を選択します。

2 **フォルダーを開く**ダイアログが表示されるので、ファイルの保存先のフォルダーを選択します。

3 **フォルダーの選択**ボタンをクリックします。

▼［ファイル］メニュー

▼［フォルダーを開く］ダイアログ

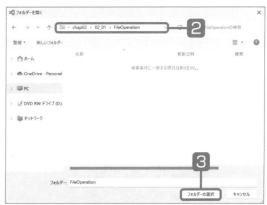

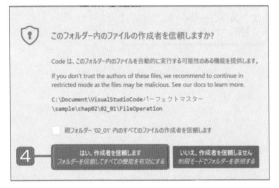

4 次のような画面が表示されるので、**はい、作成者を信頼します**をクリックします。

5 選択したフォルダーが開いて、**エクスプローラー**に表示されます。

6 **エディター**に表示されていたファイルが閉じてしまった場合は、**エクスプローラー**に表示されているフォルダーを展開し、対象のファイル名をクリックします。

▼確認の画面

▼ [エクスプローラー]

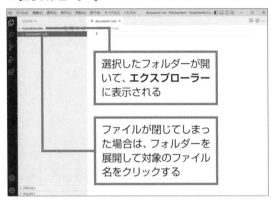

選択したフォルダーが開いて、**エクスプローラー**に表示される

ファイルが閉じてしまった場合は、フォルダーを展開して対象のファイル名をクリックする

Onepoint

●**最上位のフォルダーはすべて大文字表記**

エクスプローラーでフォルダーを開いた場合、フォルダー名にアルファベットの小文字が使われていたとしても、すべて大文字で表示されます。ただし、最上位のフォルダーより下位に作成されたフォルダーは、大文字と小文字が区別されて表示されます。

Memo フォルダーを開くときに表示されるメッセージ

VSCodeには、フォルダーを開く際にフォルダー内のファイルを実行する機能が搭載されているので、以前に開いたことがないフォルダーを開こうとすると、**このフォルダー内のファイルの作成者を信頼しますか?** というメッセージが表示されます。**はい、作成者を信頼します**をクリックするとフォルダーが開かれますが、**いいえ、作成者を信頼しません**をクリックした場合は、ファイルの自動実行機能が無効にされた「制限モード」でフォルダーが開かれます。

■ 既存のフォルダーを開いて新規ファイルを追加する

次に、2つ目の方法です。作成済みのフォルダーを開いて、新規のファイルを追加してみます。

1 **ファイル**メニューをクリックして、**フォルダー を開く**を選択します。

2 新規ファイルを保存するフォルダーを選択します。

3 **フォルダーの選択**ボタンをクリックします。

▼［ファイル］メニュー

▼［フォルダーを開く］ダイアログ

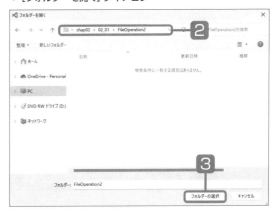

4 メッセージが表示された場合は、**はい、作成者 を信頼します**をクリックします。

5 フォルダーが開いて、**エクスプローラー**に表示 されます。

6 **新しいファイル**をクリックします。

▼確認の画面

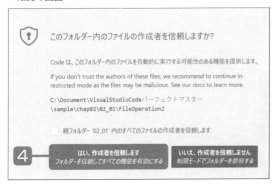

▼［エクスプローラー］

73

7 ファイル名の入力欄が表示されるので、「document1.md」と入力して Enter キーを押します。

8 ファイルが作成され、**エディター**に表示されます。

▼［エクスプローラー］

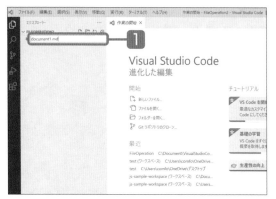

▼［エディター］に表示された新規ファイル

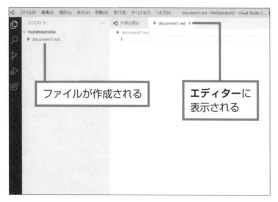

ファイルが作成される／エディターに表示される

ファイル、フォルダーを閉じる

現在、VSCodeの**エディター**に、新規に作成した「document1.md」が表示されています。このファイルを閉じて、さらに保存先のフォルダーも閉じてみましょう。

■ ファイルを閉じる

ファイルを閉じるには、**エディター**のタブの**閉じる**（×）を使います。

1 **エディター**の「document1.md」と表示されているタブの**閉じる**（×）をクリックします。

2 ファイルが閉じて**エディター**が非表示になります。

▼［エディター］に表示されている「document1.md」

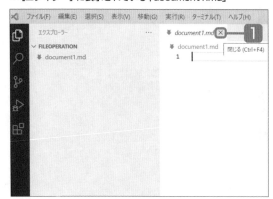

▼ファイルを閉じたところ

ファイルが閉じて**エディター**が非表示になった

■ フォルダーを閉じる

フォルダーを閉じるには、**ファイル**メニューを使います。

1 ファイルメニューをクリックして**フォルダーを閉じる**を選択します。

2 開いていたフォルダーが閉じます。**エクスプローラー**を表示すると、フォルダーが表示されていないことが確認できます。

▼［ファイル］メニュー

▼フォルダーを閉じたところ

フォルダーを閉じたので、**エクスプローラー**には何も表示されていない

Shortcut

フォルダーを閉じる
Windows ： Ctrl + K ➡ F
macOS ： ⌘ + K ➡ F

Memo ［エディター］の編集モードとプレビューモード

　エクスプローラーで新規ファイルを作成した場合や、**エクスプローラー**上でファイル名をダブルクリックした場合は、**編集モード**でファイルが開きます。編集専用の表示モードであり、ほかのファイルを開いても画面はタブ表示で残り続けます（タブの数が増えます）。

　これに対し、**エクスプローラー**でファイル名をシングル（1回だけ）クリックすると、**プレビューモード**でファイルが開きます。プレビュー専用の表示モードであり、他のファイルを開くと同じ画面にファイルが開かれます（タブの数は増えません）。同じ画面に次々とファイルを表示するのがプレビューモードの特徴です。

フォルダーを開く

フォルダーを開く場合も、**ファイル**メニューを使います。

1 **ファイル**メニューの**フォルダーを開く**を選択します。

2 **フォルダーを開く**ダイアログが表示されるので、対象のフォルダーを選択します。

3 **フォルダーの選択**ボタンをクリックします。

▼ [ファイル] メニュー

▼ [フォルダーを開く] ダイアログ

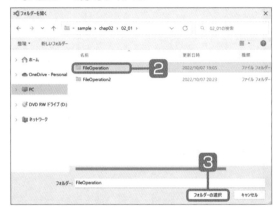

▼ [エクスプローラー]

4 選択したフォルダーが開いて、**エクスプローラー**に表示されます。

> フォルダーが開いて**エクスプローラー**に表示される

Shortcut

フォルダーを開く
Windows ： Ctrl + K ➡ Ctrl + O
macOS ： ⌘ + O（フォルダー / ファイルを開く）

■ フォルダー内のファイルを開く

エクスプローラーに表示されているファイル名をダブルクリックすると、**エディター**が編集モードで起動してファイルが開きます。

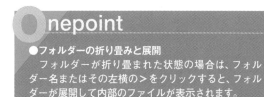

nepoint

●フォルダーの折り畳みと展開
　フォルダーが折り畳まれた状態の場合は、フォルダー名またはその左横の＞をクリックすると、フォルダーが展開して内部のファイルが表示されます。

1 **エクスプローラー**に表示されているフォルダーを展開し、対象のファイル名をダブルクリックします。

2 **エディター**が編集モードで起動して、ファイルが開きます。

▼ [エクスプローラー]

▼ [エディター]

ファイルが開く

nepoint

●編集モードとプレビューモードの見分け方
　編集モードとプレビューモードでは、画面上の表示が同じなので違いがわかりにくいですが、タブに表示されるファイル名が編集モードでは通常の正体（せいたい）なのに対し、プレビューモードでは斜体（イタリック）となります。

■ クイックオープンでファイルを開く

フォルダーを開いた状態では、「**クイックオープン**」を使ってファイルを開くことができます。ファイル名（冒頭の一部でも可）を入力して開くことができるのがポイントです。

▼［クイックオープン］が開いたところ

1 対象のファイルが保存されているフォルダーを開いた状態で、Ctrl + P（macOS：⌘ + P）を押します。

2 **クイックオープン**が開きます。

Ctrl + P（macOS：⌘ + P）を押す

▼［クイックオープン］

3 ファイル名を冒頭から入力していきます。

4 入力している途中で目的のファイルが抽出された場合は、これを選択して Enter キーを押します。なお、画面例ではフォルダー内のファイルが1つだけなので、単に Enter キーを押すだけでも開けます。

▼［エディター］

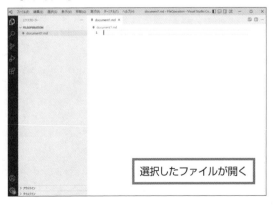

選択したファイルが開く

5 選択したファイルが編集モードで開きます。

Shortcut

クイックオープンを開く
Windows：Ctrl + P
macOS　：⌘ + P

フォルダーを開かずにファイルだけを開く

フォルダーを開かずに直接、ファイルを開く場合は、次のように操作します。

1 **ファイル**メニューの**ファイルを開く**を選択します。

2 **ファイルを開く**ダイアログが表示されるので、対象のファイルを選択します。

3 **開く**をクリックします。

▼［ファイル］メニュー

▼［ファイルを開く］ダイアログ

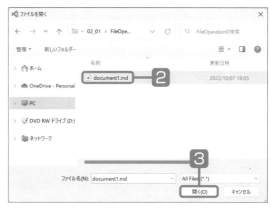

▼［エディター］

ファイルが開く

4 **エディター**が起動してファイルが開きます。

Shortcut

ファイルを開く
Windows ：Ctrl+O
macOS ：⌘+O（フォルダー/ファイルを開く）

2.1.2 ファイルの編集と保存

Markdownファイルを例に、ファイルの作成と編集、保存までの操作を見ていきましょう。

Markdownファイル

 Markdownファイルとは、テキストを構造化して表示できる「Markdown記法」で書かれたファイルのことで、拡張子は「.md」となります。構造化といってもピンとこないかもしれませんが、テキストを大見出し、小見出し、本文のように区分し、メリハリを付けて表示するという点では、「マークアップ言語」のHTMLと同じです。Webに特化したのがHTMLで、テキスト表示に特化したのがMarkdownファイルです。構造化以外にも、ハイパーリンクの設定や画像の表示など、HTMLとほぼ同じことが行えるため、近年では、ソフトウェアの開発者向けドキュメントの作成のほか、コミュニケーションツールにおけるメッセージの作成にも利用されるなど、利用範囲が広がっています。

ここでは、Markdownファイルの基本的な記法について見ていくことにしましょう。事前の準備として、任意の場所に「AboutMarkdown」という名前のフォルダーを作成しましょう。作成が済んだら、次の手順でMarkdownファイルを作成します。

1 「AboutMarkdown」を開き、**エクスプローラーの新しいファイル**をクリックします。

2 ファイル名の入力欄が開くので、「AboutMarkdown1.md」と入力して Enter キーを押します。

▼新しいファイルの作成

▼ファイル名の入力

▼[エディター]で開かれた新規ファイル

3 ファイルが作成され、対象のファイルが**エディター**で開かれます。

作成直後なので、ファイルの中身は空の状態です。

■ プレビュー画面を開く

このあとMarkdownの記法について見ていきますが、その前に、Markdown記法で書かれたファイルが実際にはどのように表示されるか確認できるよう、プレビュー用の画面を表示しておきましょう。

1 **エディター**右上の**プレビューを横に表示**をクリックします。

2 対象のファイルのプレビュー画面が右横に開きます。

▼プレビューを表示する

▼プレビュー画面

プレビュー画面が開く

■ Markdownの記法

作成した「AboutMarkdown1.md」に、Markdown記法を使ってテキストを入力しましょう。

●見出しの設定

まずは、見出しを設定する例を見てみましょう。「#」のあとに半角スペースを入力すると、その行は見出しに設定されます。「#」は1個から6個まで設定でき、その数によって1〜6までの順位が付けられます。では、次のように入力して見出し1から見出し4までを設定してみましょう。

▼見出し1から見出し4までを設定する（AboutMarkdown1.md）

```
# Chapter01  Visual Studio Codeの導入
## 1.2  VSCodeをインストールする
### 1.2.1  VSCodeのダウンロードとインストール
#### ■Windows版インストーラーのダウンロード
```

プレビュー画面には、次のように表示されます。

▼見出しを設定したところ

見出しのレベルに応じて異なる文字サイズが設定されている

●テキストの強調表示

テキストを＊（アスタリスク）で囲むことで、強調表示を設定することができます。＊が1個で「斜体」、＊が2個で「太字」、＊が3個で「斜体と太字」を設定できます。先ほど入力した部分に続けて、次のように入力してみましょう。なお、間に1行空けて表示するようにしますが、これにはHTMLの\<br\>タグを使います。

▼テキストの強調表示（AboutMarkdown1.md）

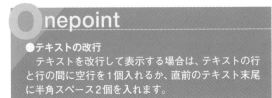

●テキストの改行

テキストを改行して表示する場合は、テキストの行と行の間に空行を1個入れるか、直前のテキスト末尾に半角スペース2個を入れます。

プレビュー画面には、次のように表示されます。

▼テキストの強調表示

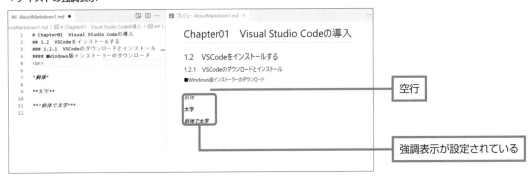

Memo [ファイル] メニュー

ファイルメニューの**新しいファイル**を選択して、新規のファイルを作成することもできます。この場合は、画面の上部に**新しいファイル**が開くので、入力欄に拡張子を含めたファイル名を入力します。

画面上部に開いた [新しいファイル]

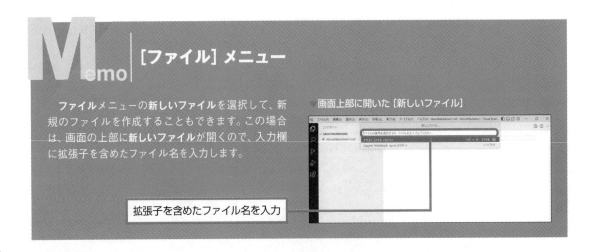

拡張子を含めたファイル名を入力

●リスト（箇条書き）

　「*」（アスタリスク）または「+」（プラス記号）、「-」（マイナス記号）を先頭に記述し、続けて半角スペースを入れることで、箇条書きになります。ネストされたリストは、Tab キーを使った字下げ（タブ）で設定します。ここからは、左側に**エディター**、右側にプレビュー画面が配置された状態で見ていきます。

▼リストの設定

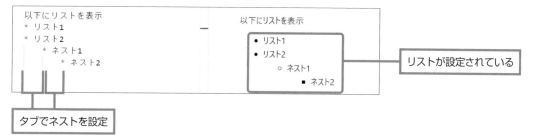

●番号付きリスト

　「番号.」（「.」はピリオド）を先頭に記述し、続けて半角スペースを入れると、番号付きのリストになります。ネストされたリストはタブで設定します。番号は自動的に連番が振られるため、すべての行を「1.」と記述するのが簡単です。

▼番号付きリストの設定

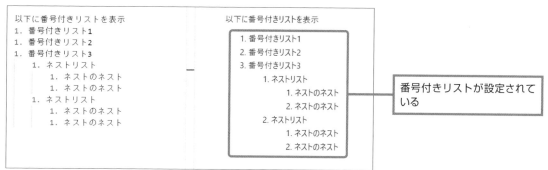

●テーブル（表）

　表形式で表示されるテーブルは、次のようにして設定します（行頭と行末には必ず「|」〈縦線〉を付けます）。

・ヘッダー（見出し）の行を「|」で区切って記述します。
・次の行に、ヘッダーの項目と同じ数だけ「|」で区切って「-」（ハイフン）を1つ（2つ以上でも可）ずつ並べます。
・3行目以降に、ヘッダーの項目に沿って「|」で区切り、データを記述します。

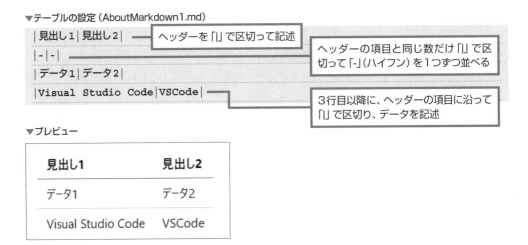

▼テーブルの設定（AboutMarkdown1.md）

| 見出し1 | 見出し2 | —— ヘッダーを「|」で区切って記述
| - | - |
| データ1 | データ2 |
| Visual Studio Code | VSCode |

ヘッダーの項目と同じ数だけ「|」で区切って「-」（ハイフン）を1つずつ並べる

3行目以降に、ヘッダーの項目に沿って「|」で区切り、データを記述

▼プレビュー

見出し1	見出し2
データ1	データ2
Visual Studio Code	VSCode

「:」（コロン）を使用して、左揃え、右揃え、中央揃えを設定することができます。

▼左揃え、右揃え、中央揃えを設定（AboutMarkdown1.md）

```
|Data1|Data2|Data3|
| :- | -: |:-:|
|left-aligned column|right-aligned column|centered column|
| $1 | $1 | $1 |
| $10 | $10 | $10 |
|$100|$100| $100 |
```

▼プレビュー

Data1	Data2	Data3
left-aligned column	right-aligned column	centered column
$1	$1	$1
$10	$10	$10
$100	$100	$100

なお、この例のように「|」の前後に半角スペースを入れて見やすくしてもかまいません。

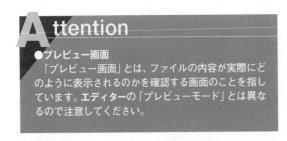

Attention

●プレビュー画面
　「プレビュー画面」とは、ファイルの内容が実際にどのように表示されるのかを確認する画面のことを指しています。**エディター**の「プレビューモード」とは異なるので注意してください。

ファイルを編集して上書き保存する

　Markdownファイルで、ドキュメントを作成してみましょう。新規のフォルダー「Document VSCode」を作成し、**ファイル➡フォルダーを開く**を選択して開きます。**エクスプローラー**の**新しいファイル**をクリックして、Markdownファイル「Document1.md」を作成し、次のように入力しましょう。

▼ドキュメントの作成 (Document1.md)

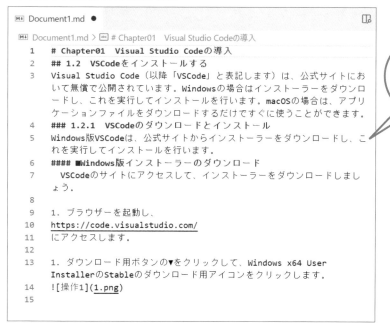

```
1   # Chapter01　Visual Studio Codeの導入
2   ## 1.2　VSCodeをインストールする
3   Visual Studio Code（以降「VSCode」と表記します）は、公式サイトにお
    いて無償で公開されています。Windowsの場合はインストーラーをダウンロ
    ードし、これを実行してインストールを行います。macOSの場合は、アプリ
    ケーションファイルをダウンロードするだけですぐに使うことができます。
4   ### 1.2.1　VSCodeのダウンロードとインストール
5   Windows版VSCodeは、公式サイトからインストーラーをダウンロードし、こ
    れを実行してインストールを行います。
6   #### ■Windows版インストーラーのダウンロード
7     VSCodeのサイトにアクセスして、インストーラーをダウンロードしまし
    ょう。
8
9   1．ブラウザーを起動し、
10  https://code.visualstudio.com/
11  にアクセスします。
12
13  1．ダウンロード用ボタンの▼をクリックして、Windows x64 User
    InstallerのStableのダウンロード用アイコンをクリックします。
14  ![操作1](1.png)
15
```

例としてVSCodeのインストール手順の冒頭部分を記述しています。

　14行目の画像を表示するコードで「1.png」の部分は、使用する画像ファイルの名前にしておきます。ここまで記述したら、指定した画像を「DocumentVSCode」フォルダーにコピーします。

nepoint

●画像を表示するコード
　Markfileにおいて画像を表示するためには、

　![代替えテキスト]（画像ファイルの相対パス）

のように記述します。

プレビュー画面を表示して確認してみましょう。

▼Document1.mdをプレビューしたところ

ブラウザーで表示
したときと同じ状態
で表示されます。

画像が表示される

■ ファイルを上書き保存する

編集したファイルを上書き保存しましょう。**ファイル**メニューの**保存**を選択します。

▼ファイルの上書き保存

ファイルメニューの**保存**を選択

これまで、任意のフォルダーを作業用のフォルダーとして、内部にファイルを作成してきました。これとは別に、VSCodeには、異なる場所に存在するフォルダーを1つの作業環境として扱うための「ワークスペース」と呼ばれる機能があります。

ワークスペースを使って作業環境を構築する

規模の大きなプログラムの開発を行う際は、ファイルを格納するフォルダーを1つにまとめることが困難な場合があります。また、複数の開発者が分担して取り組むプロジェクトでは、フォルダーが異なる場所に分散していることもあります。こういった場合に、バラバラの場所に保存されているフォルダーを1つ（の仮想空間）にまとめるのが「**ワークスペース**」です。関連するフォルダーを仮想的に1つにまとめるので、プログラム全体の見通しがよくなり、デバッグなどに便利です。

●ワークスペースの構築

ワークスペースは、**ファイル**メニューの**フォルダーをワークスペースに追加**を選択して対象のフォルダーを追加することで構築できます。すべてのフォルダーを追加したら、**ファイル**メニューの**名前を付けてワークスペースを保存**を選択し、任意の名前を設定すると、拡張子が「.code-workspace」のワークスペースファイルが作成されます。

以降は、ワークスペースファイルを読み込むことで、そのワークスペースに登録済みのすべてのフォルダーが、VSCodeの**エクスプローラー**に展開されます。

▼[エクスプローラー]に展開されたワークスペース

ワークスペース

別々の場所に保存されているフォルダーがワークスペース以下にまとめて表示される

2.2.1 ワークスペースを構築して複数のフォルダーを登録する

これまでに、「AboutMarkdown」フォルダー、「DocumentVSCode」フォルダーを作成し、Markdownファイルを作成して保存しました。これらの2つのフォルダーをまとめたワークスペースを構築してみましょう。

ワークスペースにフォルダーを登録する

最初に、ワークスペースにフォルダーを追加する操作を行います。

▼［ファイル］メニュー

1 ファイルメニューの**フォルダーをワークスペースに追加**を選択します。

2 **ワークスペースにフォルダーを追加**ダイアログが表示されるので、対象のフォルダー「AboutMarkdown」を選択して、**追加**ボタンをクリックします。

3 **エクスプローラー**を表示すると、「未設定（ワークスペース）」と表示され、その下に、追加したフォルダー名およびフォルダー内部のファイル名が表示されていることが確認できます。

▼［ワークスペースにフォルダーを追加］ダイアログ

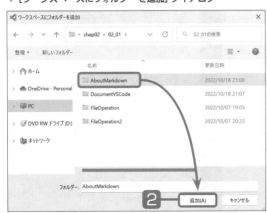

▼フォルダーを追加直後の［エクスプローラー］

4 続いて「DocumentVSCode」フォルダーをワークスペースに追加します。**ファイル**メニューの**フォルダーをワークスペースに追加**を選択します。

5 **ワークスペースにフォルダーを追加**ダイアログが表示されるので、対象のフォルダー「DocumentVSCode」を選択して、**追加**ボタンをクリックします。

▼［ファイル］メニュー

▼［ワークスペースにフォルダーを追加］ダイアログ

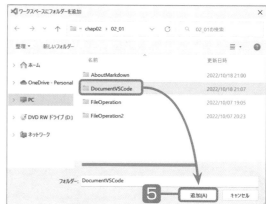

▼2つ目のフォルダーを追加直後の［エクスプローラー］

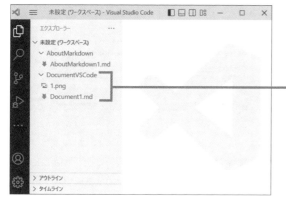

6 **エクスプローラー**に、追加したフォルダー名と、フォルダー内部のファイル名が表示されていることが確認できます。

2番目に追加したフォルダー名とファイル名が表示されている

Onepoint

●最上位のフォルダー以下のフォルダー名
　最上位のフォルダー以下に作成したフォルダー名は、大文字と小文字が区別されて表示されます。

ワークスペースを保存する

ワークスペースに2つのフォルダーを登録しましたが、この時点ではまだ「一時的にワークスペースが作成された」状態です。**名前を付けてワークスペースを保存**を実行して、ワークスペースを任意の場所に保存しましょう。

1 ファイルメニューの**名前を付けてワークスペースを保存**を選択します。

2 **ワークスペースを保存**ダイアログが表示されるので、保存先のフォルダーを開きます。

3 **ファイル名**にワークスペースの名前として「markdown_workspace」と入力します。

4 **保存**ボタンをクリックします。

▼[ファイル] メニュー

▼[ワークスペースを保存] ダイアログ

▼作成されたワークスペースファイル

5 保存先のフォルダーを開くと、「markdown_workspace.code-workspace」という名前でワークスペースファイルが作成されていることが確認できます。

▼［エクスプローラー］

保存したワークスペースの
ファイル名が表示されている

6 エクスプローラーの「未設定（ワークスペース）」と表示されていた箇所が「MARKDOWN_WORKSPACE（ワークスペース）」の表示に変わっていることが確認できます。

Onepoint

●ワークスペースの表示
　エクスプローラーでは、ワークスペースのファイル名は、すべて大文字で表示されます。

ワークスペースを閉じて再び開く

ワークスペースの保存ができましたので、いったんワークスペースを閉じて、再度、開いてみましょう。

▼［ファイル］メニュー

1 ファイルメニューの**ワークスペースを閉じる**を選択します。

Shortcut

フォルダー（ワークスペース）を閉じる
Windows ： Ctrl + K ➡ F
macOS ： ⌘ + K ➡ F

Tips

●ワークスペースファイルから起動する
　ワークスペースファイルをダブルクリックすると、VSCodeが起動してワークスペースが開きます。

2.2 ワークスペースの構築

▼ [ファイル] メニュー

2 ワークスペースが閉じます。

3 ファイルメニューの**ファイルでワークスペース を開く**を選択します。

▼ [ファイルでワークスペースを開く] ダイアログ

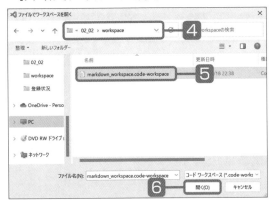

4 **ファイルでワークスペースを開く**ダイアログが 表示されるので、ワークスペースのファイルが 保存されているフォルダーを開きます。

5 対象のファイル名を選択します。

6 **開く**ボタンをクリックします。

▼ [エクスプローラー]

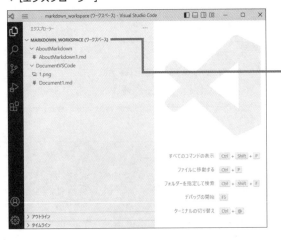

7 選択したワークスペースが開き、**エクスプロー ラー**に表示されます。

選択したワークスペースが開く

2.2.2　ワークスペースの設定

ワークスペースでは、VSCode全体の設定を行う「ユーザー設定」とは別に、ワークスペース独自の設定を行うことができます。ここで、VSCodeで設定可能な3種類の設定方法を確認しておきましょう。

▼VSCodeにおける設定の種類

設定の種類	説明
ユーザー設定	VSCodeを使用するユーザーごとの設定
ワークスペース設定	ワークスペースごとの設定
フォルダー設定	ワークスペース内のフォルダーごとの設定

「**ユーザー設定**」は、VSCodeに対する設定なので、VSCodeの起動中に適用されます。これに対し、「**ワークスペース設定**」は、対象のワークスペースに対してのみ有効な設定です。さらに、ワークスペースを構築した場合は、ワークスペース内のフォルダーにのみ有効な「**フォルダー設定**」も可能となります。

ユーザー設定はVSCodeに適用されますが、ワークスペース設定がなされている場合はそちらが優先されます。さらに、フォルダー設定がなされていればそちらが優先される、という仕組みになっています。それぞれの設定の優先度は次のようになります。

▼3種類の設定の優先度（低い➡高い）

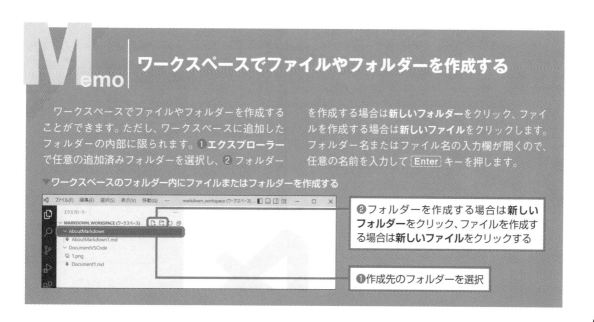

Memo｜ワークスペースでファイルやフォルダーを作成する

ワークスペースでファイルやフォルダーを作成することができます。ただし、ワークスペースに追加したフォルダーの内部に限られます。❶**エクスプローラー**で任意の追加済みフォルダーを選択し、❷**フォルダー**を作成する場合は**新しいフォルダー**をクリック、ファイルを作成する場合は**新しいファイル**をクリックします。フォルダー名またはファイル名の入力欄が開くので、任意の名前を入力して Enter キーを押します。

▼ワークスペースのフォルダー内にファイルまたはフォルダーを作成する

❷フォルダーを作成する場合は**新しいフォルダー**をクリック、ファイルを作成する場合は**新しいファイル**をクリックする

❶作成先のフォルダーを選択

ワークスペースの設定を行う

ワークスペースの設定項目はユーザー設定と同じで、「よく使うもの」や「テキストエディター」、「カーソル」などのカテゴリごとにまとめられています。ここでは、**エディター**のフォントサイズを既定の「14」から「20」に変更してみることにします。

1 ワークスペースを開いた状態で、**アクティビティバー**の**管理**ボタンをクリックして**設定**を選択します。

2 **設定**画面が開くので、**ワークスペース**タブをクリックします。

▼ [設定] 画面の表示

▼ ワークスペースの [設定] を表示する

3 ワークスペースの**設定**画面が表示されるので、「よく使用するもの」の「Editor: Font Size」の入力欄の数値を「20」に書き換えます。

4 ワークスペース内のファイルを開くと、フォントサイズが「20」で表示されることが確認できます。

▼ フォントサイズの変更

▼ フォントサイズ変更後のワークスペース内のファイル

フォントサイズ「20」で
表示されている

ワークスペースのカラーテーマを設定する

ワークスペースのカラーテーマを設定してみましょう。

1 ワークスペースを開いた状態で、**アクティビティバー**の**管理**ボタンをクリックして**設定**を選択します。

2 **設定**画面が開くので、**ワークスペース**タブをクリックします。

3 左側のメニューで**ワークベンチ**を展開し、**外観**をクリックします。

▼［設定］画面の表示

▼ワークスペースの［設定］を表示する

4 「Collar Theme」の▼をクリックして「Abyss」を選択します。

5 ワークスペースのカラーテーマが変更されます。

▼ワークスペースにおけるカラーテーマの設定

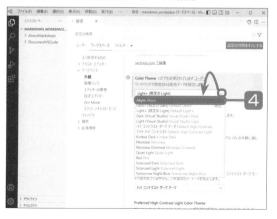

▼カラーテーマ変更後の画面

ワークスペース内のフォルダー設定

ワークスペース内のフォルダーごとに、独自の設定を行うことができます。ここでは、ワークスペースの「DocumentVSCode」フォルダーについて、内部のファイルを**エディター**で表示する際のフォントサイズを「16」に設定してみましょう。

1 ワークスペースを開いた状態で、**アクティビティバー**の**管理**ボタンをクリックして**設定**を選択します。

2 **設定**画面が開くので、**フォルダー**タブをクリックして「DocumentVSCode」を選択します。

▼ [設定] 画面の表示

▼フォルダーの [設定] を表示する

3 選択したフォルダーの**設定**画面が表示されるので、「よく使用するもの」の「Editor: Font Size」の入力欄の数値を「16」に書き換えます。

4 設定を行ったフォルダー内に「.vscode」フォルダーが作成され、設定情報を記述したJSONファイル「settings.json」が格納されます。

▼フォントサイズの変更

▼フォルダーの設定情報が記述されたJSONファイル

5 設定を行ったフォルダー内のファイルを開く
と、フォントサイズが「16」で表示されること
が確認できます。

▼フォントサイズ変更後のフォルダー内のファイルを開いたところ

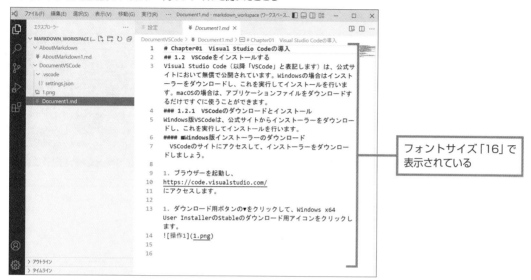

フォントサイズ「16」で
表示されている

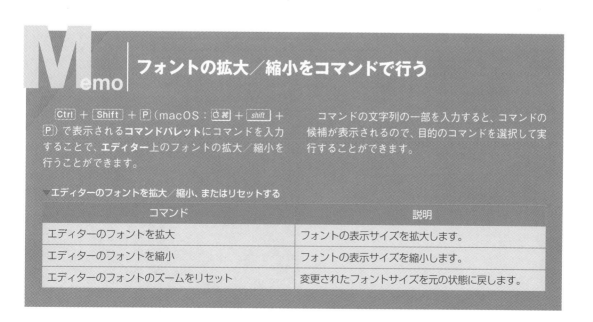

Memo｜フォントの拡大／縮小をコマンドで行う

Ctrl + Shift + P （macOS：⌃⌘ + shift + P ）で表示される**コマンドパレット**にコマンドを入力することで、**エディター**上のフォントの拡大／縮小を行うことができます。

コマンドの文字列の一部を入力すると、コマンドの候補が表示されるので、目的のコマンドを選択して実行することができます。

▼エディターのフォントを拡大／縮小、またはリセットする

コマンド	説明
エディターのフォントを拡大	フォントの表示サイズを拡大します。
エディターのフォントを縮小	フォントの表示サイズを縮小します。
エディターのフォントのズームをリセット	変更されたフォントサイズを元の状態に戻します。

エディターを快適に使いこなす

Level ★ ★ ★　　Keyword　エディター、インテリセンス、定義へ移動、ピーク、マルチカーソル

VSCodeの**エディター**には、プログラミングのための便利な機能が搭載されています。ここでは、**エディター**の基本的な使い方から応用的な使い方までを見ていくことにしましょう。

ここが
ポイント!

[エディター] を使いこなす

エディターを用いた基本的な編集操作および次の機能について見ていきます。

・インテリセンスによる入力　　・マルチカーソルによる同時編集
・スニペットによるコード補完　・シンボル名の変更
・編集に役立つカーソル操作　　・検索と置換
・定義への移動　　　　　　　　・**検索**ビューを利用した検索と置換

▼マルチカーソル

```
console.log("VSCode")
console.log("VSCode")
console.log("VSCode")
console.log("VSCode")
console.log("VSCode")
```

カーソルが5カ所に配置されている

nepoint

●言語拡張機能でインテリセンスに対応させる
　VSCodeのインテリセンスが対応する言語は、JavaScriptやCSS、HTMLですが、拡張機能をインストールすることで、他の言語にも対応させることができます。拡張機能によりインテリセンスが利用できる主な言語は次のとおりです。

Python／C／C++／C#／Java／Go／Rust／Ruby

2.3.1　ソースコードの編集

　エディターの基本的な機能として、ソースコードの編集機能について見ていきましょう。ここでは、JavaScriptのソースファイルを作成し、実際にコーディングしながら解説します。

JavaScriptのソースファイルを作成する

　VSCodeを起動し、JavaScriptのソースファイルを作成しましょう。任意の場所に「JSProgram」フォルダーを作成し、**ファイル**メニューの**フォルダーを開く**を選択して開きます。

　フォルダーを開いたら、**エクスプローラー**の**新しいファイル**をクリックし、JavaScriptの拡張子「.js」を末尾に付けて、「js_sample.js」と入力して Enter キー押します。

▼JavaScriptのソースファイルを作成

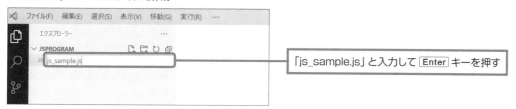

インテリセンスを使って入力する

　では、JavaScriptのソースコードを入力しましょう。題材として、与えられた数が素数かどうか調べる関数を定義し、1から100までの数について素数かどうかをコンソールに出力するプログラムを作成することにします。

▼インテリセンスを利用した入力

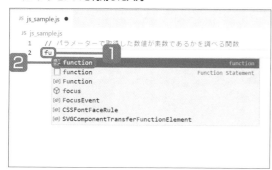

1 関数の説明（コメント）を//に続けて入力し、次の行に「fu」と入力します。

2 「fu」の文字に続くキーワードが入力候補としてリストに表示されるので、関数を定義する「function」を探し、これをクリックします。

●nepoint

●入力候補からの入力
　↑や↓キーで選択し、Enter キーまたは Tab キーを押して入力することもできます。

2.3 エディターを快適に使いこなす

▼インテリセンスを利用した入力（続き）

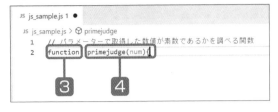

3 「function」が入力されます。

4 半角スペース、関数名とパラメーター、「{」を入力して改行します。このとき閉じカッコ「}」が自動で入力されますが、そのまま改行してください。

▼インテリセンスを利用した入力（続き）

5 閉じカッコ「}」が自動で入力され、インデントが設定されます。

6 インデントされた行に「i」と入力すると候補が表示されるので、「if」をクリックします（または、↑↓キーで選択して、Enter または Tab キーを押す）。

▼インテリセンスを利用した入力（続き）

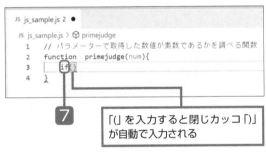

「(」を入力すると閉じカッコ「)」が自動で入力される

7 「if」が入力されます。

8 ifの条件式を設定するための「(」を入力します。

9 閉じカッコ「)」が自動で入力されます。

10 ifの条件式を入力し、「)」のうしろに「{」を入力して改行します。このとき閉じカッコ「}」が自動で入力されますが、そのまま改行してください。

11 インデントが設定されます。

12 「//」に続けてコメントを入力し、改行します。

13 「return '';」と入力します。

▼インテリセンスを利用した入力（続き）

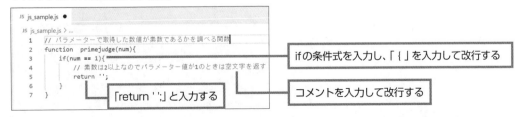

ifの条件式を入力し、「{」を入力して改行する

コメントを入力して改行する

「return '';」と入力する

14 すべてのソースコードを入力します。

▼インテリセンスを利用した入力（続き）

```javascript
// パラメーターで取得した数値が素数であるかを調べる関数
function primejudge(num){
    if (num == 1){
        // 素数は2以上なのでパラメーター値が1のときは空文字を返す
        return '';
    } else if (num == 2){
        // 2は素数なのでパラメーターの値を返す
        return 'prime';
    } else {
        // numが3以降の数のときは、iが(num-1)になるまで処理を繰り返し、
        // numが素数であるかを調べる
        for(i = 2; i < num; i++) {
            // numを2の数から順番に割っていき、割り切れた場合は
            // iはnumの約数と判定
            if(num % i == 0) {
                // numは素数ではないので空文字を返す
                return '';
            }
            // i+1がパラメーター値と等しい場合
            // つまりnum自身以外に約数がない(1を除く)と判定
            if(i + 1 == num) {
                // numは素数なので'prime'を返す
                return 'prime';
            }
        }
    }
}
// 定数max
const max = 100;

// 定数maxの数だけ繰り返す
for(let i = 1; i < max; i++) {
    // カウンター変数iを引数にしてprimejudge()を実行
    // 関数の戻り値をコンソールに出力
    console.log(i + ": " + primejudge (i));
}
```

インテリセンスは、スペルミスを防ぐためにも積極的に活用しましょう。

nepoint

● **インテリセンス**
ここで入力している「else」や「const」、「for」、「let」、「console」、「log」は、すべてインテリセンスを使って入力できます。

スニペットによるコード補完

「**スニペット**」とは、プログラミング言語の構文など、ソースコードのまとまりのことを指す用語です。VSCodeでは、プログラミング言語ごとに決められているif文やfor文などの構文がスニペットとして登録されており、インテリセンスでスニペットを選択することで、構文の骨格を自動入力することができます。ここでは、JavaScriptにおけるスニペットの入力補完について見ていきましょう。

■ JavaScriptにおけるif文の入力

スニペットの入力補完を利用して、if文を入力してみます。

1 「if」と入力すると入力候補が表示されるので、「□if　If Statement」の行をマウスで選択します（または、↑↓キーで選択して Enter または Tab キーを押す）。

2 ifの構文が自動入力されます。

▼if文の入力

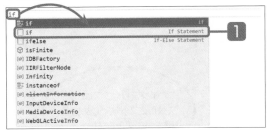

▼スニペットによる入力補完

JavaScriptにおけるif else文の入力

スニペットの入力補完を利用して、if else文を入力してみます。

1 「if」と入力すると入力候補が表示されるので、「□ifelse If-Else Statement」の行をマウスで選択します（または、↑↓キーで選択して Enter または Tab キーを押す）。

2 ifの構文が自動入力されます。

▼if文の入力

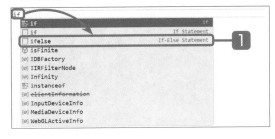

▼スニペットによる入力補完

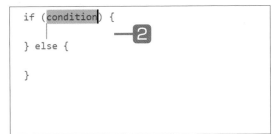

JavaScriptにおけるfor文の入力

スニペットの入力補完を利用して、for文を入力してみます。

1 「for」と入力すると入力候補が表示されるので、「□for For Loop」の行をマウスで選択します（あるいは、↑↓キーで選択して Enter または Tab キーを押す）。

2 forの構文が自動入力されます。

▼for文の入力

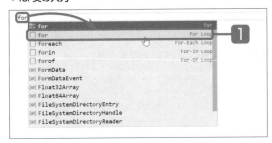

▼スニペットによる入力補完

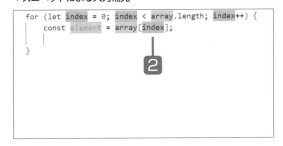

カーソルの操作

指定のキーと組み合わせることで、カーソルを快適に操作できます。ここでは、カーソルの操作方法について見ていきましょう。

◢ カーソル操作のショートカットキー（移動系）

カーソルの移動に関するショートカットキーです。

▼カーソルの移動に関するショートカットキー

操作	Windows	macOS
単語の末尾に移動	[Ctrl]+[→]	[option]+[→]
単語の先頭に移動	[Ctrl]+[←]	[option]+[←]
対応するカッコへの移動	[Shift]+[Ctrl]+[¥]	[shift]+[⌘]+[¥]
行頭へ移動	[Home]	[home]
行末へ移動	[End]	[end]
ファイルの先頭に移動	[Ctrl]+[Home]	[⌘]+[↑]
ファイルの末尾に移動	[Ctrl]+[End]	[⌘]+[↓]

● 単語の末尾への移動

カーソルが単語の先頭または途中にある場合、[Ctrl]+[→]（macOS：[option]+[→]）を押すと、カーソルが単語の末尾に移動します。

● 単語の先頭への移動

カーソルが単語の末尾または途中にある場合、[Ctrl]+[←]（macOS：[option]+[←]）を押すと、カーソルが単語の先頭位置に移動します。

● 対応するカッコへの移動

[Shift]+[Ctrl]+[¥]（macOS：[shift]+[⌘]+[¥]）を押すと、開きカッコ以降にカーソルがある場合は、閉じカッコの直前にカーソルが移動します。閉じカッコの直前にカーソルがある場合は、開きカッコの直前にカーソルが移動します。

● 行頭へ移動

任意の行にカーソルを置いた状態で[Home]（macOS：[home]）キーを押すと、カーソルが行頭へ移動します。

● 行末へ移動

任意の行にカーソルを置いた状態で[End]（macOS：[end]）キーを押すと、カーソルが行の末尾に移動します。

● ファイルの先頭に移動

[Ctrl]+[Home]（macOS：[⌘]+[↑]）を押すと、カーソルがファイルの先頭位置に移動します。

● ファイルの末尾に移動

[Ctrl]+[End]（macOS：[⌘]+[↓]）を押すと、カーソルがファイルの末尾に移動します。

■ カーソル操作のショートカットキー（選択系）

ソースコードを選択する際のショートカットキーです。

▼選択操作に関するショートカットキー

操作	Windows	macOS
カーソル位置から単語の末尾まで選択	Shift + Ctrl + →	shift + option + →
カーソル位置から単語の先頭まで選択	Shift + Ctrl + ←	shift + option + ←
カーソル位置の単語選択	Ctrl + D	⌘ + D
選択範囲の拡大	Shift + Alt + →	shift + control + →
選択範囲の縮小	Shift + Alt + ←	shift + control + ←
行単位の選択	Ctrl + L	⌘ + L
ファイル単位の選択	Ctrl + A	⌘ + A

● 単語単位の選択（冒頭から末尾）

カーソルが単語の先頭または途中にある場合、Shift + Ctrl + →（macOS：shift + option + →）を押すと、カーソルの位置から単語の末尾までが選択されます。

● 単語単位の選択（末尾から冒頭）

カーソルが単語の末尾または途中にある場合、Shift + Ctrl + ←（macOS：shift + option + ←）を押すと、カーソルの位置から単語の先頭までが選択されます。

● カーソル位置の単語選択

カーソルが単語の先頭／末尾または途中にある場合、Ctrl + D（macOS：⌘ + D）を押すと、単語全体が選択されます。

● 選択範囲の拡大

特定の単語内（先頭や末尾を含む）にカーソルがある場合、Shift + Alt + →（macOS：shift + control + →）を押すと、その単語全体が選択され、さらに同じキーを押すと選択範囲が拡大されます。

● 選択範囲の縮小

複数の単語が選択されている場合、Shift + Alt + ←（macOS：shift + control + ←）を押すと、選択範囲を左右両方向に縮小できます。

● 行単位の選択

Ctrl + L（macOS：⌘ + L）で、カーソルがある位置の行全体を選択できます。そのあと続けてCtrl + L（macOS：⌘ + L）を押すことで、次行以降の選択範囲を行単位で拡大できます。

● ファイル単位の選択

Ctrl + A（macOS：⌘ + A）で、ファイル内部をまとめて選択できます。

■ コピー、切り取り、貼り付けのショートカットキー

コピー、切り取り、貼り付けを行うショートカットキーです。

▼コピー、切り取り、貼り付けを行うショートカットキー

操作	Windows	macOS
選択範囲のコピー	範囲選択➡ Ctrl + C	範囲選択➡ ⌘ + C
1行単位のコピー	対象の行にカーソルを置く➡ Ctrl + C	対象の行にカーソルを置く➡ ⌘ + C
選択範囲の切り取り	範囲選択➡ Ctrl + X	範囲選択➡ ⌘ + X
1行単位の切り取り	対象の行にカーソルを置く➡ Ctrl + X	対象の行にカーソルを置く➡ ⌘ + X
貼り付け	Ctrl + V	⌘ + V
行単位で次行にコピー	対象の行にカーソルを置く➡ Shift + Alt + ↓	対象の行にカーソルを置く➡ shift + option + ↓
行単位で前行にコピー	対象の行にカーソルを置く➡ Shift + Alt + ↑	対象の行にカーソルを置く➡ shift + option + ↑
行単位で次行に移動	対象の行にカーソルを置く➡ Alt + ↓	対象の行にカーソルを置く➡ option + ↓
行単位で前行に移動	対象の行にカーソルを置く➡ Alt + ↑	対象の行にカーソルを置く➡ option + ↑
行単位の削除	Shift + Ctrl + K	shift + ⌘ + K

- 選択範囲のコピー

  任意の範囲を選択して、Ctrl + C（macOS：⌘ + C）を押すと、選択した範囲がコピーされます。

- 1行単位のコピー

  任意の行にカーソルを置いて、Ctrl + C（macOS：⌘ + C）を押すと、対象の行全体がコピーされます。範囲を選択しないでカーソルを置いた状態にするのがポイントです。

- 選択範囲の切り取り

  任意の範囲を選択して、Ctrl + X（macOS：⌘ + X）を押すと、選択した範囲が切り取られます。

- 1行単位の切り取り

  任意の行にカーソルを置いて、Ctrl + X（macOS：⌘ + X）を押すと、対象の行全体が切り取られます。コピーと同様に、範囲を選択しないでカーソルを置いた状態にするのがポイントです。

- 貼り付け

  コピーまたは切り取りを行ったあと、Ctrl + V（macOS：⌘ + V）を押すと、カーソルを置いた位置を起点に、コピーまたは切り取りをした内容が貼り付けられます。

- 行単位で次行に移動

  任意の行にカーソルを置いた状態で Alt + ↓（macOS：option + ↓）を押すと、対象の行と次行が入れ替わります。

- 行単位で前行に移動

  任意の行にカーソルを置いた状態で Alt + ↑（macOS：option + ↑）を押すと、対象の行と直前の行が入れ替わります。

●行単位の削除

任意の行にカーソルを置いた状態で [Shift]+[Ctrl]+[K]（macOS：[shift]+[⌘]+[K]）を押すと、対象の行全体が削除されます。

■ 編集操作に関するショートカットキー

ソースコードの編集に関するショートカットキーです。

▼編集操作に関するショートカットキー

操作	Windows	macOS
インデントの追加	[Ctrl]+[]]（閉じカッコ）	[⌘]+[]]（閉じカッコ）
インデントの削除	[Ctrl]+[[]（開きカッコ）	[⌘]+[[]（開きカッコ）
1行コメント化	対象の行にカーソルを置く➡[Ctrl]+[/]	対象の行にカーソルを置く➡[⌘]+[/]
1行コメントの解除	コメントの行にカーソルを置く➡[Ctrl]+[/]	コメントの行にカーソルを置く➡[⌘]+[/]
複数行コメント化	対象の行を選択➡[Ctrl]+[/]	対象の行を選択➡[⌘]+[/]
複数行コメントの解除	対象の行を選択➡[Ctrl]+[/]	対象の行を選択➡[⌘]+[/]
ブロックコメント化	対象の範囲を選択➡[Shift]+[Alt]+[A]	対象の範囲を選択➡[shift]+[option]+[A]
ブロックコメント解除	対象の範囲を選択➡[Shift]+[Alt]+[A]	対象の範囲を選択➡[shift]+[option]+[A]

●インデントの追加

[Ctrl]+[]]（macOS：[⌘]+[]]）を押すと、カーソルが置かれている行の先頭にインデントが追加されます。

●インデントの削除

インデントが設定されている行にカーソルを置いて[Ctrl]+[[]（macOS：[⌘]+[[]）を押すと、インデント1個ぶんが削除されます。

●1行コメント化

コメント化したい行にカーソルを置いて[Ctrl]+[/]（macOS：[⌘]+[/]）を押すと、対象の行がコメント化されます。コメント化の際は、各言語の記号（JavaScriptでは「//」）が入力されます。

●1行コメントの解除

コメント化された行にカーソルを置いて[Ctrl]+[/]（macOS：[⌘]+[/]）を押すと、対象の行のコメント化が解除されます。

●複数行コメント化

対象の行を選択して[Ctrl]+[/]（macOS：[⌘]+[/]）を押すと、選択した行が1行単位でコメント化されます。

●複数行コメントの解除

1行単位でコメント化された行を選択して[Ctrl]+[/]（macOS：[⌘]+[/]）を押すと、すべての行についてコメント化の記号が削除されます。

● ブロックコメント化

ブロックコメントに対応している言語 (JavaScriptの「/*」～「*/」など) では、対象の範囲を選択して、Shift + Alt + A (macOS：shift + option + A) を押すと、選択した範囲がブロックコメント化されます。

▼ブロックコメントの例 (JavaScript)

```
💡 定数maxの数だけ繰り返す
/* for(let i = 1; i < max; i++) {
  // カウンター変数iを引数にしてprimejudge()を実行
  // 関数の戻り値をコンソールに出力
  console.log(i + ": " + primejudge (i));
} */
```

→ 選択した範囲がブロックコメント化される

● ブロックコメント解除

ブロックコメントの範囲を選択して Shift + Alt + A (macOS：shift + option + A) を押すと、ブロックコメント化の記号が削除されます。

Memo | ソースコードに潜む空白文字をハイライト表示

ソースコードに紛れ込んだ余計な空白文字、特に行末に潜む空白文字は、エラーの原因になるなど厄介な存在です。VSCodeは、ファイルの保存時に行末の空白文字を自動で削除しますが、拡張機能の「Trailing Spaces」をインストールすると、行末の空白文字をハイライト表示してくれるので便利です。

拡張機能ビューを表示して、検索欄に「Trailing Spaces」と入力するとリストアップされるので、**イン ストール**ボタンをクリックすることでインストールできます。

▼「Trailing Spaces」をインストールする

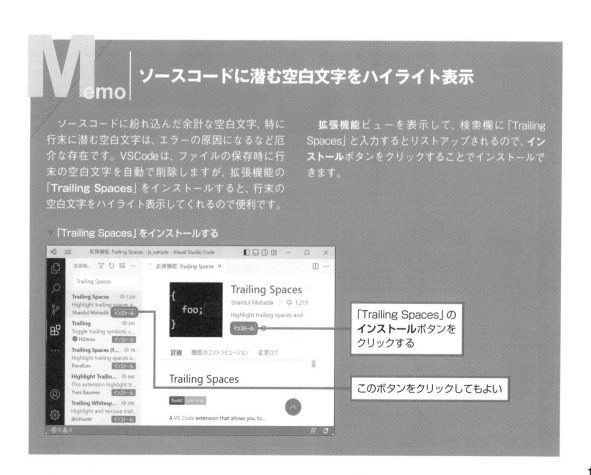

「Trailing Spaces」の**インストール**ボタンをクリックする

このボタンをクリックしてもよい

2.3.2　定義コードの表示

　　VSCodeが対応するプログラミング言語（拡張機能により対応した言語も含む）では、**エディター**上から関数やメソッド、変数などの定義部分に移動することができます。独自に定義した関数やメソッドはもちろん、標準ライブラリなどの別のファイルで定義されている関数やメソッドの定義部分にも移動することが可能です。ここでは、JavaScriptのソースコードを例に、定義部分の表示について見ていきましょう。

ポップアップ表示で定義部分を確認する

　　最も簡単なのは、対象の要素をポイントして定義部分を確認する方法です。2.3.1項で作成したJavaScriptのソースファイル「js_sample.js」では、primejudge()という関数を定義して、for文の中で関数を呼び出す処理を行っています。for文の呼び出しを行うコードから関数の定義部分を表示してみましょう。

1 for文内部の「primejudge」の部分をマウスでポイントします。

2 primejudge()関数の定義部分（宣言文）がポップアップ表示されます。

▼ユーザー定義関数の定義部分を表示

❷定義部分がポップアップ表示される

❶「primejudge」の部分をマウスでポイントする

同じように、標準ライブラリで定義されているメソッドの定義部分を表示することもできます。for
文内のconsole.log()メソッドの定義部分を表示してみます。

1 for文内部の「log」の部分をマウスでポイント
します。

2 console.log()メソッドの定義部分（宣言文）
がポップアップ表示されます。

▼標準ライブラリのメソッドの定義部分を表示

```js
// パラメーターで取得した数値が素数であるかを調べる関数
function primejudge(num){
    if (num == 1){
        // 素数は2以上なのでパラメーター値が1のときは空文字を返す
        return '';
    } else if (num == 2){
        // 2は素数なのでパラメーターの値を返す
        return 'prime';
    } else {
        // numが3以降の数のときは、iが(num-1)になるまで処理を繰り返し、
        // numが素数であるかを調べる
        for(i = 2; i < num; i++) {
            // numを2の数から順番に割っていき、割り切れた場合は
            // iはnumの約数と判定
            if(num % i == 0) {
                // numは素数ではないので空文字を返す
                return '';
            }
            // i+1がパラメーター値と等しい場合
            // つまりnum自身以外に約数がない(1を除く)と判定
            if(i + 1 == num) {
                // numは素数なので'prime'を返す
                return 'prime';
            }
        }
    }
}
// 定数max
const max = 100;

// 定数maxの数だけ繰り返す
for (let i = 1; i < max; i++) {
    // カウンター変数を引数にしてprimejudge()を実行
    // 関数の   (method) Console.log(...data: any[]): void
    console.log(i + ": " + primejudge(i));
}
```

❷定義部分がポップアッ
プ表示される

❶「log」の部分をマウ
スでポイントする

定義へ移動する

Onepoint

定義部分をポップアップ表示させる方法に続き、ここでは定義されている箇所へ「移動」する方法
を紹介します。この方法を使うと、ユーザー定義の関数やメソッドだけでなく、標準ライブラリで定
義されている関数やメソッドの定義にも移動することができます。

Shortcut

定義へ移動
Windows ： F12
macOS ： F12

1 for文内部の「primejudge」を右クリックして**定義へ移動**を選択します。

▼定義へ移動

2 カーソルがprimejudge()関数の定義（「primejudge」の先頭）に移動します。

▼定義へ移動した

同じように、標準ライブラリで定義されているメソッドの定義部分を表示することもできます。for文内のconsole.log()メソッドの定義部分に移動してみます。

1 for文内部の「log」の部分を右クリックして**定義へ移動**を選択します。

▼標準ライブラリのメソッドの定義に移動

2 console.log()メソッドを定義しているファイルが開いて、定義（宣言文）にカーソルが移動します。

▼標準ライブラリのメソッドの定義に移動した

定義を [ピーク] ウィンドウに表示する

エディター上を移動せずに、その場で定義部分を**ピーク**と呼ばれるウィンドウに表示する機能があります。標準ライブラリなどの別ファイルで定義されている場合も、該当箇所を**エディター**上の**ピーク**ウィンドウで表示します。

▼定義を [ピーク] に表示

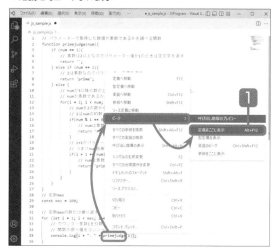

1 for文内部の「primejudge」を右クリックして**ピーク➡定義をここに表示**を選択します。

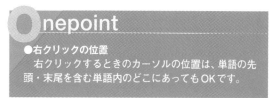

Onepoint

●右クリックの位置
右クリックするときのカーソルの位置は、単語の先頭・末尾を含む単語内のどこにあってもOKです。

2 primejudge()関数の定義が「primejudge」の次行に開きます。

▼定義が [ピーク] に表示された

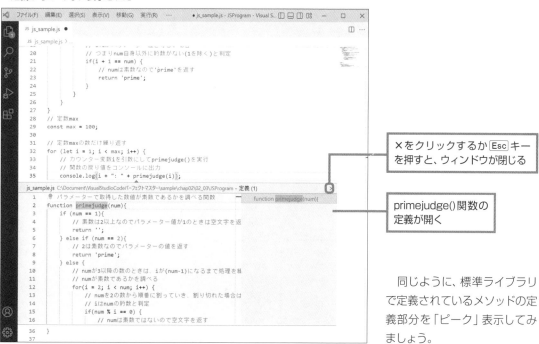

×をクリックするか **Esc** キーを押すと、ウィンドウが閉じる

primejudge()関数の定義が開く

同じように、標準ライブラリで定義されているメソッドの定義部分を「ピーク」表示してみましょう。

▼標準ライブラリのメソッドの定義を [ピーク] に表示

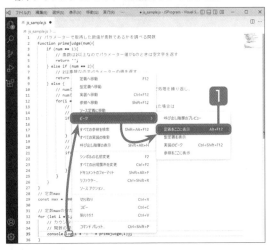

1 for文内部の「log」の部分を右クリックして
ピーク➡定義をここに表示を選択します。

2 console.log()メソッドを定義している定義
(宣言文) が表示されます。

▼標準ライブラリのメソッドの定義が [ピーク] に表示された

console.log()メソッドの
定義が表示される

2.3.3 参照されている箇所を確認する

関数やメソッドを定義した場合、どこで呼び出しが行われているかを確認することができます。ソースコードの量が多い場合などに、呼び出しが行われている箇所をサッと確認できるので便利です。

関数やメソッドを呼び出している箇所を [ピーク] に表示する

ここで使用している「js_sample.js」のprimejudge()関数の定義部分から、呼び出しを行っている箇所を**ピーク**ウィンドウに表示してみます。

1 primejudge()関数の定義部分（宣言文）上で右クリックして**ピーク➡呼び出し階層のプレビュー**を選択します。

2 ピークウィンドウに、関数を呼び出している箇所がハイライトで表示され、右側には呼び出し階層が表示されます。

▼ [呼び出し階層のプレビュー]

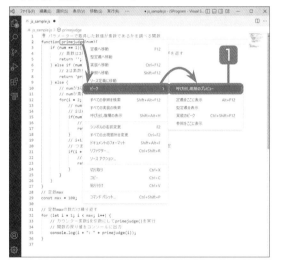

▼ [ピーク] ウィンドウ

呼び出し階層が表示される

関数を呼び出している箇所がハイライトで表示される

関数やメソッドの「呼び出し階層」を [参照] ウィンドウに表示する

関数やメソッドを呼び出す際に、他の関数内部などを経由して呼び出している場合は、**呼び出し階層**のみを**参照**ウィンドウに表示することができます。

1 primejudge()関数の定義部分（宣言文）上で右クリックして**呼び出し階層の表示**を選択します。

2 **参照**ウィンドウに呼び出し元が階層表示されます。

▼ [呼び出し階層の表示]

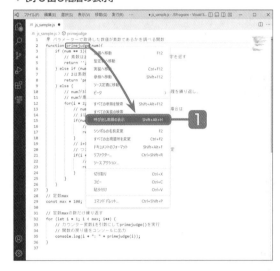

▼ [参照] ウィンドウ

呼び出し元が階層表示される

呼び出し階層の部分をクリックすると、対応する呼び出し元がハイライト表示される

Hint

● [呼び出し階層の表示] の使いどころ

関数が他の関数を経由して呼び出されている場合のほか、関数が複数の箇所で呼び出されている場合の呼び出し元のチェックにも便利です。

Shortcut

呼び出し階層の表示
Windows ： [Shift]+[Alt]+[H]
macOS ： [shift]+[option]+[H]

2.3.4　マルチカーソルによる同時編集

　エディター上に置かれるカーソルは、原則1個です。カーソルが置かれた位置に対して入力などの編集作業を行います。ただし、ソースコードとして複数箇所に書かれた変数名を変更する場合などは、該当の箇所を同時に書き換えられると便利です。検索や置換の機能を用いて編集するのがこれまでのやり方でしたが、「できることなら通常の入力方法で複数箇所を書き換えたい」というユーザーの声に応えたのが、ここで紹介する「**マルチカーソル**」という機能です。

　マルチカーソルは、その名のとおり複数箇所にカーソルを置き、入力や削除などの編集操作をすべてのカーソルに反映させるものです。

カーソルを追加して編集する

　前項まで使用してきたソースファイル「js_sample.js」を使用して、マルチカーソルによる複数箇所の編集を行ってみることにしましょう。ソースファイルの最後にfor文があります。カウンター変数は「i」という名前になっていますが、すべての「i」という表記を「index」に書き換えます。

1 最初に「i」が出現する「let i」の「i」の直前にカーソルを置きます。

2 for文で「i」と表記されている箇所がハイライト表示されます。

▼カーソルの配置

```
// 定数maxの数だけ繰り返す
for (let i = 1; i < max; i++) {
    // カウンター変数iを引数にしてprimejudge()を実行
    // 関数の戻り値をコンソールに出力
    console.log(i + ": " + primejudge(i));
}
```

for文内のすべての「i」がハイライト表示される

3 Alt (macOS：option) キーを押しながら2番目の「i」の直前の位置をクリックします。

4 2番目の「i」の直前に、2つ目のカーソルが出現します。

▼カーソルの追加

```
// 定数maxの数だけ繰り返す
for (let i = 1; i < max; i++) {
    // カウンター変数iを引数にしてprimejudge()を実行
    // 関数の戻り値をコンソールに出力
    console.log(i + ": " + primejudge(i));
}
```

「i」の直前にカーソルが出現する

5 3番目以降のすべての「i」の直前の位置を、[Alt]（macOS：[option]）キーを押しながらクリックします。

▼カーソルの追加

```
// 定数maxの数だけ繰り返す
for (let i = 1; i < max; i++) {
    // カウンター変数iを引数にしてprimejudge()を実行
    // 関数の戻り値をコンソールに出力
    console.log(i + ": " + primejudge(i));
}
```

> 3番目以降のすべての「i」の直前の位置を、[Alt]（macOS：[option]）キーを押しながらクリック

6 すべての「i」の直前にカーソルが置かれます。

▼マルチカーソル

```
// 定数maxの数だけ繰り返す
for (let i = 1; i < max; i++) {
    // カウンター変数iを引数にしてprimejudge()を実行
    // 関数の戻り値をコンソールに出力
    console.log(i + ": " + primejudge(i));
}
```

7 [Delete]キーを1回押します。

▼すべての箇所の「i」を削除

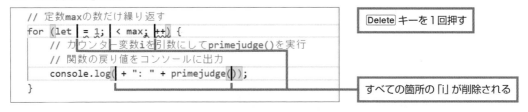

> [Delete]キーを1回押す

> すべての箇所の「i」が削除される

8 「index」と入力します。

9 カーソルが置かれたすべての箇所に「index」が入力されます。

▼マルチカーソルによる入力操作

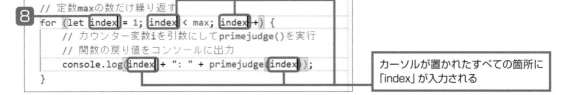

> カーソルが置かれたすべての箇所に「index」が入力される

10 [Esc]キーを押します。

11 マルチカーソルが解除され、先頭の「index」の直後にカーソルが置かれます。

▼マルチカーソルの解除

```
// 定数maxの数だけ繰り返す
for (let index = 1; index < max; index++) {
    // カウンター変数iを引数にしてprimejudge()を実行
    // 関数の戻り値をコンソールに出力
    console.log(index + ": " + primejudge(index));
}
```

マルチカーソルが解除される

なお、マルチカーソルによって置かれたカーソルの数は、ステータスバーで確認することができます。

▼ステータスバーに表示されたカーソルの数

```
31      // 定数maxの数だけ繰り返す
32      for (let | = 1; | < max; |++) {
33          // カウンター変数iを引数にしてprimejudge()を実行
34          // 関数の戻り値をコンソールに出力
35          console.log( + ": " + primejudge());
36      }
37
```

`5 個の選択項目   スペース: 4   UTF-8   CRLF   {} JavaScript`

現在、5個のカーソルが置かれていることが示されている

Attention

●コメントの書き換え
ここではソースコードのみを編集しており、コメントにある「i」の書き換えはしていません。

マルチカーソルによる選択範囲の同時編集

単語単位で書き換える場合は、ショートカットキー[Ctrl]+[D]（macOS：[⌘]+[D]）を繰り返し押すことで、該当の単語すべてを選択した状態でカーソルを置くことができます。ショートカットキーだけでマルチカーソルを設定できるので、素早い編集作業ができます。

ここでは、前項で変更したカウンター変数名「index」を、マルチカーソルを使って「counter」に書き換えてみることにします。

1 先頭の「index」のところにカーソルを置いて、
`Ctrl`+`D`（macOS：`⌘`+`D`）を押します。

▼単語単位の選択

```
// 定数maxの数だけ繰り返す
for (let index = 1; index < max; index++) {
    // カウンター変数iを引数にしてprimejudge()を実行
    // 関数の戻り値をコンソールに出力
    console.log(index + ": " + primejudge(index));
}
```

2 カーソルを置いた位置の単語「index」が選択されます。

3 続けて `Ctrl`+`D`（macOS：`⌘`+`D`）を押します。

▼単語単位の選択（続き）

```
// 定数maxの数だけ繰り返す
for (let index = 1; index < max; index++) {
    // カウンター変数iを引数にしてprimejudge()を実行
    // 関数の戻り値をコンソールに出力
    console.log(index + ": " + primejudge(index));
}
```

4 2番目の「index」が選択され、カーソルが配置されます。

5 続けて `Ctrl`+`D`（macOS：`⌘`+`D`）を3回押します。

▼選択範囲とカーソルの追加

```
// 定数maxの数だけ繰り返す
for (let index = 1; index < max; index++) {
    // カウンター変数iを引数にしてprimejudge()を実行
    // 関数の戻り値をコンソールに出力
    console.log(index + ": " + primejudge(index));
}
```

6 すべての「index」が選択状態になり、それぞれカーソルが配置されます。

7 このままの状態で「counter」と入力します。

▼マルチカーソルによる同時編集

```
// 定数maxの数だけ繰り返す
for (let index = 1; index < max; index++) {
    // カウンター変数iを引数にしてprimejudge()を実行
    // 関数の戻り値をコンソールに出力
    console.log(index + ": " + primejudge(index));
}
```

8 すべての「index」が「counter」に書き換えられます。

9 Escキーを押します。

▼マルチカーソルによる同時編集（続き）

```
// 定数maxの数だけ繰り返す
for (let counter = 1; counter < max; counter++) {
    // カウンター変数iを引数にしてprimejudge()を実行
    // 関数の戻り値をコンソールに出力
    console.log(counter + ": " + primejudge(counter));
}
```
8

Memo｜マルチカーソルのスキップ

Ctrl+D（macOS：⌘+D）で該当する単語を選択してカーソルを配置していく際に、選択したくない箇所が選択された場合は、Ctrl+K（macOS：⌘+K）キーを押してからCtrl+D（macOS：⌘+D）を押すと、対象の選択範囲をスキップして次の単語が選択され、カーソルが配置されます。

この部分が選択＆マルチカーソル化された時点でCtrl+K（macOS：⌘+K）キーを押してからCtrl+D（macOS：⌘+D）を押す

▼マルチカーソルによる選択範囲のスキップ

```
// 定数maxの数だけ繰り返す
for (let counter = 1; counter < max; counter++) {
    // カウンター変数iを引数にしてprimejudge()を実行
    // 関数の戻り値をコンソールに出力
    console.log(counter + ": " + primejudge(counter));
}
```

直前の単語がスキップされ、次の位置にある単語が選択されてカーソルが置かれる

Memo｜マルチカーソルの取り消し

マルチカーソルを設定した時点でCtrl+U（macOS：⌘+U）を押すと、対象の箇所のマルチカーソルが解除されます。

この部分をマルチカーソル化した直後にCtrl+U（macOS：⌘+U）を押すと、マルチカーソルが取り消される

▼マルチカーソルの取り消し

```
// 定数maxの数だけ繰り返す
for (let counter = 1; counter < max; counter++) {
    // カウンター変数iを引数にしてprimejudge()を実行
    // 関数の戻り値をコンソールに出力
    console.log(counter + ": " + primejudge(counter));
}
```

マルチカーソルによる矩形選択

マルチカーソルでは、列単位の選択（矩形選択）が行えます。ここでは、5行にわたって入力されている「VSCode」を矩形選択してみます。

1 選択する冒頭にカーソルを置いて Shift + Ctrl + Alt + ↓ （macOS： shift + ⌘ + option + ↓ ）を押します。

2 次行の同じ位置にカーソルが配置されます。

3 続けて Shift + Ctrl + Alt + ↓ （macOS： shift + ⌘ + option + ↓ ）を3回押します。

▼矩形選択

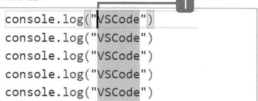

▼矩形選択（続き）

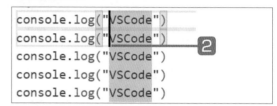

4 5行目までの同じ位置にカーソルが配置されます。

5 Shift + → を押します。

6 1文字目が短形選択されます。

7 続けて Shift + → を押して「VSCode」の末尾までを選択します。

▼短形選択（続き）

```
console.log("VSCode")
console.log("VSCode")
console.log("VSCode")
console.log("VSCode")
console.log("VSCode")
```

▼短形選択（続き）

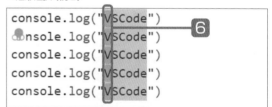

▼短形選択された

```
console.log("VSCode")
console.log("VSCode")
console.log("VSCode")
console.log("VSCode")
console.log("VSCode")
```

8 5行にわたって「VSCode」の文字が短形選択されます。

2.3.5 シンボル名の変更

シンボル（または**シンボル名**）とは、変数や関数、メソッドなどの識別子（名前）を意味する用語です。プログラミングを行っていると、開発途中で変数名や関数名を変更することがよくありますが、その際には、変数を参照している箇所や関数を呼び出す箇所も含めて、1つ残らずすべての箇所を正確に書き換える必要があります。

もちろん、**エディター**には**検索**や**置換**の機能が搭載されているので、これらの機能を使ってシンボル名を変更することもできますが、もっと直感的に変更処理ができる**シンボルの名前変更**という機能が用意されています。この機能を使うと、変数名の場合は1カ所だけ書き換えると、他の参照しているすべての箇所が同時に書き換えられます。また、関数名を変更した場合は、関数の呼び出しを行うすべての箇所が同時に書き換えられます。

シンボル名の変更は面倒なうえにミスしがちなので、適切な名前に変更したくなったとしても、手を付けずにおくことも多いと思います。ですが、**シンボルの名前変更**を使えば、記述ミスや変更漏れを気にすることなく、手軽に変更することができます。

変数名を一括変更する

引き続きJavaScriptのソースファイル「js_sample.js」を例に、primejudge()関数のパラメーター名を変更してみることにします。

1 primejudge()関数のパラメーターnumを右クリックして**シンボルの名前変更**を選択します（またはnumの箇所にカーソルを置いて F2 キーを押す）。

2 シンボル名の入力欄が表示されるので、新しいシンボル名を入力して Enter キーを押します。

▼［シンボルの名前変更］

▼新しいシンボル名を入力

2

VSCodeの基本操作

3 「num」と記述されていたすべての箇所が
「value」に書き換えられます。

▼シンボルの名前が変更された

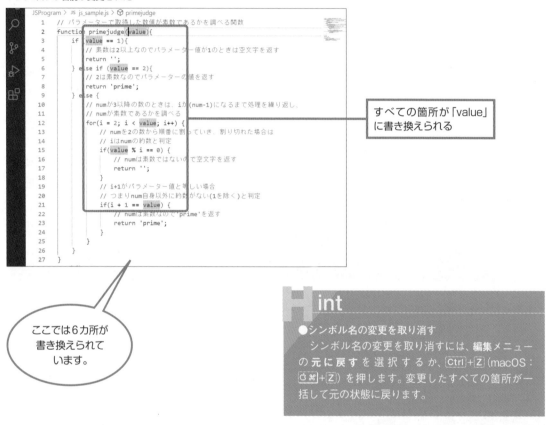

すべての箇所が「value」
に書き換えられる

ここでは6カ所が
書き換えられて
います。

Hint

●シンボル名の変更を取り消す
シンボル名の変更を取り消すには、**編集**メニュー
の**元に戻す**を選択するか、Ctrl+Z（macOS：
⌘+Z）を押します。変更したすべての箇所が一
括して元の状態に戻ります。

関数名を変更する

続いて、関数名の変更を行ってみましょう。

1 primejudge()関数の「primejudge」を右ク
リックして**シンボル名の名前変更**を選択します
（またはprimejudgeの箇所にカーソルを置い
て F2 キーを押す）。

2 シンボル名の入力欄が表示されるので、新しい
関数名として「primalityTest」と入力して
Enter キーを押します。

▼関数名の変更

▼関数名の変更（続き）

3 関数名および関数を呼び出している箇所が新しい名前に書き換えられます。

▼関数名が変更された

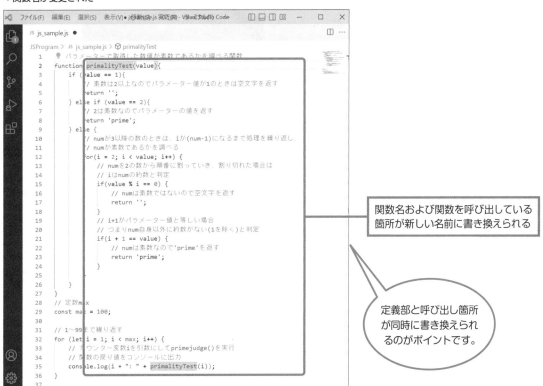

関数名および関数を呼び出している箇所が新しい名前に書き換えられる

定義部と呼び出し箇所が同時に書き換えられるのがポイントです。

2.3.6 検索 / 置換を使う

検索や置換は、テキストエディターに標準的に搭載されている機能です。テキストを対象に検索や置換を行うので、シンボル名の検索や置換だけでなく、コメント文などのテキスト全般を対象に処理が行えます。

検索

ソースファイルから「num」という文字列を検索してみます。前項で「num」➡「value」に変更しましたが、ここでは再び「num」に戻した状態で操作します。

▼[編集]メニュー

1 編集メニューの検索を選択します。

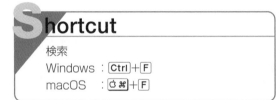

Shortcut

検索
Windows : Ctrl + F
macOS : ⌘ + F

▼検索するキーワードの入力

2 検索ボックスが表示されるので、「num」と入力します。

Tips

●検索ボックスの入力を省く
検索するキーワードをあらかじめエディター上で選択してから、編集➡検索を選択すると、選択したキーワードが検索ボックスに自動で入力されます。そのため、検索ボックスへの入力を省略できます。

Shortcut

カーソル上の文字列を検索ボックスに入力
Windows : Ctrl + F3
macOS : ⌘ + F3

3 入力したキーワードに合致する箇所がハイライト表示されます。

4 検索ボックスの右にある↑や↓をクリックすると、前後のワードにフォーカスが移動します。

▼検索結果

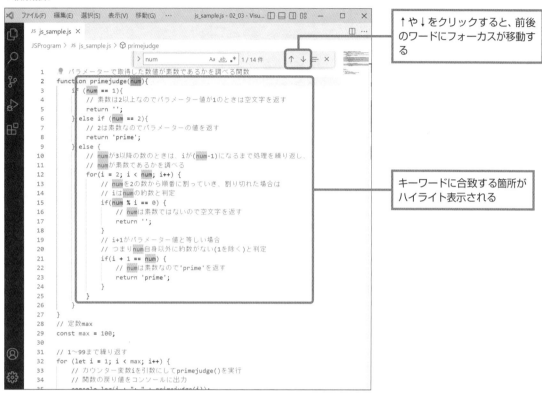

↑や↓をクリックすると、前後のワードにフォーカスが移動する

キーワードに合致する箇所がハイライト表示される

Shortcut

次の検索結果にフォーカスを移動
Windows、macOS：
[Enter] (または [F3])

Shortcut

前の検索結果にフォーカスを移動
Windows、macOS：
[Shift]+[Enter] (または [Shift]+[F3])

Onepoint

●検索の解除
　検索を解除するには、検索ボックスの×をクリックするか、[Esc]キーを押します。

Memo 大文字と小文字の区別

検索ボックスはデフォルトで**大文字と小文字を区別する**が無効になっているので、「Number」と入力した場合は、「number」、「Number」の両方にヒットします。

「number」、「Number」の両方にヒットする

この場合、**大文字と小文字を区別する**をクリックして有効にすると、「Number」にだけヒットします。

大文字と小文字を区別するをクリックして有効にする

「Number」にだけヒットする

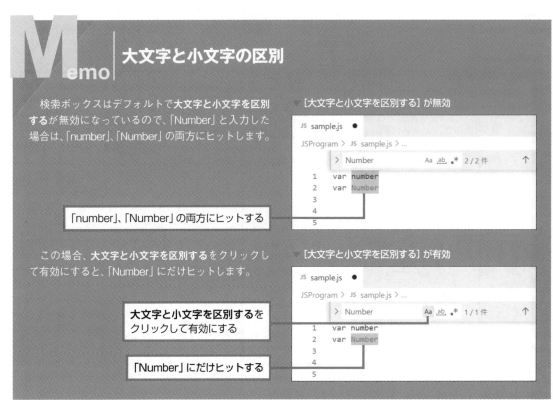

Memo 単語単位の検索

検索ボックスはデフォルトで**単語単位で検索する**が無効になっているので、「num」と入力した場合は、「number」の「num」の部分、および「num」の両方にヒットします。

「number」の「num」の部分、および「num」の両方にヒットする

この場合、**単語単位で検索する**をクリックして有効にすると、「num」にだけヒットします。

単語単位で検索するをクリックして有効にする

「num」にだけヒットする

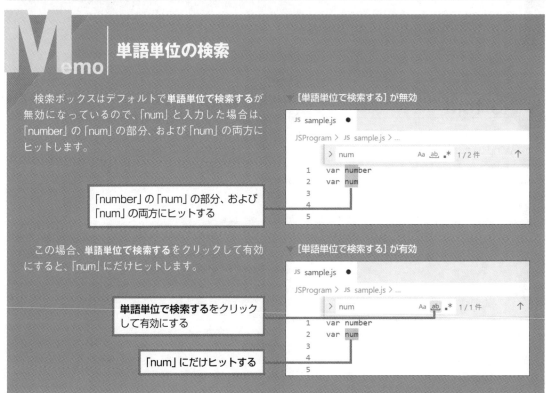

検索機能を使ってマルチカーソルを配置する

検索ボックスにキーワードを入力した状態で [Alt]+[Enter]（macOS：[option]+[Enter]）を押すと、検索されたすべての項目にマルチカーソルが配置されます。

1 編集メニューの**検索**を選択します。

2 検索ボックスに「num」と入力して、[Alt]+[Enter]（macOS：[option]+[Enter]）を押します。

▼ [編集] メニュー

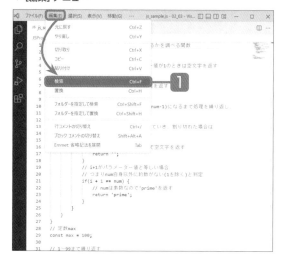

▼検索された箇所へのマルチカーソルの配置

すべての「num」についてマルチカーソルが配置される

置換

今度は、置換の機能を使ってみましょう。

▼ [編集] メニュー

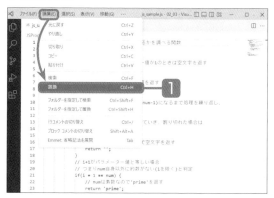

1 編集メニューの**置換**を選択します。

Tips

●検索ボックスの入力を省く

検索の場合と同様、検索する文字列をあらかじめ選択してから編集メニューの置換を選択すると、検索ボックスへの入力を省くことができます。

2 検索ボックスと置換ボックスが表示されます。

3 上段の検索ボックスに置き換え対象のテキスト（文字列）を入力します。

4 下段の置換ボックスに置き換え後の文字列を入力します。

5 Enter キーを押すか、または置換ボックス右側の**置換**ボタンをクリックします。

▼ [置換] の実行

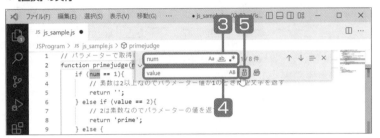

6 もう一度**置換**ボタンをクリックすると、カーソルが置かれている位置のあとの最初の文字列が置き換えられます。

7 続けて Enter キーを押すか、置換ボックス右側の**置換**ボタンをクリックします。

▼ [置換] の実行

8 次の文字列が置き換えられます。

9 置換ボックス右端の**すべて置換**ボタンをクリックします。

▼ [置換] の実行

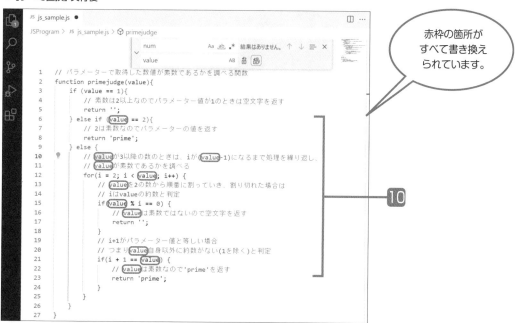

10 残りの文字列がすべて置き換えられます。

▼ [すべて置換] 実行後

赤枠の箇所が
すべて書き換え
られています。

置換では、ソースコードだけでなく、コメント文などのテキストに対しても置き換えが行われます。**シンボルの名前変更**はソースコードを対象にしたものでしたが、**置換**を使うとファイル内の該当するすべての文字列を置き換えることができます。

なお、操作例では途中まで1つずつ置き換えたあとに**すべて置換**を実行しましたが、最初に**すべて置換**ボタンをクリックすれば、一気に置き換えを済ませることができます。

2.3.7 [検索] ビューによる検索・置換

アクティビティバーの**検索**ボタンをクリックすると、**サイドバー**に**検索**ビューが表示されます。**検索**ビューを使うと、作業用のフォルダーまたはワークスペース内のすべてのファイルに対して、検索や置換が行えます。

フォルダー内のすべてのファイルを対象に検索する

現在、VSCodeで開いているフォルダー「JSProgram」には、JavaScriptのソースファイル「js_sample.js」、「sample.js」が格納されています。**検索**ビューで、フォルダー内のすべてのファイルを対象に検索してみることにします。

▼ [検索] ビューの表示

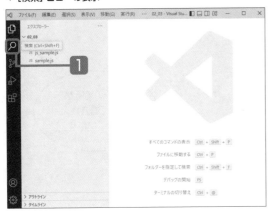

1 **アクティビティバー**の**検索**ボタンをクリックします。

Shortcut

検索ビューの表示
Windows ： Shift + Ctrl + F
macOS ： shift + ⌘ + F

2 検索する文字列を検索ボックスに入力します。

3 フォルダー内のファイルが検索され、検索結果としてファイル名と該当箇所が表示されます。

4 検索結果の任意の箇所をクリックすると、ファイルが開いて、該当の箇所がハイライト表示されます。

▼検索の実行

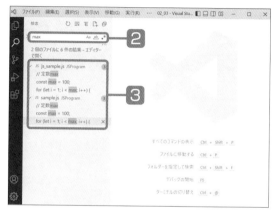

▼検索箇所の表示

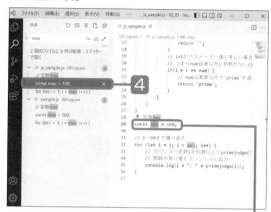

ファイルが開いて、該当の箇所がハイライト表示される

[検索] ビューでの置換

検索ビューを使って置換を行ってみましょう。

1 アクティビティバーの検索ボタンをクリックします。

2 置換の切り替えをクリックします。

▼[検索] ビューの表示

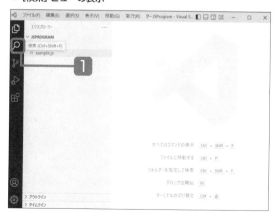

▼置換ボックスの表示

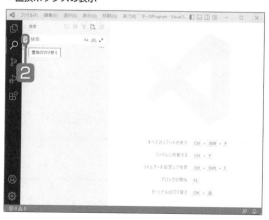

3 置換ボックスが表示されます。

4 検索する文字列を検索ボックスに入力します。

5 置換後の文字列を置換ボックスに入力します。

6 検索結果として、置換を行う箇所が表示されます。

▼置換

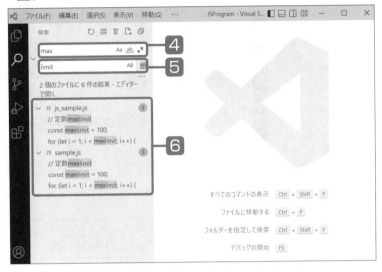

●置換前と置換後の差分表示

　検索結果の任意の箇所をクリックすると、差分を表示する画面が開いて、左側に置換前、右側に置換後の状態が表示されます。

▼置換前と置換後の差分表示

検索結果の任意の箇所をクリックする

置換前　　置換後

●1カ所ずつ置換

　　検索ビューに表示されている検索結果をクリックまたはポイントすると、置換ボタンが表示されるので、これをクリックすると対象の箇所の置換が行われます。

▼1カ所ずつ置換

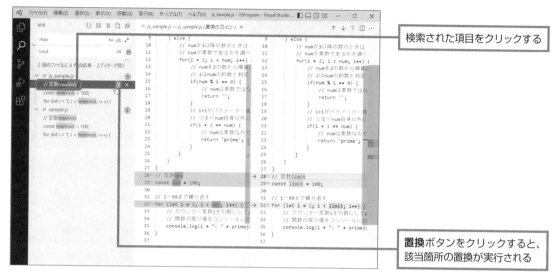

検索された項目をクリックする

置換ボタンをクリックすると、該当箇所の置換が実行される

●ファイル単位で置換

　　検索ビューに表示されている検索結果のファイル名をクリックまたはポイントすると、置換ボタンが表示されるので、これをクリックすると、そのファイルのすべての該当箇所について置換が行われます。

▼ファイル単位で置換

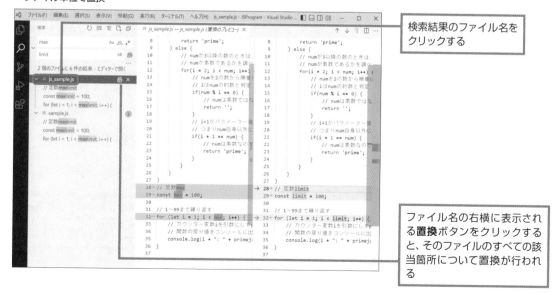

検索結果のファイル名をクリックする

ファイル名の右横に表示される置換ボタンをクリックすると、そのファイルのすべての該当箇所について置換が行われる

●すべての該当箇所を一括で置換

検索ビューの置換ボックス右横の**すべて置換**ボタンをクリックすると、すべての該当箇所について一括で置換が行われます。

▼すべての該当箇所を一括で置換

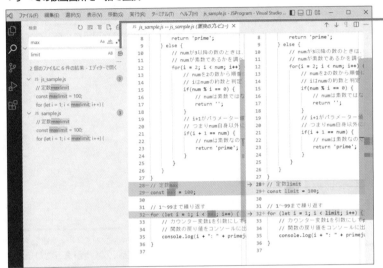

> 置換ボックス右横の**すべて置換**ボタンをクリックすると、すべての該当箇所について一括で置換が行われる

●置換から一部を除外する

検索ビューの検索結果について、特定の項目の**無視**ボタンをクリックすると、その箇所は置換の対象から除外されます。

▼特定の箇所を置換から除外する

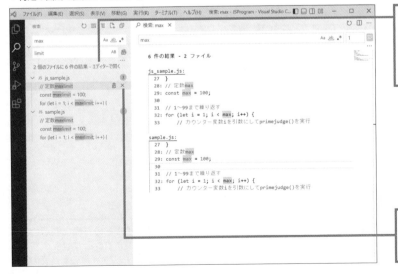

> **エディターで開く**をクリックすると、**検索エディター**が開いて置換されるすべての箇所が表示されるので、除外するかどうかの判断に役立つ

> **無視**ボタンをクリックすると、その箇所は置換の対象から除外される

特定のファイルだけを検索する

　詳細検索を使うと、特定のファイルだけを検索の対象にしたり、逆に特定のファイルを検索の対象から除外することができます。

▼ [含めるファイル] と [除外するファイル]

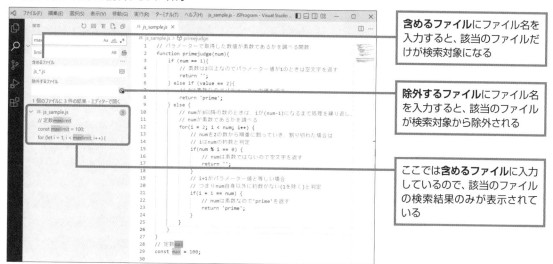

含める**ファイル**にファイル名を入力すると、該当のファイルだけが検索対象になる

除外する**ファイル**にファイル名を入力すると、該当のファイルが検索対象から除外される

ここでは**含めるファイル**に入力しているので、該当のファイルの検索結果のみが表示されている

Onepoint

●ワイルドカードによる検索
　ここでは、含める**ファイル**にワイルドカードを使って「js_*.js」と入力したので、「js_sample.js」が検索の対象になっています。

Hint

● [検索] ビューではワイルドカードが使える
　検索ビューにあるすべてのボックスでワイルドカードが使えます。

Memo | 正規表現を使って検索する

検索ボックスでは、**正規表現を使用する**ボタンをクリックすることで、検索キーワードに正規表現を用いることが可能になります。

▼ 正規表現を使って検索する

検索	↻ ☰ ☰ 🗋 🗗
> ^fun	Aa ,ab, .*

2 個のファイルに 2 件の結果 - エディターで開く

∨ JS js_sample.js　①
　function primejudge(num){
∨ JS sample.js　①
　function primejudge(num){

クリックすると、検索キーワードに正規表現
を用いることが可能になる

▼ 正規表現の一部

正規表現	説明	使用例	マッチする文字列
.	任意の1文字	m.x	max mix　など
*	直前の文字を0回以上繰り返す	A*	(空文字) A　AA　AAA
+	直前の文字を1回以上繰り返す	A+	A　AA　AAA
?	直前の文字を0回、または1回だけ繰り返す	Windows?	Windows Window
|	いずれかの文字列に合致	number|value|max	number value max
[文字列]	文字列にある文字のどれかに合致	num[12]	num1 num2
^	行頭	^val	行頭のvalにマッチ
$	行末	val$	行末のvalにマッチ
[^文字列]	文字列にある文字以外にマッチする	[^ABC]	A、B、C以外のすべての文字にマッチ
()	グループ化	(AB)+C	ABC ABABC ABABABC

Section
2.4
差分表示

Level ★ ★ ★　　　　Keyword　　　差分表示、インラインビューによる差分表示

「差分表示」とは、2つのファイルを左右に並べて異なる箇所を強調表示することを指します。ある
ファイルをもとにして中身を書き換えた場合などは、書き換えた箇所を比較・確認することがあります
が、このような場合に便利なのが「差分表示」です。

VSCodeの「差分表示」

VSCodeでは次の差分表示が行えます。

・2つのファイル間の差分表示
・編集前のファイルと編集中のファイルとの差分
　表示

差分表示は2画面で行うのが基本ですが、状況
により1画面で表示することもできます。

▼2つのファイル間での差分表示の例

2つのファイルを左右に並べて差分を表示する

▼[インラインビュー]を利用した1画面での差分表示の例

1画面で2つのファイルの差分を表示する

2.4.1　ファイル単位での差分表示

　　ファイル単位での差分表示は、比較対象のファイルと、これと比較するファイルを左右に並べて**エディター**で表示します。双方のファイルで異なる部分（差分）がハイライト表示されるので、容易に比較が行えます。

ファイルを［エディター］で開いて差分を表示する

　　ファイル単位で差分を表示する場合は、**エクスプローラー**で比較対象のファイル（比較する元になるファイル）を右クリックして**比較対象の選択**を選択し、これと比較するファイルを右クリックして**選択項目と比較**を選択します。すると、比較対象のファイルが左側に、比較するファイルが右側の画面に表示されます。

1 **エクスプローラー**を表示して、比較対象のファイル（比較する元になるファイル）を右クリックして**比較対象の選択**を選択します。

2 比較するファイルを右クリックして**選択項目と比較**を選択します。

▼比較対象のファイルの指定

▼比較するファイルの指定

3 比較対象のファイルが左側に、比較するファイ
ルが右側の画面に表示されます。

▼ファイル単位での差分表示

比較対象のファイルが
左側に表示される

比較するファイルが
右側に表示される

　比較対象として左側の画面に表示されたファイルは、差分の行が薄いピンク色でマーキングされて
います。一方、比較するファイルとして右側の画面に表示されたファイルは、差分の行が薄い緑色で
マーキングされています。それぞれ、異なる部分は濃い色でハイライト表示されているので、行の中
のどの部分が異なっているのかひと目でわかります。

変更箇所へのカーソル移動

　比較対象のファイルと比較するファイルは、異なる行（変更されている行）に「→」が表示されてい
ます。**エディター**の右上付近の「↓」（次の変更箇所）をクリックすると、次の変更箇所の行にカーソル
が移動し、「↑」（前の変更箇所）をクリックすると、直前の変更箇所の行にカーソルが移動します。

1 比較するファイル（右側の画面）の先頭位置に
カーソルを置いて、「↓」（次の変更箇所）をク
リックします。

▼変更箇所へのカーソル移動

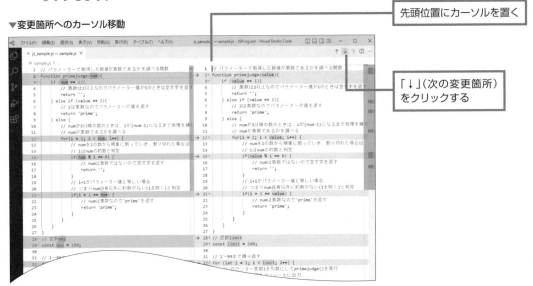

先頭位置にカーソルを置く

「↓」（次の変更箇所）
をクリックする

2 カーソルが最初の変更箇所の行に移動します。

3 さらに「↓」（次の変更箇所）をクリックすると、
カーソルが次の変更箇所の行に移動します。

▼変更箇所へのカーソル移動

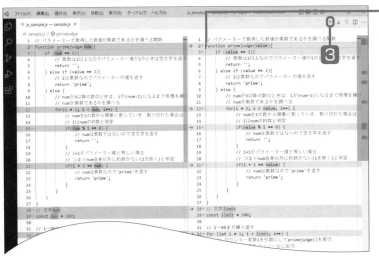

カーソルが最初の変更箇所の行
に移動する

Shortcut

次の変更箇所
Windows：Alt + F5
macOS ：option + F5

Shortcut

前の変更箇所
Windows：Shift + Alt + F5
macOS ：shift + option + F5

編集後と編集前の差分表示

ファイルを開いて編集した場合、ファイルを保存する前であれば、編集前のファイルを開いて、どこが変更されているのか確認することができます。

▼編集後と編集前の差分表示

1 ファイルを開いて編集を行います。

2 Ctrl + K （macOS： ⌘ + K ）を押したあと D キーを押します。

Shortcut

編集後と編集前の差分表示
Windows ： Ctrl + K ➡ D
macOS ： ⌘ + K ➡ D

3 新しい**エディター**が開いて、左側の画面に編集前のファイル、右側の画面に編集中のファイルが表示されます。

4 変更した箇所がマーキングで示されます。

▼編集後と編集前の差分表示

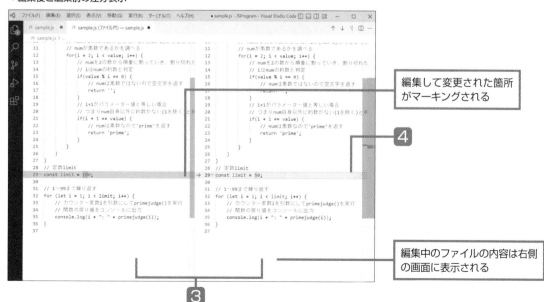

編集して変更された箇所がマーキングされる

編集中のファイルの内容は右側の画面に表示される

2.4.2 ［インラインビュー］による差分表示

差分表示は左右の2画面で行うのが基本ですが、**インラインビュー**を使って1画面で差分表示を行うこともできます。ファイル間で異なる箇所が上下に並んで表示されるので、具体的な変更箇所の確認が容易に行えます。

ファイル間の差分を1画面で表示する

2つのファイルの差分を**インラインビュー**で表示してみましょう。

1 **エクスプローラー**を表示し、比較対象のファイル（比較する元になるファイル）を右クリックして**比較対象の選択**を選択します。

2 比較するファイルを右クリックして**選択項目と比較**を選択します。

3 比較対象のファイルが左側に、比較するファイルが右側の画面に表示されます。

4 **エディター**の右上付近の「・・・」（その他の操作）ボタンをクリックして**インラインビュー**を選択します。

▼［インラインビュー］への切り替え

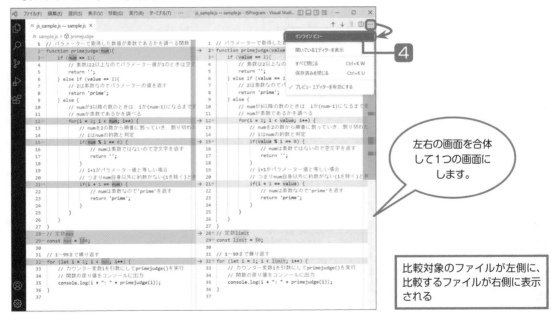

左右の画面を合体して1つの画面にします。

比較対象のファイルが左側に、比較するファイルが右側に表示される

5 比較対象ファイルの変更された箇所が上に、比
較するファイルの変更した箇所が下に、並んで
表示されます。

▼［インラインビュー］での差分表示

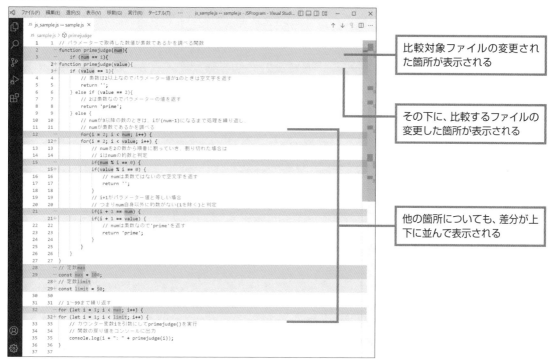

比較対象ファイルの変更され
た箇所が表示される

その下に、比較するファイルの
変更した箇所が表示される

他の箇所についても、差分が上
下に並んで表示される

編集後と編集前の差分を1画面で表示する

編集後と編集前の差分表示を**インラインビュー**で行ってみましょう。

1 ファイルを開いて編集したあと、Ctrl+K ➡ D
(macOS：⌘+K ➡ D) キーを押します。

2 編集前のファイルの内容が左側の画面に、編集
中のファイルの内容が右側の画面に表示され、
差分が示されます。

3 **エディター**の右上付近の「…」（その他の操作）
ボタンをクリックして**インラインビュー**を選択
します。

▼ [インラインビュー] への切り替え

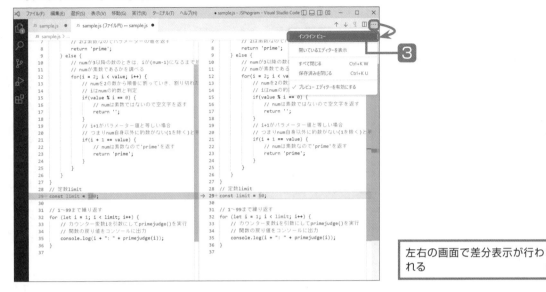

左右の画面で差分表示が行われる

4 編集前のファイルの内容が上に表示され、その下に編集中のファイルの変更した箇所が表示されます。

▼ [インラインビュー] における編集前と編集後の差分表示

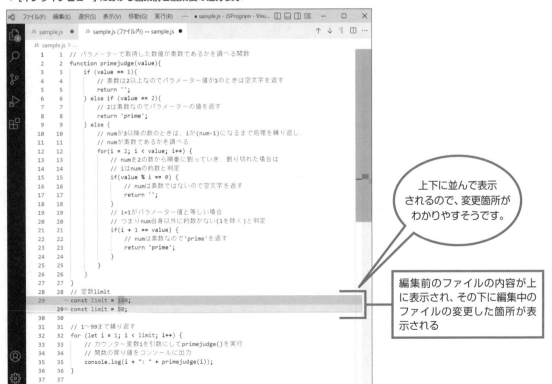

上下に並んで表示されるので、変更箇所がわかりやすそうです。

編集前のファイルの内容が上に表示され、その下に編集中のファイルの変更した箇所が表示される

Section

2.5 デバッグの基本

Level ★★★	Keyword	デバッグ、Node.js、ステップ実行、ステップオーバー、デバッグコンソール、デバッグビュー、ブレークポイント

「デバッグ」とは、開発中のプログラムを実行して動作の確認を行うことです。プログラミングには必要不可欠な処理の1つで、開発中に何度も繰り返すことでエラーを取り除きつつ、プログラムを完成させます。ここではJavaScriptのプログラムを例に、デバッグ時の基本的な操作について見ていきます。

ここがポイント！ JavaScriptのプログラムをデバッグする

VSCodeでは、プログラミング言語ごとに拡張機能などを用いて、デバッグするための環境を構築します。JavaScriptの場合は、HTMLやCSSと一緒にブラウザー上で実行するのが基本ですが、JavaScriptのプログラムを単体で実行できる「**Node.js**」と呼ばれるパッケージがあります。ここでは、「Node.js」をインストールして、JavaScriptのプログラムをデバッグする方法について見ていきます。

▼デバッグ実行中の画面

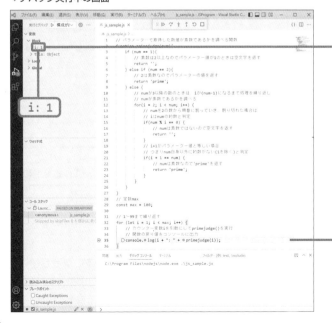

ブロックパラメーター（コードブロック内の変数）やローカル変数の値が表示される

この部分でプログラムが停止している

2.5.1 JavaScriptの実行環境を用意する

JavaScriptは、HTMLに組み込まれることで（または連携して）、基本的にブラウザー上で動作するプログラミング言語です。そのため、通常はHTMLファイルと一緒にJavaScriptのソースファイルをブラウザーで読み込んで動作させます。ブラウザー上で動作することを前提としているので、ブラウザーにはJavaScriptを解析して実行するための実行環境（**JavaScriptエンジン**）が搭載されています。

JavaScriptのプログラムはブラウザー（に搭載されたJavaScriptエンジン）を実行環境としていますが、他のプログラミング言語（Pythonなど）のようにローカルのPC上での動作を可能にするのが「**Node.js**」です。

「Node.js」をインストールする

「Node.js」は無料で配布されていて、「https://nodejs.org/ja/download/」からWindows版あるいはmacOS版をダウンロードすることができます。

LTS（推奨版）と最新版がありますが、安定動作が保証されているLTSをダウンロードするのがよいでしょう。Windowsユーザーは「Windows Installer（.msi）」、macOSユーザーは「macOS Installer（.pkg）」をダウンロードしましょう。インストーラー（インストールプログラム）を起動し、画面の指示に従ってインストールすることができます。

▼「Node.js」のダウンロードページ
（https://nodejs.org/ja/download/）

▼Windows版インストーラー（node-v18.12.0-x64.msi）を
ダブルクリックして起動したところ

インストールが完了すれば、PC上に「node.exe」が作成され、JavaScriptのプログラムが実行できるようになります。例えばPythonの場合、「python.exe」というファイルがPythonのプログラムを実行するアプリケーションですが、これと同じように、「node.exe」はJavaScriptのプログラム（ソースコード）を実行するアプリケーション、つまりJavaScriptの実行環境です。

インストールされたことを確認する

「Node.js」のインストールが完了したら、インストールされたことを確認してみましょう。VSCodeの**ターミナル**からコマンドを入力することで確認できます。

1 VSCodeを起動します。

2 **表示**メニューの**ターミナル**を選択します。

3 **ターミナル**が表示されるので、プロンプトの文字列に続けて「node -v」と入力して[Enter]キーを押します。

▼［ターミナル］の表示

▼「Node.js」のバージョンを確認する

4 バージョン情報が出力されたら、インストールは成功しています。

▼「Node.js」のバージョン情報

Attention

● **VSCodeの起動**

「Node.js」をインストールしたときにVSCodeが起動していた場合は、いったん終了してから再度、起動してください。「Node.js」の設定情報をVSCodeに反映させるためです。

Onepoint

● **「node -v」**

「node」は「Node.js」のコマンドで、「-v」オプションを付けることでバージョンの確認ができます。正しくインストールされていれば、「node」コマンドが認識されてバージョン情報が出力されるので、これをもってインストールが完了していることが確認できます。

2.5.2 プログラムの実行

　2.3節では、「JSProgram」フォルダーにソースファイル「js_sample.js」を作成し、JavaScriptのプログラムを記述しました。このプログラムは、1から99までの数値について、素数であれば該当の数値に対して「prime」の文字列を出力します。ここでは、プログラムを実行して、動作を確認してみることにします。

JavaScriptのプログラムをVSCode上で実行する

　「Node.js」をインストールしましたので、JavaScriptのソースファイルを直接、VSCode上で実行できます。VSCodeで「JSProgram」フォルダーを開き、ソースファイル「js_sample.js」を**エディター**で表示したら、以下の手順でプログラムを実行しましょう。

1 **表示**メニューの**デバッグコンソール**を選択します。

2 **デバッグコンソール**が表示されます。

3 アクティビティバーの**実行とデバッグ**ボタンをクリックします。

▼［デバッグコンソール］の表示

▼［実行とデバッグ］ビューの表示

4 実行とデバッグビューが表示されます。

5 実行とデバッグボタンをクリックします。

6 実行する環境が表示されるので、「Node.js」を選択します。

▼［実行とデバッグ］ビュー

▼実行する環境の選択

7 プログラムが実行され、**デバッグコンソール**に結果が出力されます。

▼プログラムの実行とデバッグ

nepoint

●デバッグコンソール右側のスクロールバー
デバッグコンソールは上下にスクロールできます。

2.5.3　ステップ実行

　ステップ実行とは、プログラムのデバッグ時にソースコードを1行単位、または関数やメソッドの単位で実行することを指します。ステップ実行を行うには、**エディター**上で任意のソースコードに「**ブレークポイント**」（プログラムを停止させる位置を示すマーク）を設定します。

　ブレークポイントを設定して**実行とデバッグ**ボタンをクリックすると、ブレークポイントのところまで実行されてプログラムが停止します。この時点で**エディター**上部に**デバッグツールバー**が表示され、次に示す項目（ボタン）を選択してステップ実行を行うことができます。これらの項目は、**実行**メニューにも表示されます。

▼[デバッグツールバー]

▼ステップ実行の種類

図の番号	名称	説明
❶	続行	次のブレークポイントまで実行。
❷	ステップオーバー	1行単位で実行します。関数やメソッドの内部には入りません。
❸	ステップインする	1行単位で実行します。関数やメソッドの内部にも入って、1行単位で実行します。
❹	ステップアウト	実行中の関数やメソッドが終了するまで実行。
❺	再起動	デバッグをやり直します。
❻	停止	デバッグを終了します。

ステップ実行でデバッグする

　では、ソースコードにブレークポイントを設定して、ステップ実行でデバッグしてみましょう。ブレークポイントは、for文内の関数を呼び出している箇所に設定してみます。

●ブレークポイントの設定
　ブレークポイントを設定してデバッグを開始します。

1　「js_sample.js」を**エディター**で表示した状態で、for文内の「console.log(i + ": " + primejudge(i));」の左端（行番号の左の空白部分）をポイントすると薄赤の●印が表示されるので、このままクリックします。

2　クリックした箇所にブレークポイントが設定されます。

3　実行とデバッグビューの**実行とデバッグ**ボタンをクリックします（または**実行**メニューの**デバッグの開始**を選択しても可）。

▼ブレークポイントの設定　　　　　　　　　　**▼デバッグの開始**

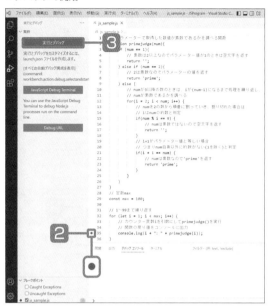

Onepoint

●デバッグの開始
　[F5]キーを押して、デバッグを開始することもできます。

▼ブレークポイントでプログラムの実行が中断

ここから開始される

4 「const max = 100;」のところからプログラムの実行が開始され、for文内のブレークポイントで実行が中断します。この段階ではまだ、ブレークポイントの行のソースコードは実行されていません。

●ステップアウトの実行

　　ステップアウトは、実行中の関数やメソッドが終了するまで実行します。forなどの繰り返しでは、現在のステップを抜けて次のステップに進みます。

5　デバッグツールバーの**ステップアウト**ボタンをクリックします。

6　ブレークポイントの行が実行され、**デバッグコンソール**に実行結果（関数呼び出しも含む）が出力されます。

7　for文の2回目の処理が開始され、ブレークポイントのところでプログラムが停止します。

▼ステップアウトの実行

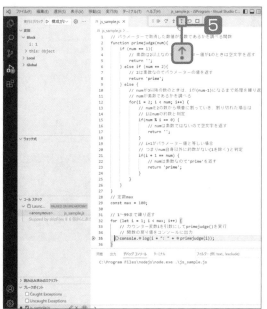

▼ステップアウト実行後

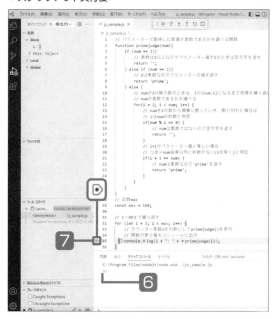

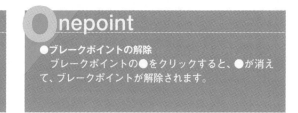

nepoint

●ステップアウト

　ステップアウトは、実行メニューの**ステップアウトする**を選択、または Shift + F11 キーを押して実行することもできます。

nepoint

●ブレークポイントの解除

　ブレークポイントの●をクリックすると、●が消えて、ブレークポイントが解除されます。

●ステップオーバーの実行
ステップオーバーは、ブレークポイント以降を1行単位で実行します。

▼ステップオーバーの実行

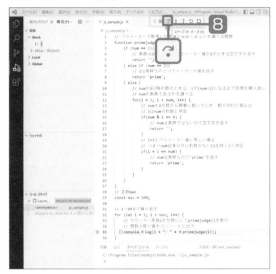

8 デバッグツールバーの**ステップオーバー**ボタンをクリックします。

nepoint

●ステップオーバー
ステップオーバーは、実行メニューのステップオーバーするを選択、または F10 キーを押して実行することもできます。

▼1回目のステップオーバー実行後

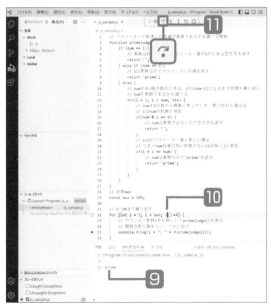

9 ブレークポイントの行が実行され、結果が**デバッグコンソール**に出力されます。

10 次の処理として、forの「i++」の直前でプログラムが停止します。

11 **ステップオーバー**ボタンをクリックします。

12 次の処理として、forの「i < max」の直前でプログラムが停止します。

13 **ステップオーバー**ボタンをクリックします。

14 次の処理として、ブレークポイントが設定された行の直前でプログラムが停止します。

▼2回目のステップオーバー実行後　　　　　　▼3回目のステップオーバー実行後

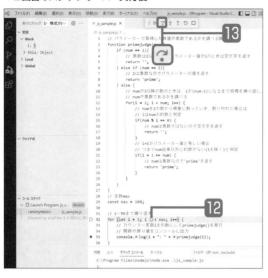

●ステップインの実行

ステップインは、ソースコードを1行単位（または1ステップ単位）で実行しますが、関数やメソッドを呼び出している場合は、その内部に入って1ステップ単位で実行します。

15 デバッグツールバーの**ステップインする**ボタンをクリックします。

16 関数内部の1ステップ目の直前でプログラムが停止します。

17 **ステップインする**ボタンをクリックします。

▼ステップインの実行　　　　　　　　　　　▼ステップイン実行後

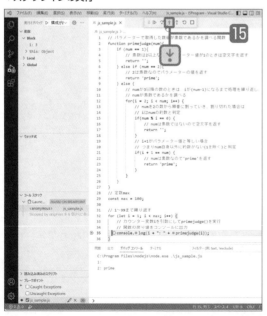
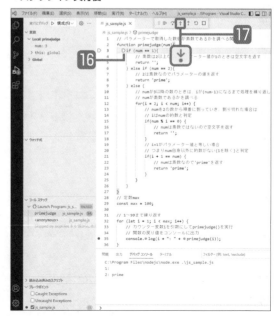

▼2回目のステップイン実行後

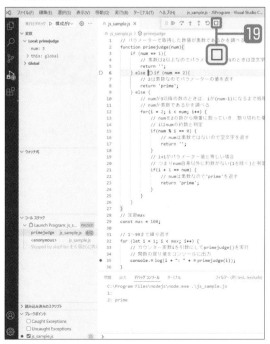

18 関数内部の2ステップ目の直前でプログラムが停止します。

> 停止行の左端に表示されているアイコンも目印にするとよいでしょう。

●デバッグの停止

ここで、デバッグを停止してみます。

19 デバッグツールバーの**停止**ボタンをクリックします。

20 デバッグが停止し、デバッグ実行前の状態に戻ります。

▼デバッグの停止

▼デバッグ停止後

2.5.4　デバッグビューで情報を得る

デバッグを開始すると、**実行とデバッグ**ビューの表示が**デバッグビュー**に切り替わり、実行中のプログラムの情報が表示されます。

▼デバッグ実行中に表示される［デバッグビュー］

変数

▼変数

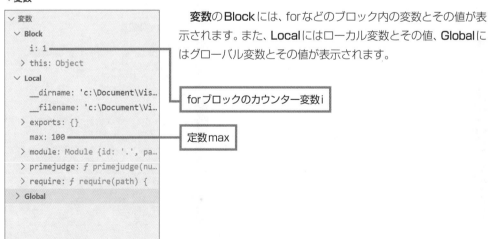

変数の **Block** には、for などのブロック内の変数とその値が表示されます。また、**Local** にはローカル変数とその値、**Global** にはグローバル変数とその値が表示されます。

ウォッチ式

ウォッチ式は、特定の変数の値を監視するためのものです。＋ボタンをクリックして変数名を入力すると、デバッグ中の変数の値がリアルタイムに表示されます。変数名を組み合わせに式を入力して、その値を監視することもできます。

入力した変数名や式は、デバッグを停止しても残り続けるので、不要になったら右端に表示される×ボタンをクリックして削除します。

▼ウォッチ式

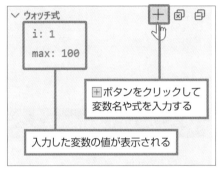

▼ウォッチ式の削除

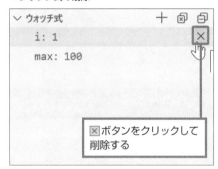

コールスタック

コールスタックには、関数やメソッドの呼び出し履歴が表示されます。デバッグ実行中に関数内部で中断（停止）している場合、関数名の次行＜anonyumous＞をクリックすると、関数を呼び出している箇所がハイライト表示されます。

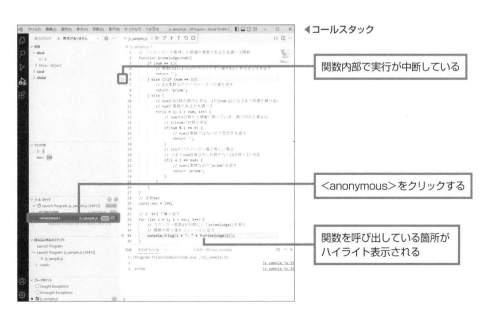

◀コールスタック

読み込み済みのスクリプト

読み込み済みのスクリプトには、デバッグ中のソースファイルを実行するために読み込まれたスクリプト（ソースファイル）の一覧が表示されます。

▼読み込み済みのスクリプト

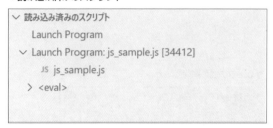

ブレークポイント

ブレークポイントには、設定したブレークポイントの一覧が表示されます。実行中のソースファイルだけでなく、フォルダーやワークスペースの他のソースファイルで設定したブレークポイントも表示されます。

ブレークポイントのチェックボックスのチェックを外すと、そのブレークポイントが無効になるので、一時的にブレークポイントを飛ばしたいときに便利です。

▼ブレークポイント

ブレークポイントの有効／無効を切り替える

☒をクリックするとブレークポイントが削除される

nepoint

●グローバル変数とローカル変数

ソースファイルに直に書かれている（宣言されている）変数のことを「グローバル変数」といいます。これに対し、関数内部で宣言されている変数のことを「ローカル変数」と呼びます。グローバル変数のスコープ（有効範囲）は、ソースファイル全体です。ローカル変数のスコープは、その変数が宣言された関数内部だけになります。

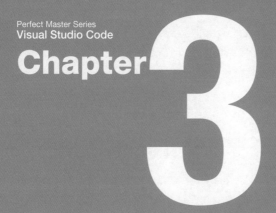

Perfect Master Series
Visual Studio Code

Chapter 3

HTML/CSS/JavaScript によるフロントエンド開発

VSCodeでHTMLやCSS、JavaScriptのコードを記述して、フロントエンド（ブラウザー側）の開発を行います。VSCodeに標準で搭載されている入力支援機能のほか、拡張機能を導入してより便利に開発する方法についても見ていきます。

HTMLでWebページを構築

Level ★★★	Keyword	HTML、インテリセンス、スマートセレクト、ファイルパスの補完、Emmet、HTMLHint、indent-rainbow、Color Highlight、スペルチェッカー、Live Preview

VSCodeには、HTMLのドキュメント作成に便利な機能が搭載されています。また、独自の機能を搭載したHTML関連の拡張機能もあり、追加でインストールすることで、快適な開発環境を手に入れることができます。ここでは、標準搭載の機能や各種の拡張機能の便利な使い方を紹介し、実際にHTMLのドキュメントの作成までを行います。

ここがポイント！

支援機能を利用してHTMLのドキュメントを作成

VSCodeには、HTMLの入力を支援する次の機能が標準搭載または拡張機能として用意されています。

● HTMLの入力を支援する標準搭載の機能

・インテリセンス（入力補完）　　　　　　　・開始タグと終了タグの同時変更

・スマートセレクトによる範囲選択　　　　　・ファイルパスの補完

・インストール済みの拡張機能「Emmet」（ソースコードの簡易入力）

● HTML関連の拡張機能

・HTMLHint

独自のルールにより、文法どおりに入力されているかをチェックします。

・indent-rainbow

インデントの深さに応じて色付けをし、ドキュメントの構造をわかりやすく表示します。

・Color Highlight

表示色の設定を行うカラーコード自体に色付けをし、どこで何色が使われているかをわかりやすく表示します。

▼HTMLHintによるエラー通知の例

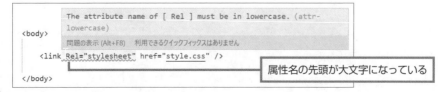

属性名の先頭が大文字になっている

3.1.1　HTMLに関する標準搭載の機能

VSCodeには標準で、HTMLの入力支援機能がいくつか搭載されています。中には拡張機能として独立したツールも含まれますが、いずれにしてもインストールなどの操作は不要で、HTMLファイルを開いてすぐに使うことができます。

インテリセンス（入力補完）

HTMLにおいても、VSCodeのインテリセンスは有効です。タグの開始記号「<」を入力すると、候補の一覧が表示されます。候補を選択して入力を確定し、タグの終了記号「>」を入力すると、自動で終了タグが入力されます。ここでは、<head></head>を入力する例を見てみましょう。

▼タグの開始記号「<」の入力

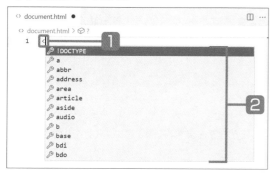

1　「<」を入力します。

2　入力候補の一覧が表示されます。

▼入力候補の選択

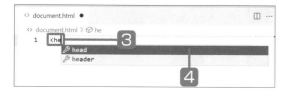

3　続けて「he」と入力します。

4　候補が絞り込まれるので、「head」をクリックするか、↑↓キーで選択してEnter（またはTab）キーを押します。

▼入力の確定

5　「head」が入力されるので、「>」を入力してEnterキーを押します。

▼入力候補の選択

6　終了タグの</head>が自動で入力されます。

開始タグと終了タグの同時変更

開始タグ（または終了タグ）の要素名（headerやh1、pなど）を変更すると、対応する終了タグ（または開始タグ）の要素名も同時に変更されます。

1 変更するタグの内部にカーソルを置いて F2 キーを押します。

2 タグの要素名を入力するパネルが開くので、変更する要素名を入力して Enter キーを押します。

▼タグの要素名の変更

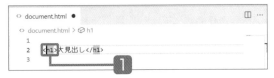

▼タグの要素名の変更（続き）

▼タグの要素名が変更された

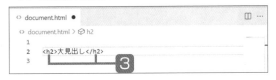

3 開始タグと終了タグの要素名が変更されます。

●プレビューで確認してから変更する

変更内容をプレビューで確認してから変更することもできます。この場合は、変更後の要素名を入力したあとに Shift + Enter を押します。

▼タグの要素名の変更

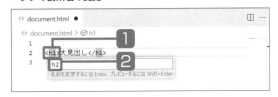

1 変更するタグの内部にカーソルを置いて F2 キーを押します。

2 変更する要素名を入力して Shift + Enter を押します。

▼[リファクタープレビュー]

開始タグのプレビュー

終了タグのプレビュー

3 **リファクタープレビュー**が開いて、変更前と変更後のタグが表示されます。

4 変更を適用する場合は、**適用**ボタンをクリックするか、 Shift + Enter を押します。

▼タグの要素名が変更された

5 開始タグと終了タグの要素名が変更されます。

スマートセレクトによる範囲選択

HTMLやCSSでは、**スマートセレクト**がサポートされています。この機能は、カーソルがある位置からタグの要素を選択したり、開始タグと終了タグを含むタグ全体を選択する場合に使用します。Shift + Alt + → (macOS: shift + ⌘ + →) で選択範囲が広がり、Shift + Alt + ← (macOS: Shift + ⌘ + ←) で選択範囲が狭まります。

▼タグの要素を選択

1 タグの要素の部分にカーソルを置いて、Shift + Alt + → (macOS: shift + ⌘ + →) を押します。

▼タグの要素が選択された

2 タグの要素全体が選択されます。

3 Shift + Alt + → (macOS: shift + ⌘ + →) を押します。

▼タグ全体の選択

4 開始タグから終了タグまでが選択されます。

5 Shift + Alt + ← (macOS: shift + ⌘ + ←) を押します。

▼選択範囲の縮小

6 選択範囲が狭まり、タグの要素のみが選択状態になります。

ファイルパスの補完

<link>タグのhref属性や<img>タグのsrc属性でリンク先のファイルを指定する場合、フォルダーやワークスペース内の**ファイルパス**が、入力候補として一覧で表示されます。

■ イメージ（画像）ファイルのパスを、補完機能を使って入力する

編集中の「document.html」が保存されている「HTML」フォルダーには、画像専用の「img」フォルダーがあり、5枚のイメージが格納されています。補完機能を利用して、イメージのファイルパスを入力してみましょう。

1 <img src="">と記述して、2つの「"」の間にカーソルを置きます。

2 「i」と入力すると「img」フォルダーの相対パスが表示されるので、これを選択します（または矢印キーで選択して Enter 、 Tab のいずれかを押す）。

▼src属性の設定

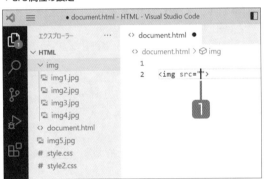

▼フォルダーのパスを設定

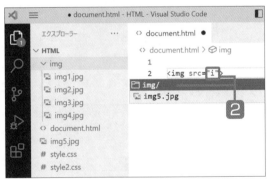

Memo 同じ階層のすべてのファイルやフォルダーを候補の一覧に表示する

ファイルやフォルダーのパスを補完機能で入力する場合、「/」または「./」を入力すると、同じフォルダー（ディレクトリ）にあるすべてのファイルやフォルダーのパスが一覧に表示されます。

▼同じフォルダーにあるすべてのファイルやフォルダーのパスを候補の一覧に表示

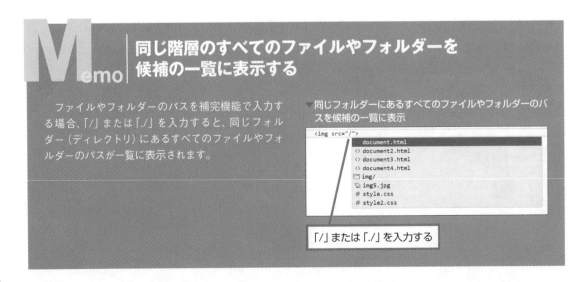

「/」または「./」を入力する

3 「img/」が入力されます。

4 「img」フォルダー内のファイルのパスが一覧で表示されるので、目的のイメージファイルのパス（ここではimg1.jpg）を選択します（または矢印キーで選択して [Enter]、[Tab] のいずれかを押す）。

5 「img」フォルダー内の「img1.jpg」への相対パス "img/img1.jpg" が設定されます。

▼フォルダーのパスを設定

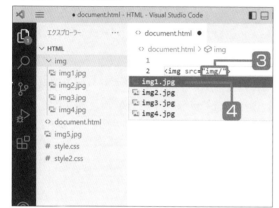

▼イメージファイルへのパス

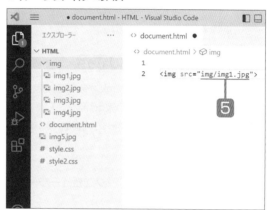

CSSファイルのパスを、補完機能を使って入力する

編集中の「document.html」が保存されている「HTML」フォルダーには、2つのCSSファイルが格納されています。補完機能を利用して、CSSファイルのパスを入力してみましょう。

1 <link href=""と記述して、2つの「"」の間にカーソルを置きます。

2 「s」と入力すると、sから始まるファイルのパスが一覧で表示されるので、「style.css」を選択します（または矢印キーで選択して [Enter]、[Tab] のいずれかを押す）。

▼href属性の設定

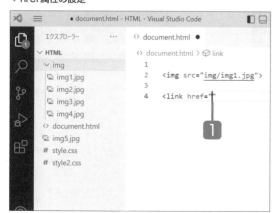

▼ファイルパスの選択

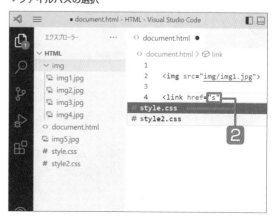

▼ファイルパスの設定

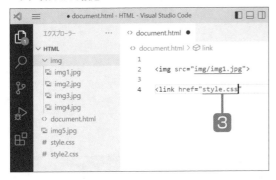

「style.css」が入力されます。

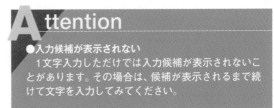

リンク先の表示

Onepoint

<img>タグや<link>タグで設定したファイルパスの部分をポイントすると、**リンク先を表示 (ctrl+クリック)** の表示がポップアップします。「リンク先を表示」のところをクリックすると、リンク先のファイルが開いて内容を確認することができます。イメージの場合は専用のビューワーが起動し、CSSなどのソースファイルの場合は**エディター**が起動して内容が表示されます。

●リンク先のイメージをビューワーに表示する

1 イメージファイルのパスの部分をポイントし、「リンク先を表示」の部分をクリックします。

2 ビューワーが起動して、イメージが表示されます。

▼リンク先の表示

▼リンク先のイメージを表示

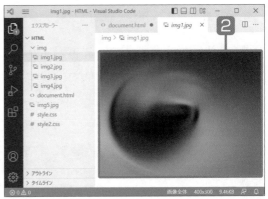

●リンク先のファイルを [エディター] で開く
ソースファイルの場合も見てみましょう。

1 ソースファイルのパスの部分をポイントし、「リンク先を表示」の部分をクリックします。

2 **エディター**が起動して、CSSファイルの内容が表示されます。

▼リンク先の表示

▼リンク先のCSSファイルを［エディター］で表示

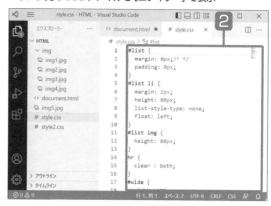

Emmetによる自動入力

「Emmet」(エメット) は、簡便な方法でHTMLのコードを入力できるツールです。拡張機能ですが、標準でインストールされているので、すぐに使うことができます。様々なパターンの入力に対応していますが、代表的なものをいくつか見てみましょう。

■ HTMLのひな形を自動入力

最初に紹介するのが、HTMLのひな形の自動入力です。HTMLのドキュメントを作成する際は、定型化されているコードをあらかじめ入力しておかなくてはならないのですが、これが結構面倒です。Emmetは、「!」と入力すれば、ドキュメントの骨格となるコードを自動入力してくれます。

▼HTMLドキュメントのベースを作る

1 まだ何も記述されていないHTMLドキュメントを**コードエディター**で開きます。

2 ドキュメントの冒頭に「!」と入力して [Enter] キーを押します。

▼作成後 (ドキュメントの骨格が作成される)

```
<> document3.html > ...
 1  <!DOCTYPE html>
 2  <html lang="en">
 3  <head>
 4      <meta charset="UTF-8">
 5      <meta http-equiv="X-UA-Compatible" content="IE=edge">
 6      <meta name="viewport" content="width=device-width, initial-scale=1.0">
 7      <title>Document</title>
 8  </head>
 9  <body>
10
11  </body>
12  </html>
```

まっさらな状態のドキュメントが自動で作成されます。

Memo | lang="ja"を出力するように設定する

VSCodeの設定を追加することで、Emmetが

```
<html lang="en">
```

と出力するところを、

```
<html lang="ja">
```

と出力するようにできます。以下の手順でVSCodeの設定ファイル「settings.json」を開いて、設定コードを追加してください。

① **アクティビティバー**の**管理**ボタンをクリックして**設定**を選択します。

▼ [アクティビティバー]

② **設定画面**が開くので、タイトルバー右側の**設定（JSON）を開く**ボタンをクリックします。

▼ [設定] 画面

③ **エディター**が起動して、VSCodeの設定を行う「settings.json」が開きます。

④ { }内に記述されている最後のソースコード末尾に「,」を入力して改行します。

⑤ 「"emmet.variables":{ "lang": "ja"}」と入力します。

▼ 「settings.json」

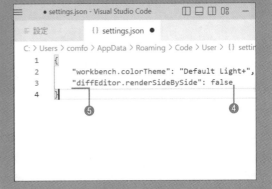

⑥ ブルーでハイライト表示されているところが追加した部分です。

⑦ **ファイルメニュー**の**保存**を選択して、編集内容を保存します。

▼ コード追加後の「settings.json」

以上で、「!」と入力してドキュメントを作成する際に、<html lang="ja">と出力されるようになります。

　ただし、使用言語の指定が「<html lang="en">」のように、"en"（英語）になっているので、「<html lang="ja">」として、日本語の指定に書き換えてください。

要素名を入力してタグを設定する

　h1やp、divなどの要素名を入力して Enter キーを押すと、開始タグと終了タグが同時に入力されます。ここではdiv要素を例に見ていきます。

1 「div」と入力して Enter キーを押します。

2 div要素の開始タグと終了タグが入力されます。

▼要素名の入力

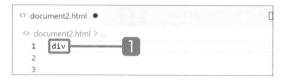

▼div要素の開始タグと終了タグ

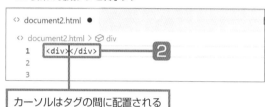

カーソルはタグの間に配置される

ネストした要素（>）

　要素名と要素名の間に「>」を入れて入力すると、先頭の要素名を**ネスト**した（子要素とした）タグが入力されます。次は、<div>タグの子要素として<p>タグを配置する例です。

1 「div>」と入力して Enter キーを押します。

2 <div>タグの子要素として段落を設定する<p>タグが配置され、カーソルが開始タグと終了タグの間に置かれます。

▼<div>タグの子要素として<p>タグを配置する

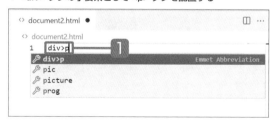

▼<div>タグの子要素として<p>タグを配置する

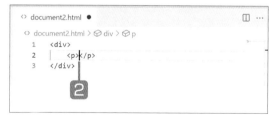

　ここで入力した「div>p」のような記法を、タグ配置用の「式」と呼びます。

Onepoint

●入力候補の表示

　式を入力していると、インテリセンスが働いて入力候補の一覧が表示されますが、それは無視して式を入力し、Enter キーを押してください。

同じ要素を繰り返す「*」

「*」に続けて数字を入力すると、その数だけ要素が繰り返されます。

1 「div*3」と入力して Enter キーを押します。

2 div要素の開始タグと終了タグが3セット入力されます。

▼div要素の入力

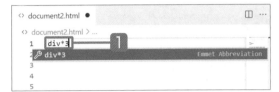

▼指定した数だけ入力された開始タグと終了タグ

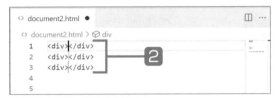

繰り返す要素にネストする

「*」と「>」を組み合わせることで、要素にネストした状態を繰り返すことができます。<div>タグに<a>タグをネストさせたものを3回繰り返して入力してみます。

1 「div*3>a」と入力して Enter キーを押します。

2 <div>タグに<a>タグをネストさせたものが3セット入力されます。

▼タグ配置用の式を入力

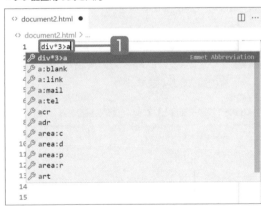

▼ネストされたタグの入力

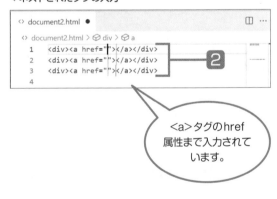

<a>タグのhref
属性まで入力されて
います。

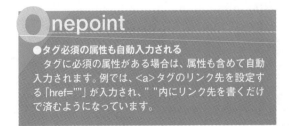

●タグ必須の属性も自動入力される
タグに必須の属性がある場合は、属性も含めて自動入力されます。例では、<a>タグのリンク先を設定する「href=""」が入力され、" "内にリンク先を書くだけで済むようになっています。

同じレベルで異なるタグを連続して入力

要素名を「+」でつなげて入力すると、対象の要素のタグが連続して入力されます。ここでは、<h1>、<h2>、<p>タグを連続して入力してみます。

1 「h1+h2+p」と入力して Enter キーを押します。

2 <h1>、<h2>、<p>タグが連続して入力されます。

▼複数タグを設定する式の入力

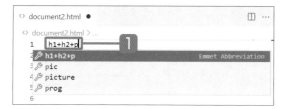

▼連続して入力された開始タグと終了タグ

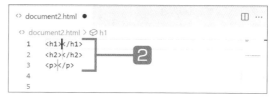

1つ上の階層に戻る「^」

タグを続けて入力する際に、途中で1つ上の階層に戻るには「^」を使います。ネストされた要素を持つ<div>タグと、同じくネストされた要素を持つ<ul>タグを連続して入力する例を見てみましょう。

1 「div>h1+p^ul>li*4」と入力して Enter キーを押します。

2 <div>にネストされた<h1>～</h1>、<p>～</p>と、<ul>にネストされた4個の<li>～</li>が入力されます。

▼タグを設定する式の入力

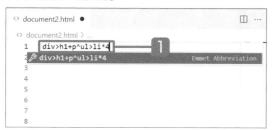

▼途中で1つ上の階層に戻って入力されたタグ

<div>にネストされた<h1>～</h1>、<p>～</p>が入力される

<ul>にネストされた4個の<li>～</li>が入力される

nepoint

●入力式は複雑だけど直感的に書ける

入力式を見るとずいぶん複雑に見えますが、記号自体は直感的にわかるものなので（「>」はネスト、「^」は上に戻る、など）、タグを手入力するよりもはるかに効率的に作業できます。

タグをグループ化して入力する「()」

「()」を使うと、要素をグループ化して出力できます。<div>にネストされた<h1>、<p>を2セット、<ul>にネストされた<li>を2セット入力してみましょう。

1 「(div>h1+p)*2+(ul>li)*2」と入力して Enter キーを押します。

2 <div>にネストされた<h1>、<p>が2連続で入力され、<ul>にネストされた<li>が2連続で入力されます。

▼タグを設定する式の入力

▼2連続ずつ入力されたネスト要素を持つタグ

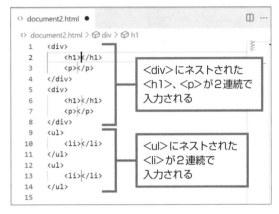

id属性を設定する「#」

要素名に「#」を付けると、id属性を設定することができます。

1 「div#content」と入力して Enter キーを押します。

2 id属性「content」が設定された<div>タグが入力されます。

▼div要素にid属性を設定する

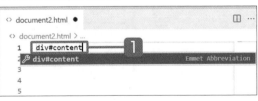

▼id属性が設定された<div>タグ

閉じタグも入力されるので、手入力よりも効率的ですね。

クラス属性を設定する「.」

要素名に「.」を付けると、クラス属性を設定することができます。

1 「div.content」と入力して[Enter]キーを押します。

2 クラス属性「content」が設定された<div>タグが入力されます。

▼div要素にクラス属性を設定する

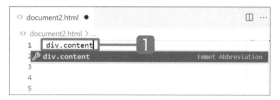

▼クラス属性が設定された<div>タグ

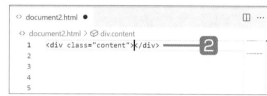

連番を付ける「$」

クラス名などで連番を振りたいときは、「$」を使います。ここではクラス属性のクラス名として、「content −」のあとに連番を付けた<div>タグを3個入力してみます。

1 「div.content-$*3」と入力して[Enter]キーを押します。

2 連番付きのクラス名が設定された<div>タグが3個入力されます。

▼連番付きのクラス名を設定する

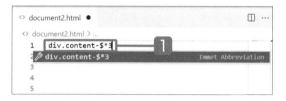

▼連番付きのクラス名が設定された<div>タグ

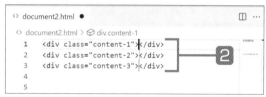

要素の内容にテキストを入れる「{ }」

要素の内容としてテキストを入れる場合は、「{ }」を使います。次は、<a>タグの内容として「リンク先です」を設定する例です。

1 「a{リンク先です}」と入力して[Enter]キーを押します。

2 要素の内容として「リンク先です」が設定された<a>タグが入力されます。

▼a要素の内容にテキストを設定する

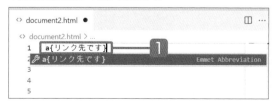

▼要素の内容にテキストが設定された<a>タグ

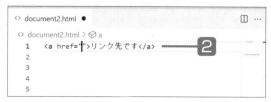

カラーピッカー

　style属性のcolorやbackground-colorなどで色を設定する際に、**カラーピッカー**を利用することができます。

▼div要素にstyle属性を設定する

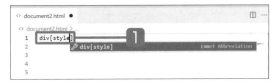

1 「div[style]」と入力して Enter キーを押します。

▼色の選択

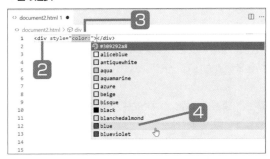

2 style属性が設定された<div>タグが入力されます。

3 style属性の値の2つの「"」の間に「color:」と入力します。

4 入力候補の一覧から任意の色を選択します。

▼style属性の値

5 選択した色を示すキーワード(ここでは「blue」)が入力され、冒頭に色を示す小さなアイコンが表示されます。

> カラーコードの色が
> じかに確認できて
> 便利です。

▼RGB値の設定

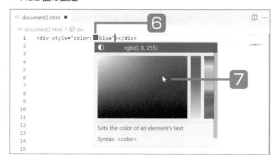

色を示すアイコンをポイントします。

カラーピッカーが表示されるので、適用したい色の部分をクリックします。

▼RGB値の入力

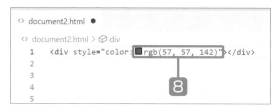

選択した色を適用するためのRGB値——R：Red〈赤〉、G：Green〈緑〉、B：Blue〈青〉の3原色を表す範囲0〜255の3つの値——が入力されます。

Memo｜カラーピッカーの操作

　カラーピッカーでは、パレット上で任意の部分をクリックすることにより、RGB値の入力を行えます。また、パレットの右には透明度（A：Alpha）を設定するための縦型のバーが配置されており、薄く表示されているつまみを上下にドラッグすることで、透明度を追加したRGBA値を設定することができます。

　右端の縦型のバーは、色そのものを変更するためのものです。現在の色がブルー系であれば、つまみを上下にドラッグして赤系などの他の色に切り替えることができます。

▼カラーピッカー

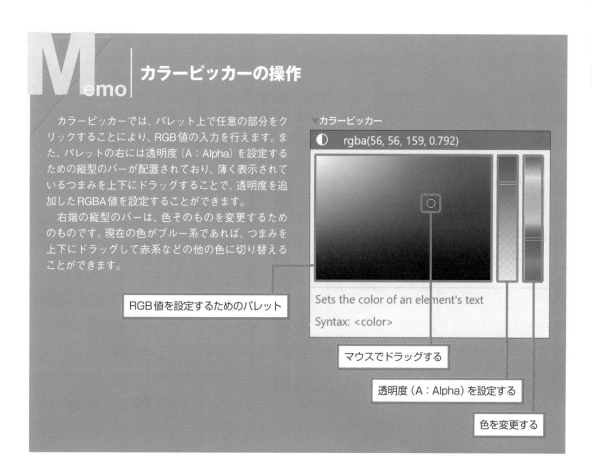

RGB値を設定するためのパレット

マウスでドラッグする

透明度（A：Alpha）を設定する

色を変更する

ドキュメントのフォーマット

VSCodeには、HTMLのフォーマット（整形）を行うツールが標準で搭載されています。次のように
インデントを無視して記述されたコードが、一瞬で整えられます。ネストされた要素が多いと、イ
ンデントがバラバラになりがちですが、そのような場合にとても便利な機能です。

▼インデントを無視して記述されたドキュメント

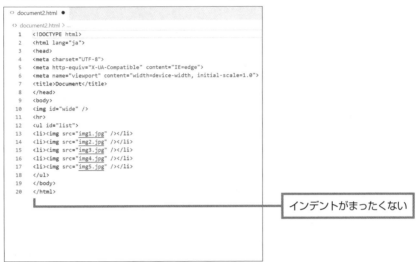

インデントがまったくない

① ドキュメント上で右クリックして**ドキュメントの
フォーマット**を選択します。

② 要素のレベルに応じてインデントが設定され、必
要に応じて空白行の追加が行われます。

▼ ［ドキュメントのフォーマット］を実行

▼整形後のドキュメント

リファレンスの表示

Onepoint

Web技術に関する開発者向けの情報を公開している「**MDN Web Docs**」というサイトがあります。HTMLやJavaScript、CSSのほか、Node.js、Django（PythonのWeb開発用ライブラリ）に関する解説（**リファレンス**）が掲載されています。

VSCodeには、MDN Web Docsと連携して、**エディター**上からリファレンスのページを表示する機能が搭載されています。HTMLの要素は数が多く、すべてを覚えることは至難の業ですが、わからない要素については、この機能を利用して詳しい解説を瞬時に閲覧できるので、とても便利です。

ここでは例として、ドキュメントに記述されているimg要素のリファレンスを表示してみることにします。

3

HTML/CSS/JavaScriptによるフロントエンド開発

▼MDNリファレンスの表示

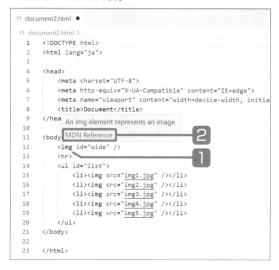

1 imgの部分をポイントします。

2 メッセージがポップアップするので、「MDN Reference」のリンクテキストをクリックします。

3 確認を求めるメッセージが表示されるので、**開く**ボタンをクリックします。

▼確認を求めるメッセージ

▼MDNリファレンスのimg要素の解説

4 ブラウザーが起動して、リファレンスが表示されます。

使用例まで
載っていて便利です。

3.1.2 HTMLHintで入力チェックを行う

VSCodeの拡張機能「**HTMLHint**」は、HTMLの文法（記述ルール）をチェックし、誤りがあれば
エラーの内容を表示して教えてくれるエラーチェックツールです。

HTMLHintをインストールする

拡張機能ビューを表示して、HTMLHintをインストールしましょう。

▼HTMLHintのインストール

1 **アクティビティバー**の**拡張機能**ボタンをクリックします。

2 **拡張機能**ビューの入力欄に「HTMLHint」と入力します。

3 候補の一覧から「HTMLHint」を選択します。

4 **インストール**ボタンをクリックします。

▼インストールの確認

5 インストールが完了したら、**拡張機能**ビューの入力欄に入力されている「HTMLHint」を削除します。

6 **インストール済み**の項目に「HTMLHint」が表示されていることを確認します。

doctype-first (DOCTYPEが冒頭で宣言されているか)

ここからは、HTMLHintがチェックするエラーの種類について見ていきます。
HTMLのドキュメントでは、冒頭でDOCTYPEが宣言されていなくてはなりません。
<!DOCTYPE html>の記述が冒頭にないと、次のようにエラーを表示します。

▼doctype-first

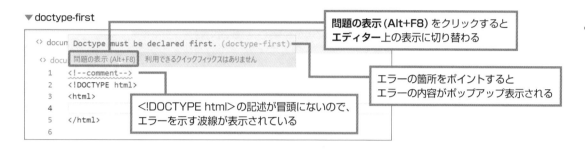

エラーの箇所をポイントすると、「Doctype must be declared first」(Doctypeは冒頭で宣言しなければならない)と表示されました。**問題の表示(Alt+F8)**をクリックして、**エディター**上での表示に切り替えてみます。

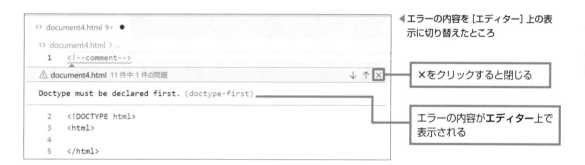

◀エラーの内容を[エディター]上の表示に切り替えたところ

×をクリックすると閉じる

エラーの内容が**エディター**上で表示される

title-require (<title>タグにタイトルが設定されているか)

ドキュメントの<head>～</head>の内部に<title>タグがあり、ページのタイトルが書かれているかどうかチェックされます。<title>タグが配置されていなかったり、タグがあってもタイトルの文字列が書かれていないと、エラーを表示します。

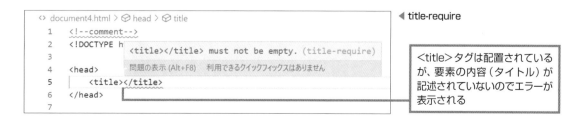

◀title-require

<title>タグは配置されているが、要素の内容(タイトル)が記述されていないのでエラーが表示される

attr-lowercase（属性名に大文字が含まれていないか）

　　　　要素の属性名を記述する際に、うっかり大文字で記述してしまうことがあります。HTMLHintの attr-lowercaseは、属性名が大文字で記述されていないかどうかチェックします。

▼attr-lowercase

```
                  The attribute name of [ Rel ] must be in lowercase. (attr-
                  lowercase)
<body>            問題の表示 (Alt+F8)   利用できるクイックフィックスはありません

    <link Rel="stylesheet" href="style.css" />

</body>
```

属性名「rel」が「Rel」と記述 されているので、エラーが表 示される

src-not-empty（linkのhrefやscriptのsrcなどが空ではないか）

　　　　img要素のsrc属性など、要素に必須の属性に値が設定されているかどうかチェックします。次図 は、各要素の属性が正しく設定されている状態を示しています。

▼各要素の必須の属性が正しく設定されている例

```
<img src="test.png" />
<script src="test.js"></script>
<link href="test.css" type="text/css" />
<embed src="test.swf">
<bgsound src="test.mid" />
<iframe src="test.html">
<object data="test.swf">
```

　　　　上記の要素について、次のように属性が正しく設定されていない場合は、エラーが表示されます。

▼src-not-emptyによるエラー表示

```
<img src />
<script src=""></script>
<script src></script>
<link href="" type="text/css" />
<link href type="text/css" />
<embed src="">
<embed src>
<bgsound src="" />
<bgsound src />
<iframe src="">
<iframe src>
<object data="">
<object data>
```

▼img要素についてエラーの内容を表示したところ

```
25        <img src />
⚠ document4.html 17 件中 4 件の問題                    ↓ ↑ ✕
The attribute [ src ] of the tag [ img ] must have a value. (src-not-empty)
```

tagname-lowercase（タグの要素名が小文字であるか）

タグを配置するときの要素名は、すべて小文字で記述しなければなりません。うっかり大文字を混ぜてしまうと、tagname-lowercaseのルールによってエラーが表示されます。

◀ tagname-lowercase

```
The html element name of [ P ] must be in lowercase. (tagname-
lowercase)
```
問題の表示 (Alt+F8)　利用できるクイックフィックスはありません
```
<P>段落です</P>
```

p要素が大文字のPになっている

tag-pair（タグがペアになっているか）

開始タグと終了タグがペアで配置されているかをチェックします。
<p>段落です</p>
のようにペアになっていない場合は、tag-pairのルールによってエラーが表示されます。

◀ tag-pair

```
Tag must be paired, missing: [ </li> ], start tag match failed
[ <li> ] on line 47. (tag-pair)
```
問題の表示 (Alt+F8)　利用できるクイックフィックスはありません
```
<ul><li></ul>

<ul></li></ul>
```

<ul><li></li></ul>
が正しい

attr-no-duplication（タグの属性が重複していないか）

要素の属性を記述する際に、うっかり重複して書いてしまうことがあります。そのような場合は、attr-no-duplicationのルールによってエラーが表示されます。次図は、link要素のrel属性を重複して記述した場合です。

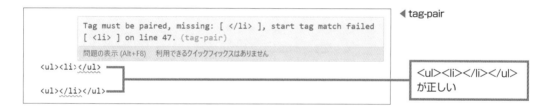

◀ attr-no-duplication

```
Duplicate of attribute name [ rel ] was found. (attr-no-duplication)
```
問題の表示 (Alt+F8)　利用できるクイックフィックスはありません
```
<link rel="stylesheet" rel="stylesheet" href="style.css" />
```

rel属性が重複して記述されている

attr-value-double-quotes （属性値がダブルクォーテーションで囲まれているか）

HTMLでは、属性値を設定する際に「"」（ダブルクォーテーション）で囲むルールになっています。うっかりして「"」ではなく「'」（シングルクォーテーション）で囲んだり、囲みがなかったりした場合は、attr-value-double-quotesのルールによってエラーが表示されます。

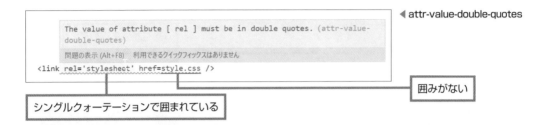

◀ attr-value-double-quotes

シングルクォーテーションで囲まれている

囲みがない

spec-char-escape （特殊文字が変換されているか）

「<」または「>」の記号を文字列として出力する場合は、「<」を「>」、「>」を「<」と記述しなければなりません。spec-char-escapeは、それぞれが適切に記述されているか（エスケープされているか）をチェックします。

◀ spec-char-escape

正しくエスケープされている

エスケープしていないのでエラー

id-unique （idが重複していないか）

id属性を設定する場合、すでに使用されているid値を使用すると、id-uniqueのルールによってエラーが表示されます。

◀ id-unique

このid値はすでに使われているのでエラー

3.1.3 indent-rainbowでインデントを色付けする

VSCodeの拡張機能「**indent-rainbow**」は、インデントの深さに応じて色分けして表示します。HTMLのタグは、ネストの状態に応じてインデントを入れますが、色分けされることでドキュメントの構造がとても見やすくなります。

このツールは、HTMLだけでなく、CSS、JavaScriptなど、VSCodeが対応するすべてのプログラミング言語に対して有効です。

indent-rainbowをインストールする

拡張機能ビューを表示して、indent-rainbowをインストールしましょう。

▼indent-rainbowのインストール

1 アクティビティバーの**拡張機能**ボタンをクリックします。

2 **拡張機能**ビューの入力欄に「indent-rainbow」と入力します。

3 候補の一覧から「indent-rainbow」を選択します。

4 **インストール**ボタンをクリックします。

▼インストールの確認

5 インストールが完了したら、**拡張機能**ビューの入力欄に入力されている「indent-rainbow」を削除します。

6 **インストール済み**の項目に「indent-rainbow」が表示されていることを確認します。

HTMLのドキュメントを表示して色分けされていることを確認

indent-rainbowをインストールすると、インデントがその深さに応じて色分けされます。次の画面では、確実に色分けされていることが確認できます。

▼indent-rainbowによるインデントの表示

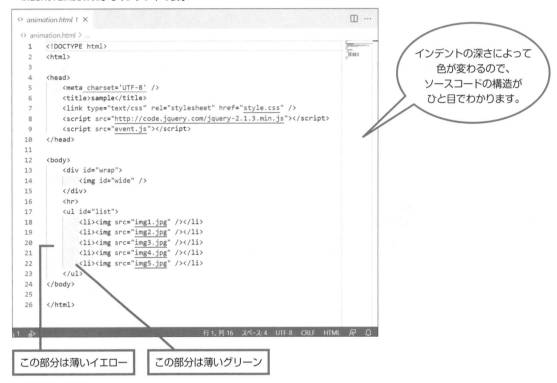

インデントの深さによって色が変わるので、ソースコードの構造がひと目でわかります。

この部分は薄いイエロー

この部分は薄いグリーン

3.1.4 Color Highlightでカラーコードに色を表示する

VSCodeは、デフォルトで**カラーコード**（色を指定するcolorやbackground-colorなどを設定するコード）の冒頭に、その色を小さなアイコンで表示しますが、拡張機能「**Color Highlight**」をインストールすると、カラーコード自体にも色が表示されるようになります。より広い範囲で色の表示を行うので、「どこで何色を指定しているのか」がわかりやすくなり、とても便利です。

Color Highlightをインストールする

拡張機能ビューを表示して、Color Highlightをインストールしましょう。

▼Color Highlightのインストール

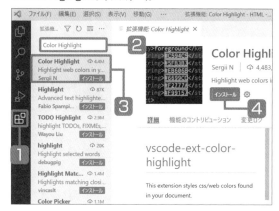

1 アクティビティバーの**拡張機能**ボタンをクリックします。

2 拡張機能ビューの入力欄に「Color Highlight」と入力します。

3 候補の一覧から「Color Highlight」を選択します。

4 **インストール**ボタンをクリックします。

▼インストールの確認

5 インストールが完了したら、**拡張機能**ビューの入力欄に入力されている「Color Highlight」を削除します。

6 **インストール済み**の項目に「Color Highlight」が表示されていることを確認します。

カラーコードを確認する

次図は、「Color Highlight」をインストールしたあとのドキュメントです。rgb以下のカラーコードの部分が色付けされています。

▼rgb以下のカラーコード

冒頭のアイコンと同じ色で
塗りつぶされている

3.1.5 HTMLのドキュメントを作成する

ここからは、実際にHTMLのドキュメントをゼロから作成してみましょう。JavaScriptの拡張ライブラリであるjQueryを用いて「**アコーディオンパネル**」を作成し、それをWebページに配置することにします（完成した状態は本文219ページを参照）。ここではまず、このWebページの骨格となるドキュメントを作成します。HTMLのドキュメントを作成したあと、次節以後ではCSS、JavaScriptの順に作成していきます。

ドキュメント用のファイルを作成する

任意の場所に「AccordionPage」という名前のフォルダーを作成します。フォルダーを作成したら、これをVSCodeで開き、次のように操作してHTMLファイルを作成しましょう。

1 エクスプローラーの**新しいファイル**ボタンをクリックします。

2 「accordion.html」と入力して Enter キーを押します。

3 HTMLファイル（ドキュメント）が作成され、**エディターに表示されます。**

▼ ［エクスプローラー］

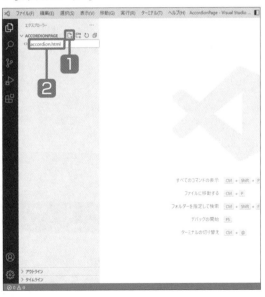

▼ ［エディター］が開く

ページの骨格をHTMLで定義する

では、HTMLのコードを入力して、ページの骨格を定義しましょう。

1 冒頭に「!」と入力して Enter キーを押します。

2 HTMLの基本コードが入力されます。

▼基本コードの入力

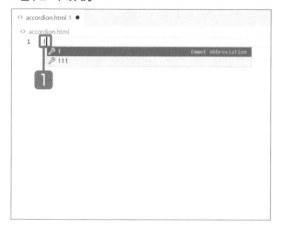

▼基本コードの入力

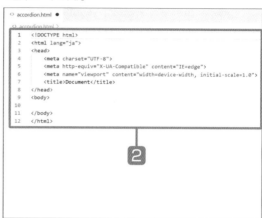

3 Webページの本体を定義する<body>〜</body>の間に、次のコードとコメントを入力します。テキストを入力してCtrl+/（macOS：⌘+/）を押すと、HTMLのコメント文になります。もちろん、不要であればコメントを入力しなくてもかまいません。また、本文についてもまったく同じように入力する必要はなく、適当にアレンジしていただいてかまいません。

▼accordion.html

```
<!DOCTYPE html>
<html lang="ja">

<head>
    <meta charset="UTF-8">
    <meta http-equiv="X-UA-Compatible" content="IE=edge">
    <meta name="viewport" content="width=device-width, initial-scale=1.0">
    <title>Document</title>
```

```
</head>
```

```
<!DOCTYPE html>
<html lang="ja">

<head>
    <meta charset="UTF-8">
    <meta http-equiv="X-UA-Compatible" content="IE=edge">
    <meta name="viewport" content="width=device-width, initial-scale=1.0">
    <title>Document</title>
</head>
```

このように入力する

```
<body>
    <!-- 説明リスト要素<dd>、<dt>、<dd>を配置 -->
    <dl>
        <!-- 1段目見出し -->
        <dt>jQueryとは</dt>
        <!-- 本文 -->
        <dd>
            jQuery（ジェイクエリー）は、ウェブブラウザ用のJavaScriptコードを
            より容易に記述できるようにするために設計されたJavaScriptライブラリです。
            JavaScriptの10行のコードを、jQueryでは1～2行ほどで済ませることができます。
            jQueryが使われる最大の理由は、どんなブラウザでも使えることです。
            ブラウザーには、「Edge」、「Chrome」、「Safari」などがありますが、
            それぞれ微妙に仕様が違うため、同じJavaScriptのコードでも動作が微妙に
            異なることがあります。jQueryはブラウザーの違いを吸収して、
            どのブラウザでも同じコードで動作するようにしてくれます。
        </dd>


        <!-- 2段目見出し -->
        <dt>ネットワーク上のjQueryにリンクする </dt>
        <!-- 本文 -->
        <dd>
            Queryは、CDNという仕組みを利用して、Webを通じてリアルタイムに
            ダウンロードできるようになっています。CDNでは世界各地にサーバーを配置し、
            ブラウザーが稼働しているコンピュータに最も近い場所にあるサーバーから
            jQueryをダウンロードさせます。JavaScriptの外部ファイルのリンク先として
            CDNのURLを書いておくだけです。ファイルをダウンロードしてサーバーに
            保存しておくという手間がかからず、非常に便利です。
        </dd>


        <!-- 3段目見出し -->
```

```
        <dt>jQueryの主な機能</dt>
        <!-- 本文 -->
        <dd>
            jQueryは、これまでのほとんどのライブラリのように、標準で用意されている
            オブジェクトを改変し、機能を強化するものではありません。標準機能には
            いっさい手を加えず、独自のオブジェクトを用意することですべての機能を
            実現します。jQueryでは、「セレクター」と呼ばれる方法を使って、
            HTMLドキュメントから要素を取り出します。ですので、DOMだけで操作する
            場合に比べて、コードがとてもシンプルです。
        </dd>
    </dl>
</body>

</html>
```

3

HTML/CSS/JavaScriptによるフロントエンド開発

▼ [ファイル] メニュー

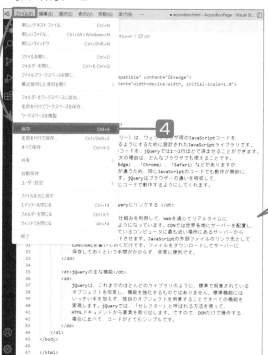

4 入力が済んだら、**ファイル**メニューの**保存**を選択してファイルを保存します。

> インデントの色分けによって、ソースコードがとても見やすいです。

ブラウザーでデバッグする

HTMLやJavaScriptの動作を確認するには、ブラウザーとの連携が不可欠です。VSCodeには、Microsoft Edge（以下Edge）やGoogle Chrome（以下Chrome）と連携する機能が標準で搭載されているので、これを使ってデバッグしてみましょう。ここでは、Chromeがインストール済みであることを前提に解説します。

1 ドキュメントを開いた状態で**アクティビティバー**の**実行とデバッグ**ボタンをクリックします。

2 実行とデバッグビューの**実行とデバッグ**ボタンをクリックします。

3 **デバッガーの選択**が表示されるので、**Web App (Chrome)**を選択します。

▼［実行とデバッグ］ビュー

▼デバッガーの選択

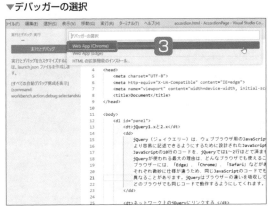

▼Chromeによるデバッグ

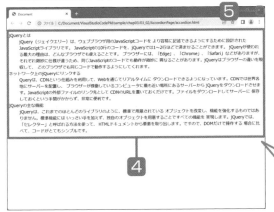

4 Chromeが起動して、作成したドキュメントが表示されます。

5 Chromeの**閉じる**ボタン（×）をクリックすると、デバッグが終了し、ブラウザーが閉じます。

ここではChromeを使ってみました。

3.1.6 スペルチェッカーを導入する

HTML専用ではありませんが、ソースコードやコメントに使われている英文のスペルミスを検出してくれる便利なツールを紹介します。テキストだけでなく、ソースコードの変数名もチェックしてくれるので、あらゆるスペルミスを未然に防ぐことができます。英単語が使われている場合は、HTMLの属性名やCSSのプロパティ名のスペルミスもチェックしてくれるので、入れておいて損はないツールです。

Code Spell Checkerをインストールする

拡張機能ビューを表示して、**Code Spell Checker**をインストールしましょう。

▼Code Spell Checkerのインストール

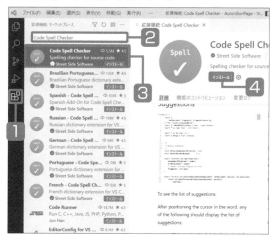

1 アクティビティバーの**拡張機能**ボタンをクリックします。

2 **拡張機能**ビューの入力欄に「Code Spell Checker」と入力します。

3 候補の一覧から「Code Spell Checker」を選択します。

4 **インストール**ボタンをクリックします。

▼インストールの確認

5 インストールが完了したら、**拡張機能ビュー**の入力欄に入力されている「Code Spell Checker」を削除します。

6 **インストール済み**の項目に「Code Spell Checker」が表示されていることを確認します。

スペルミスをチェックする

次図はHTMLドキュメントを**エディター**で表示したところです。「Document」と書くべきところが「Documet」になっていて、「panel」と書くべきところが「panl」になっています。それぞれの箇所にスペルミスを示す波線が表示されています。対象の箇所をポイントすると、ミスを指摘するメッセージがポップアップします。

▼「Code Spell Checker」によるスペルミスの通知

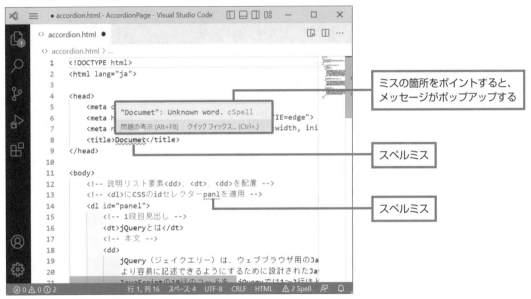

ポップアップしたメッセージの下部に表示されている**クイックフィックス...(Ctrl+)** をクリックすると、修正候補の一覧が表示されます。

▼修正候補の一覧

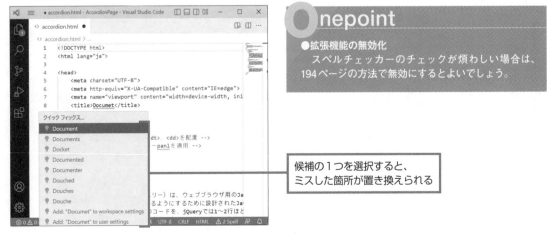

Onepoint

●拡張機能の無効化
スペルチェッカーのチェックが煩わしい場合は、194ページの方法で無効にするとよいでしょう。

3.1.7 Live Previewでリアルタイムにプレビューする

拡張機能の「**Live Preview**」は、VSCode上でHTMLドキュメントのプレビューを表示します。**エディター**の隣に開いたプレビュー用の画面でドキュメントの内容を表示するので、編集状況を手早く確認できて便利です。もちろん、ドキュメントを編集すればすぐに画面が更新されるので、プレビューを確認しながら編集作業を進められます。

2022年12月現在、Live Previewは開発中とされていて、インストールされるのはテスト版です。とはいえ、筆者が使用した限りでは動作に特に問題はなく、快適に使用することができました。

Live Previewをインストールする

拡張機能ビューを表示して、Live Previewをインストールしましょう。

▼Live Previewのインストール

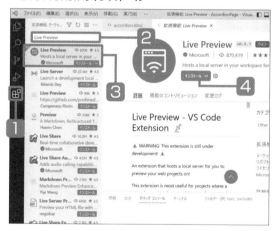

1 **アクティビティバー**の**拡張機能**ボタンをクリックします。

2 **拡張機能**ビューの入力欄に「Live Preview」と入力します。

3 候補の一覧から「Live Preview」を選択します。

4 **インストール**ボタンをクリックします。

▼インストールの確認

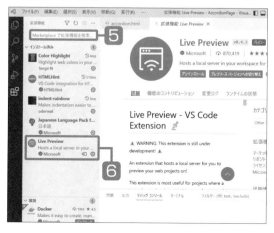

5 インストールが完了したら、**拡張機能**ビューの入力欄に入力されている「Live Preview」を削除します。

6 **インストール済み**の項目に「Live Preview」が表示されていることを確認します。

プレビュー画面を表示する

「Live Preview」をインストールしたあとは、ドキュメント上を右クリック、または**エクスプロー**
ラーのファイル名を右クリックすると、**プレビューの表示**という項目が表示されるようになります。
では、作成済みの「accordion.html」のプレビュー画面を表示してみましょう。

1 **エディター**に表示されているドキュメント上で右
クリックして**プレビューの表示**を選択します。

2 プレビュー画面が表示されます。

3 画面を閉じる場合は、タブの**×**をクリックします。

▼プレビューの表示

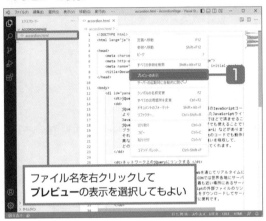

ファイル名を右クリックして
プレビューの表示を選択してもよい

▼プレビュー画面

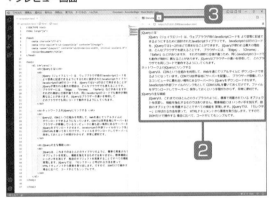

Memo | **Code Spell Checker の無効化**

　スペルミスをチェックしてくれるのはありがたい
のですが、プログラムで使用する変数名も含むすべ
ての英単語をチェックします。そのため、変数名など
で単語のスペルを一部省略している場合もチェック
の対象となります。煩わしい場合は、**拡張機能ビュー**
で Code Spell Checker の**無効にする**ボタンをクリッ
クすると、一時的に無効化することができます。再
度、有効にする場合は、**拡張機能ビュー**で Code Spell
Checker の**有効にする**ボタンをクリックします。

■ プレビュー用サーバーの停止

Live Previewは、プレビュー用のサーバーを起動してポート番号3000で通信を行っています。このため、プレビュー画面のタブの×(閉じる)ボタンをクリックして画面を閉じても、サーバーは稼働した状態です。稼働させておいても特に支障はないのですが、完全に停止させたいときは次のように操作します。

1 VSCodeの**ステータスバー**に表示されている**ポート:3000**をクリックします。

2 コマンドパレットが表示されるので、**ライブプレビュー: サーバーの停止**を選択します。

▼[ステータスバー]

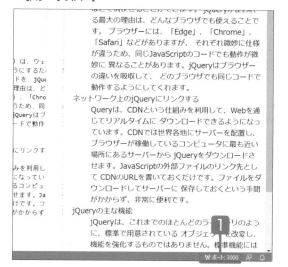

▼[コマンドパレット]

3 続いて、**3000 AccordionPage**(「AccordionPage」はドキュメントが保存されているフォルダー名)を選択します。

4 サーバーが停止し、プレビュー画面が閉じます。

▼[コマンドパレット]

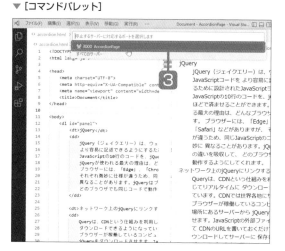

▼サーバーの停止とプレビュー画面の終了

3 HTML/CSS/JavaScriptによるフロントエンド開発

VSCodeのインテリセンスは、CSSにも対応しています。そのほかにも、CSSの作成やHTML側での適用に便利な拡張機能があるので、ここではいくつかのCSS関連の拡張機能をインストールし、その使い方を紹介しながらCSSの作成を行います。

ここがポイント！

拡張機能を活用してCSSを作成・適用する

CSSを作成したりHTML側で適用するときに役立つ、以下の拡張機能をインストールします。

●CSSTree validator

・CSSの入力チェックを行います。

●HTML CSS Support

・HTML側でCSSを適用する際に、クラスセレクターやidセレクターの名前を読み込んで、入力候補の一覧に表示します。

●CSS Peek

・HTML側でCSSを適用した際に、**コードエディター**上にインラインでCSSルールの定義コードを表示します。また、HTML側からCSSファイルの定義コードへジャンプすることもできます。

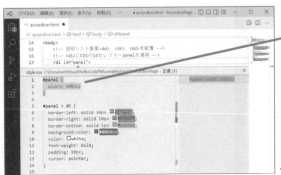

タグに適用されているCSSルールの定義コードが、ドキュメント上にインラインで表示される

◀ CSS PeekによるCSSの定義コードのインライン表示

3.2.1　CSSTree validatorでCSSの入力チェック

　CSSのコードチェックを行う拡張機能「**CSSTree validator**」を紹介します。CSSのプロパティ名（属性名）やプロパティ値の記述ミスをチェックし、ミスがあれば波線を表示して知らせてくれます。プロパティ名やその値を入力する際はVSCodeのインテリセンス（入力補完）が働くので、記述ミスをすることは少ないと思われますが、CSSのコードチェックの最後のとりでとして、入れておいて損はないツールです。

　なお、プロパティ名や値のスペルミスをすると、前出の「Code Spell Checker」によるエラー表示も行われますが、CSSTree validatorはCSS専用のバリデーター（構文上の正確性をチェックするツールのこと）なので、それがプロパティ名の間違いなのか、それともプロパティ値の間違いなのか、まで教えてくれます。

CSSTree validatorをインストールする

　拡張機能ビューを表示して、CSSTree validatorをインストールしましょう。

1 アクティビティバーの**拡張機能**ボタンをクリックします。

2 拡張機能ビューの入力欄に「CSSTree validator」と入力します。

3 候補の一覧から「CSSTree validator」を選択します。

4 **インストール**ボタンをクリックします。

▼CSSTree validatorのインストール

▼インストールの確認

5 インストールが完了したら、**拡張機能**ビューの入力欄に入力されている「CSSTree validator」を削除します。

6 **インストール済み**の項目に「CSSTree validator」が表示されていることを確認します。

CSSTree validatorによる入力チェックの例

次図は、CSSファイルを**エディター**で表示したところです。プロパティ名とプロパティ値の間違いがそれぞれ1カ所ずつあり、エラーを示す波線が表示されています。

▼CSSの入力ミス

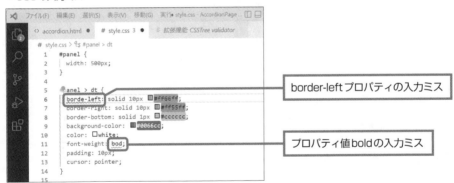

border-leftプロパティの入力ミス

プロパティ値boldの入力ミス

border-leftプロパティの入力ミスの箇所をポイントすると、エラーの内容が表示されます。

▼エラーの内容を表示

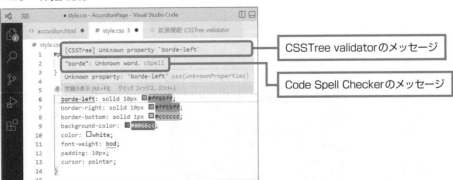

CSSTree validatorのメッセージ

Code Spell Checkerのメッセージ

CSSTree validatorからのメッセージおよびCode Spell Checkerからのメッセージが、上下に
並んで表示されています。CSSTree validatorのメッセージは「Unknown property 'borde-left'」
となっていて、それがプロパティ名の間違いであることを伝えています。**問題の表示**（Alt＋F8）
の部分をクリックすると、メッセージが**エディター**上に表示されます。

▼【問題の表示（Alt＋F8）】をクリックしたところ

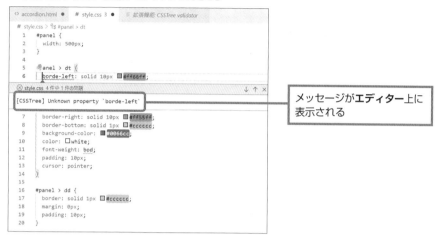

続いて、プロパティ値boldの入力ミスの箇所をポイントして、エラーの内容（メッセージ）を表示
してみます。

▼プロパティ値boldの入力ミスのメッセージ

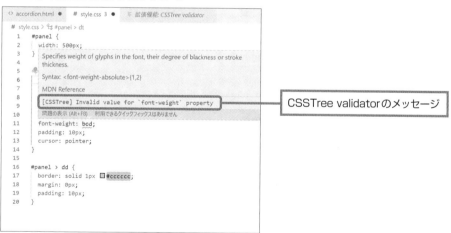

こちらは、CSSTree validatorのメッセージだけが表示されています。さすがはCSS専用のバリ
データー、プロパティ値までしっかりチェックしています。

3.2.2 クラス名やid名の補完機能HTML CSS Supportを導入する

　CSSのクラス名やid名の入力を補完してくれる、「**HTML CSS Support**」という拡張ツールがあります。CSSをサポートするものではありませんが、HTML側でclass属性やid属性で指定する際に、リンク先のCSSからクラス名やid名を読み込んで、入力候補の一覧に表示してくれます。少々地味な機能ではありますが、CSS側で多くのクラスセレクターやidセレクターを定義している場合は、重宝する機能だと思います。

HTML CSS Supportをインストールする

　拡張機能ビューを表示して、HTML CSS Supportをインストールしましょう。

1 アクティビティバーの**拡張機能**ボタンをクリックします。

2 **拡張機能**ビューの入力欄に「HTML CSS Support」と入力します。

3 候補の一覧から「HTML CSS Support」を選択します。

4 **インストール**ボタンをクリックします。

▼HTML CSS Supportのインストール

▼インストールの確認

5 インストールが完了したら、**拡張機能**ビューの入力欄に入力されている「HTML CSS Support」を削除します。

6 **インストール済み**の項目に「HTML CSS Support」が表示されていることを確認します。

CSSのidセレクター名を候補の一覧から入力する

次図は、HTMLのid属性を指定する際に、リンクしているCSSからidセレクター名を入力候補として表示した例です。「p」と入力した時点で、「P」から始まるidセレクター名がCSSから読み込まれ、入力候補に表示されています。

▼「HTML CSS Support」による入力候補の表示

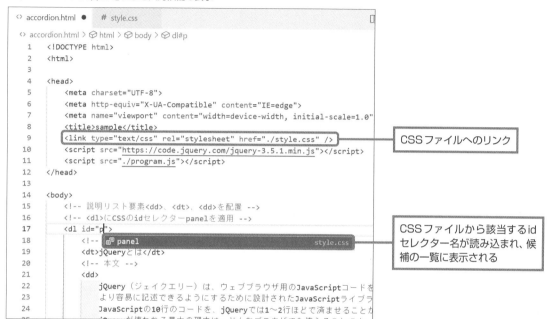

```
<> accordion.html ●        # style.css
<> accordion.html > ⊘ html > ⊘ body > ⊘ dl#p
 1  <!DOCTYPE html>
 2  <html>
 3
 4  <head>
 5      <meta charset="UTF-8">
 6      <meta http-equiv="X-UA-Compatible" content="IE=edge">
 7      <meta name="viewport" content="width=device-width, initial-scale=1.0">
 8      <title>sample</title>
 9      <link type="text/css" rel="stylesheet" href="./style.css" />
10      <script src="https://code.jquery.com/jquery-3.5.1.min.js"></script>
11      <script src="./program.js"></script>
12  </head>
13
14  <body>
15      <!-- 説明リスト要素<dd>、<dt>、<dd>を配置 -->
16      <!-- <dl>にCSSのidセレクターpanelを適用 -->
17      <dl id="p">
18          <!--  □ panel                          style.css
19          <dt>jQueryとは</dt>
20          <!-- 本文 -->
21          <dd>
22              jQuery（ジェイクエリー）は、ウェブブラウザ用のJavaScriptコードを
23              より容易に記述できるようにするために設計されたJavaScriptライブラ
24              JavaScriptの10行のコードを、jQueryでは1〜2行ほどで済ませることか
```

CSSファイルへのリンク

CSSファイルから該当するidセレクター名が読み込まれ、候補の一覧に表示される

3.2.3 CSS PeekによってCSSの定義部をその場で確認

「CSS Peek」は、「HTMLドキュメントのタグに対して、どのようなスタイルが適用されているのか」を簡単に確認できるツール（拡張機能）です。タグに設定されているクラスセレクター名やidセレクター名をポイントすると、CSS側の定義コードがポップアップ表示されるほか、CSSの定義部へジャンプすることもできます。タイプセレクターを使って直接、タグに対してスタイルが設定されている場合も、対象のタグをポイントすれば、CSSの定義コードがポップアップ表示されます。

HTMLドキュメントにCSSを適用した場合は、ブラウザーでデバッグして表示を確認するのが常ですが、その前段階として定義コードが確認できれば、開発効率が大幅にアップするでしょう。タグごとに適用されているスタイルの詳細が確認できるので、タグの階層ごとにスタイルが適用されている場合には特に便利な機能です。

CSS Peek をインストールする

拡張機能ビューを表示して、CSS Peek をインストールしましょう。

1 アクティビティバーの**拡張機能**ボタンをクリックします。

2 拡張機能ビューの入力欄に「CSS Peek」と入力します。

3 候補の一覧から「CSS Peek」を選択します。

4 **インストール**ボタンをクリックします。

▼ CSS Peek のインストール

▼ インストールの確認

5 インストールが完了したら、**拡張機能**ビューの入力欄に入力されている「CSS Peek」を削除します。

6 **インストール済み**の項目に「CSS Peek」が表示されていることを確認します。

CSS Peek で CSS の定義コードをドキュメント上で確認する

次図は、CSSのスタイルが適用されているドキュメントを**エディター**で開いたところです。`<dl>`タグには、id属性でpanelという名前のidセレクターが設定されています。このpanelと書かれた箇所を、`Ctrl`キー（macOS：`⌘`キー）を押しながらポイント（クリックではないので注意）すると、CSSファイルから定義コードが読み込まれ、画面上に表示されます。

▼CSSの定義コードをポップアップ表示

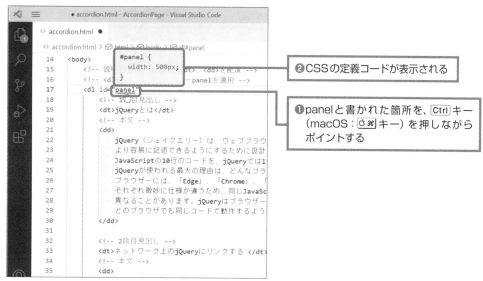

❷CSSの定義コードが表示される

❶panelと書かれた箇所を、`Ctrl`キー（macOS：`⌘`キー）を押しながらポイントする

idセレクター名のpanelの下にアンダーラインが表示されていますが、このままクリックすると、CSSファイルが開いて定義コードの部分が表示されます。

さらに、panelの部分を右クリックだけして**ピーク➡定義をここに表示**を選択してみましょう。

▼定義コードのインライン表示の操作

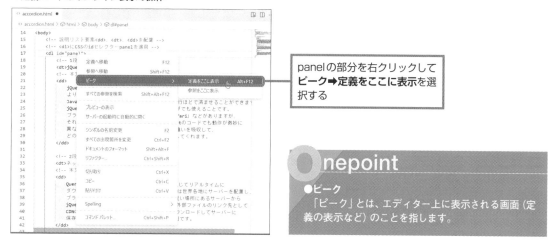

panelの部分を右クリックして**ピーク➡定義をここに表示**を選択する

nepoint

●ピーク

「ピーク」とは、エディター上に表示される画面（定義の表示など）のことを指します。

定義コードがインラインで**エディター**上に表示されました。わざわざCSSファイルに移動しなくても、ファイルを開いた状態と同じように定義コードを見ることができます。これがCSS Peekを導入することの大きなメリットです。

▼定義コードのインライン表示

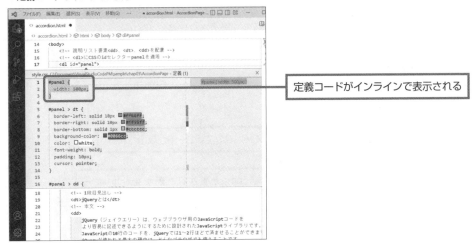

先ほどの右クリックメニューに**定義へ移動**という項目がありました。CSS Peekの導入前はこの項目を選択しても何も起こりませんでしたが、導入後は機能が有効になり、CSSファイルの定義コードへ移動できるようになります。

ここでの例として取り上げているドキュメントの<dd>タグには、CSSのタグセレクターを使ってスタイルが適用されています。この場合も、<dd>タグを Ctrl キー（macOS： ⌘ キー）を押しながらポイントすることで、定義コードをポップアップ表示できます。

▼<dd>タグに適用されているCSSの定義コードを表示

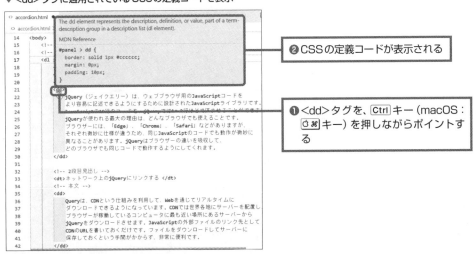

Memo | vscode-iconsを導入してファイル／フォルダーの アイコンのデザインを変える

ファイルやフォルダーのアイコンを内容に応じた デザインにしてくれる、「vscode-icons」という拡張 機能があります。アイコンの見た目を変えるだけなの ですが、開発用のフォルダーに格納されているファイ ルの数や種類が多い場合に、**エクスプローラー**上での 操作がやりやすくなります。何よりアイコンのデザイ ンがカラフルでかっこいいので、開発が楽しくなるか もしれません。

特に、Webサイトを構築するような場合は、HTML やCSS、JavaScriptをはじめ、各種のイメージファイ ルなど多くのファイルを用意するので、アイコンを見 ただけで直感的にファイルの種類がわかればとても 便利です。また、フォルダーのアイコンも格納されて いるファイルの種類に応じたデザインになるので、 フォルダーの中身を展開しなくても、中にどんなファ イルが入っているのか容易に確認できます。

①**拡張機能**ボタンをクリックします。
②「vscode-icons」と入力します。
③「vscode-icons」を選択して**インストール**ボタンを クリックします。
④**ファイルアイコンのテーマを設定**をクリックします。
⑤**VSCode Icons**を選択します。

インストールが完了すると、VSCode上で表示され るファイルやフォルダーのアイコンが次図のように なります。ここでは、HTMLやCSS、JavaScriptのア イコンが見やすいものに変わっています。フォルダー のアイコンも、フォルダーに格納されているファイル の種類に応じたデザインになっています。

▼vscode-iconsのインストール後の画面

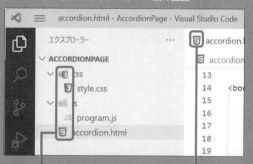

エディターのアイコンも変更される

エクスプローラー上のアイコン

▼vscode-iconsのインストール

3.2.4　拡張機能を駆使してCSSを定義する

CSSは、HTML要素の見栄えに関する設定を行います。この設定のことを「**CSSルール**」と呼びます。CSSルールは、HTMLドキュメントのヘッダー情報の中に記述する方法と、CSS専用のファイル（CSSファイル）を作成して記述する方法があります。ここでは後者の、CSSファイルを作成してCSSルールを記述する方法を用いることにします。

CSSファイルを作成してCSSルールを記述する

これまでに、いろいろな拡張機能をインストールしました。快適な環境でコーディングもはかどるようになったと思います。ここで、アコーディオンパネルを表示するドキュメントに適用するCSSルールを作成（CSSを定義）することにしましょう。

■ CSS用のフォルダーの中にCSSファイルを作成する

CSS用の「css」フォルダーを作成し、その中にCSSファイル「style.css」を作成します。前節で作成したHTMLドキュメントが格納されている「AccordionPage」フォルダーを開き、次の手順で操作しましょう。

1 エクスプローラーの**新しいフォルダー**ボタンをクリックします。

2 「css」と入力して[Enter]キーを押します。

3 「css」フォルダーが作成されるので、このフォルダーを選択した状態で**新しいファイル**ボタンをクリックします。

4 「style.css」と入力して[Enter]キーを押します。

▼CSS用フォルダーの作成

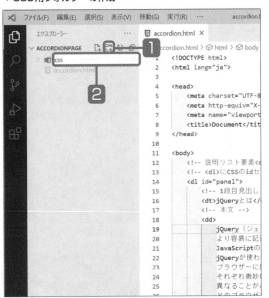

▼CSSファイルの作成

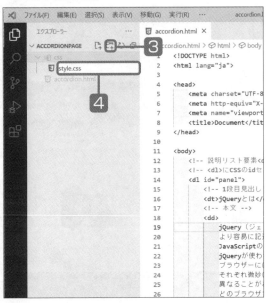

▼CSSファイルの作成

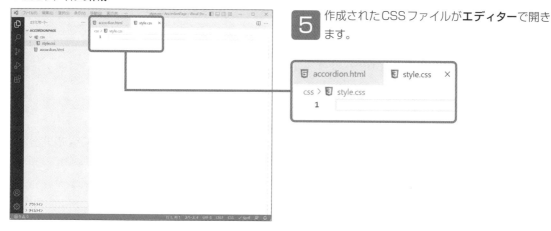

5　作成されたCSSファイルが**エディター**で開きます。

CSSルールを記述する

CSSルールとして、idセレクター「panel」を定義します。続いて、「panel」が適用されている要素の子要素<dt>タグに適用するCSSルールと、<dd>タグに適用するCSSルールを定義します。

▼CSSルールの記述（css/style.css）

```css
/* idセレクター　表示幅を設定する */
#panel {
    width: 500px;
}

/* #panelが適用されている要素の子要素dtに適用するスタイル */
#panel>dt {
    border-left: solid 10px #f6f;
    border-right: solid 10px #f5f;
    border-bottom: solid 1px #ccc;
    background-color: #06c;
    color: white;
    font-weight: bold;
    padding: 10px;
    cursor: pointer;
}

/* #panelが適用されている要素の子要素ddに適用するスタイル */
#panel>dd {
    border: solid 1px #ccc;
    margin: 0px;
    padding: 10px;
}
```

このように入力する

面倒な属性名の入力には、インテリセンスを活用しましょう。

■ HTMLドキュメントにCSSルールを適用する

ドキュメント「accordion.html」を開いて、CSSを適用するためのコードを追加します。

最初に、<head>タグの要素として、CSSファイルへのリンクを設定する<link>タグを、

```
<link type="text/css" rel="stylesheet" href="" />
```

のように記述します。続いて、「href=""」の2つの「"」の間に「./」と入力すると、同じフォルダー内の
ファイルやフォルダーが入力候補として一覧で表示されるので、「css/」を選択します。

▼CSSファイルへのリンクの設定 (accordion.html)

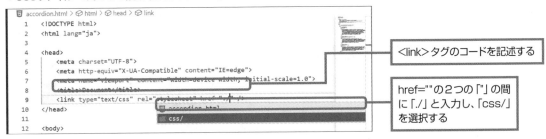

選択した「css/」が入力されると、「css」フォルダー内部の入力候補が表示されます。先ほど作成
した「style.css」が表示されているので、これを選択しましょう。

▼CSSのファイルパスの入力

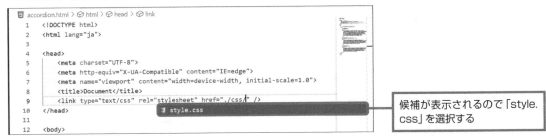

CSSファイルへのパス「./css/style.css」が設定されました。
続いて、<dl>タグにCSSのidセレクター「panel」を適用するためのコードとして、<dl>タグの
内部に

```
id=""
```

と入力し、2つの「"」の間に「p」と入力します。すると、CSSファイルで定義されているidセレク
ター名「panel」が入力候補に表示されるので、これを選択しましょう。

▼ `<dl>` タグにidセレクター「panel」を適用する

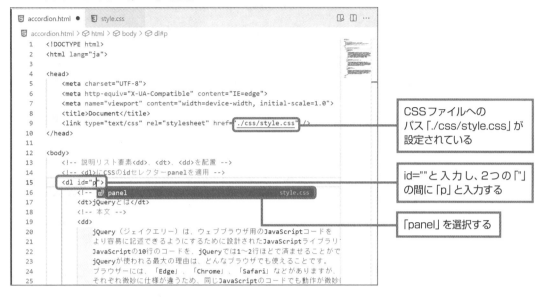

これでCSSルールの適用は完了です。このままドキュメント上で右クリックして**プレビューの表示**を選択します。

プレビュー画面が表示されました。CSSルールが適用されて、ドキュメントの見栄えが大きく変わっていることが確認できますね。

▼HTMLドキュメントをプレビューする

「panel」が入力されている

ドキュメント上で右クリックして
プレビューの表示を選択する

▼HTMLドキュメントのプレビュー

CSSルールが適用されている

3.3 JavaScript

Level ★★★　｜　Keyword　JavaScript、jQuery、IntelliCode、jQuery Code Snippets

この節では、アコーディオンパネルを動作させるためのJavaScriptのプログラムを作成します。処理を簡単にするために、JavaScriptの拡張ライブラリである「jQuery（ジェイクエリ）」を利用してプログラミングします。

支援機能を利用してJavaScriptの プログラムを作成

VSCodeのインテリセンスはJavaScriptに対応しているので、入力補完を利用してソースコードの入力が行えます。ここでは、さらに以下の拡張機能を導入して、JavaScriptのプログラミングを楽に行えるようにします。

●IntelliCode

Microsoft社が開発している入力支援機能で、AIを活用して入力候補を表示し、効率的にコーディングできるようにします。

●jQuery Code Snippets

jQuery用のコードスニペットです。

▼jQuery Code Snippetsによる無名関数のひな形の入力例

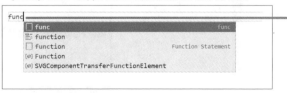

入力のトリガー（きっかけになるキーワード）を入力する

▼無名関数を定義するためのコード

ひな形のコードが入力される

3.3.1 IntelliCodeを導入する

Onepoint

　VSCodeには標準でインテリセンス（入力補完）が搭載されていますが、より強力な入力支援機能として、Microsoft社が開発している拡張機能「**IntelliCode**」があります。「AIが、使用する可能性が高いものを入力候補一覧の最上位に配置するため、入力時間を節約できる」とされています。

　JavaScriptとTypeScriptに標準で対応するほか、開発言語に対応するための拡張機能をインストールすることにより、C#、C++、Java、Python、XAMLなどの各言語にも対応します。

IntelliCodeをインストールする

　拡張機能ビューを表示して、IntelliCodeをインストールしましょう。

1 **アクティビティバー**の**拡張機能**ボタンをクリックします。

2 **拡張機能**ビューの入力欄に「IntelliCode」と入力します。

3 候補の一覧から「IntelliCode」を選択します。

4 **インストール**ボタンをクリックします。

▼IntelliCodeのインストール

●IntelliCode API Usage Examples

「IntelliCode」をインストールすると、「IntelliCode API Usage Examples」も一緒にインストールされます。これは、関数の使用例などを表示する拡張機能です。

▼インストールの確認

5 インストールが完了したら、**拡張機能**ビューの入力欄に入力されている「IntelliCode」を削除します。

6 **インストール済み**の項目に「IntelliCode」が表示されていることを確認します。

「IntelliCode API Usage Examples」も一緒にインストールされる

3.3.2 jQueryのコードスニペットを導入する

本節では、JavaScriptの拡張ライブラリである「**jQuery**」を利用して、プログラミングを行います。拡張機能に、jQuery専用のコードスニペット「**jQuery Code Snippets**」があるので、ここでインストールしておくことにしましょう。

「jQuery Code Snippets」のインストール

拡張機能ビューを表示して、jQuery Code Snippetsをインストールしましょう。

1 アクティビティバーの**拡張機能**ボタンをクリックします。

2 **拡張機能**ビューの入力欄に「jQuery Code Snippets」と入力します。

3 候補の一覧から「jQuery Code Snippets」を選択します。

4 **インストール**ボタンをクリックします。

▼jQuery Code Snippetsのインストール

jQuery特有の書き方で入力してくれる便利なツールです。

▼インストールの確認

5 インストールが完了したら、**拡張機能**ビューの入力欄に入力されている「jQuery Code Snippets」を削除します。

6 **インストール済み**の項目に「jQuery Code Snippets」が表示されていることを確認します。

「jQuery Code Snippets」の使用例

　「jQuery Code Snippets」は、トリガー（スニペットを入力するためのキーワード）を入力することで、ソースコードの入力を行います。例えば、無名関数の基本コード（ひな形）を入力するトリガー「func」があります。「func」と入力して Enter キーを押すと、無名関数の定義コードのひな形が入力されます。

▼トリガー「func」

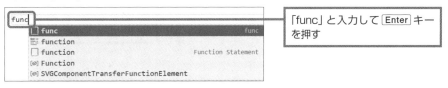

「func」と入力して Enter キーを押す

　　　　無名関数のひな形が入力されます。

▼入力された無名関数のひな形

トリガーに応じてひな形のコードが入力される

　「func」以外のすべてのトリガーは「jq」の文字で始まるので、「jq」と入力することで、トリガーの一覧を見ることができます。

▼トリガーの候補一覧を見る

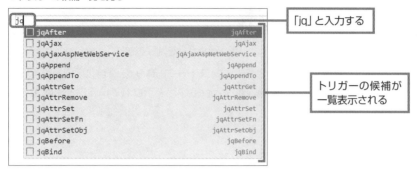

「jq」と入力する

トリガーの候補が
一覧表示される

　　　任意のトリガーを選択すると、対応するひな形のコードが入力されます。トリガーと入力される
コードの関係は、Visual Studioのマーケットプレイス「jQuery Code Snippets」のページに掲載
されているので、そちらをご覧ください。実に多くの「トリガーとひな形のコードとの関係」が掲載さ
れています。

▼Visual Studioのマーケットプレイス「jQuery Code Snippets」のページ

下にスクロールすると、トリ
ガーとひな形コードの対応表
がある

(https://marketplace.visualstudio.com/items?itemName=donjayamanne.jquerysnippets)

3.3.3　jQueryを利用してアコーディオンパネルを配置する

　　jQueryは、**CDN**という仕組みを利用して、クライアント側のブラウザーにダウンロードさせることで使えるようになります。この場合、HTMLドキュメントの冒頭で、JavaScriptの外部ファイルのリンク先として、CDNのURLを書いておくだけで、jQueryライブラリのダウンロードが行われます。ダウンロードといってもjQuery本体のサイズは圧縮版で30KB程度ですので、一瞬のうちにダウンロードされます。また、ダウンロードされたjQueryライブラリはキャッシュデータとして保存されたうえで再利用されるので、クライアント側に負荷がかかることはありません。

　　ここではまずJavaScriptのソースファイルを作成し、jQueryによるアコーディオンパネルを動作させるためのコードを記述します。そのあとHTMLドキュメント側で、jQueryとJavaScriptのプログラムを読み込むためのリンクを設定します。

JavaScriptのソースファイルの作成

　　JavaScript用の「js」フォルダーを作成し、その中にソースファイル「program.js」を作成します。前節までに作成したHTMLドキュメントやCSSファイルが格納されている「AccordionPage」フォルダーを開き、次の手順で操作しましょう。

1 エクスプローラーの**新しいフォルダー**ボタンをクリックします。

2 「js」と入力して[Enter]キーを押します。

3 「js」フォルダーが作成されるので、このフォルダーを選択した状態で**新しいファイル**ボタンをクリックします。

4 「program.js」と入力して[Enter]キーを押します。

▼CSS用フォルダーの作成

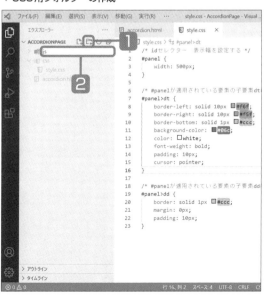

▼JavaScriptのソースファイルの作成

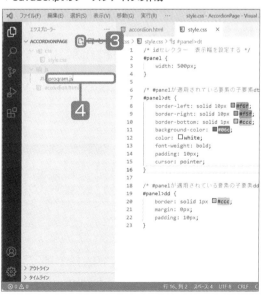

3

HTML/CSS/JavaScriptによるフロントエンド開発

▼JavaScriptのソースファイルが作成された

5 作成されたソースファイルが**エディター**で開きます。

JavaScriptのソースコードを記述する

アコーディオンパネルの処理について説明します。まず、HTMLドキュメントがブラウザーに読み込まれた段階で、

```
$('#panel > dd').hide();
```

のように、jQueryのhide()メソッドですべてのパネルを非表示にします。

パネルのタイトル部分がクリックされたことをイベントリスナーclick()で検出したら、

```
$('#panel > dd').slideUp(500);
```

を実行して、500ミリ秒でアニメーションさせながらすべてのパネルを閉じます。その直後に

```
$('+dd', this).slideDown(500);
```

を実行して、クリックされたタイトルのパネルを500ミリ秒でアニメーションさせながら開きます。

では、入力を始めましょう。

▼jQuery()と無名関数の入力 (program.js)

1 「jQuery()」と入力します。

2 ( )の中に「func」と入力して Enter キーを押します。

3 無名関数のひな形が入力されるので、(param) の箇所を($)に書き換えます。

4 「{」の直後で改行します。

5 「`$('#panel > dd').hide();`」と入力して改行します。

6 「`$('#panel > dt').click()`」と入力します。

7 ( )の中に「func」と入力して [Enter] キーを押します。

▼無名関数の入力

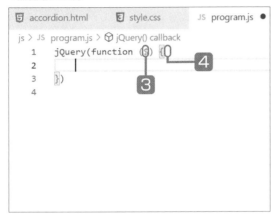

▼ソースコードの入力

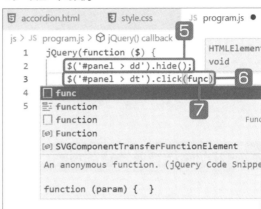

8 無名関数のひな形が入力されるので、param の文字を消します。

9 「{」の直後で改行します。

10 以下のコードを入力します。

```
$('#panel > dd').slideUp(500);
$('+dd', this).slideDown(500);
```

▼無名関数の入力

▼ソースコードの入力

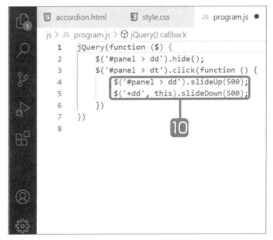

以上で入力は完了です。次のリストは入力したソースコードです（コメントを追加しています）。

▼「program.js」に入力したコード

```
jQuery(function ($) {
    // すべてのパネルを非表示にする
    $('#panel > dd').hide();
    // タイトル (dt要素) のイベントリスナー
    $('#panel > dt').click(function () {
        // すべてのパネルを500ミリ秒のアニメーションで閉じる
        $('#panel > dd').slideUp(500);
        // クリックされたタイトルのパネルを500ミリ秒の
        // アニメーションで開く
        $('+dd', this).slideDown(500);
    });
});
```

HTMLドキュメントにjQueryとJavaScriptのリンクを設定する

　HTMLドキュメント冒頭の<head>タグの要素として、jQueryとJavaScriptのソースファイルへのリンクを設定しましょう。JavaScriptのソースファイルのパスは、ファイルパスの補完機能を使うと入力が楽です。「./」と入力して候補の一覧からフォルダーのパス「js/」を選択し、続いて「program.js」を選択すると、ソースファイルのパスが入力されます。

▼jQueryとJavaScriptのソースファイルへのリンクを設定する (accordion.html)

```
<!DOCTYPE html>
<html>

<head>
    <meta charset="UTF-8">
    <meta http-equiv="X-UA-Compatible" content="IE=edge">
    <meta name="viewport" content="width=device-width, initial-scale=1.0">
    <title>sample</title>
    <!-- CSSのリンク -->
    <link type="text/css" rel="stylesheet" href="./css/style.css" />
    <!-- jQueryのリンク -->
    <script src="https://code.jquery.com/jquery-3.5.1.min.js"></script>
    <!-- JavaScriptのソースファイルのリンク -->
    <script src="./js/program.js"></script>
</head>
```

入力する

■ プレビューしてみる

HTML ドキュメント上で右クリックして**プレビューの表示**を選択し、プレビュー画面で確認してみましょう。

▼プレビュー画面での表示

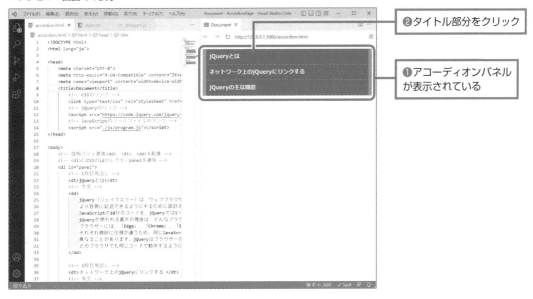

❷タイトル部分をクリック

❶アコーディオンパネルが表示されている

▼アコーディオンパネルの動作を確認

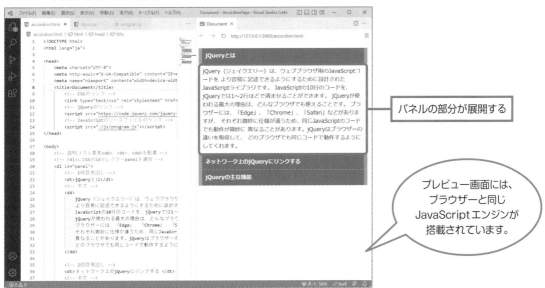

パネルの部分が展開する

プレビュー画面には、ブラウザーと同じJavaScriptエンジンが搭載されています。

Memo 拡張機能の管理

本書では様々な種類の拡張機能を紹介していますが、使ってみて不要だと感じた場合は、次の方法で一時的に無効にするか、拡張機能そのものをアンインストールしてください。

●拡張機能の無効化とアンインストール

拡張機能ビューの**インストール済み**で対象の拡張機能を選択し、拡張機能の画面に表示される**無効にする**ボタンをクリックします。アンインストールする場合は**アンインストール**ボタンをクリックします。

無効にするボタンをクリックした場合、ボタンの表示が**再読込が必要です**に切り替わることがあるので、その場合は、もう一度ボタンをクリックすると完全に無効化されます。

●拡張機能を再度、有効にする

無効にした拡張機能を再度、有効にする場合は、**拡張機能ビュー**で対象の拡張機能を表示し、**有効にする**ボタンをクリックします。

▼拡張機能の無効化

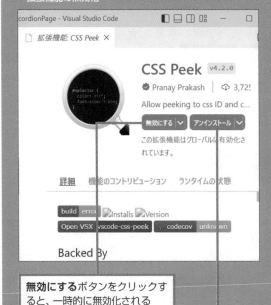

無効にするボタンをクリックすると、一時的に無効化される

アンインストールボタンをクリックすると、アンインストールされる

▼拡張機能を再び有効にする

有効にするボタンをクリック

Chapter 4

VSCodeで
Pythonプログラミング

　VSCodeは動作が軽いので、基本機能だけでも快適にPythonでプログラミングできます。さらに拡張機能を使えば、いっそう便利な環境で、より快適にプログラミングを行えます。

　この章では「Pythonプログラミングを便利に、快適にするにはVSCodeをどのように使えばいいか」をテーマに、VSCodeにおけるPythonプログラミングについて見ていきます。

Pythonプログラミングを快適にするエディター機能の使い方

Level ★ ★ ★ | Keyword | 拡張機能「Python」、Python Extended、Python Docstring Generator、autopep8

拡張機能の「Python」をインストールすることで、Pythonのインテリセンスが有効になり、VSCode上でプログラムの実行、デバッグまで行えるようになります。この節では、拡張機能Pythonをインストールしたあと、Pythonでプログラミングするための [エディター] の使い方、そしてインストールしておくと便利なPython関連のいくつかの拡張機能について紹介します。

Pythonのプログラミング環境を整えて [エディター] を快適に使う

拡張機能の「Python」をインストールしたあと、Pythonプログラミングを行う際のポイントとして次のものを紹介します。

・画面を分割して複数のエディターを配置
・エディターのプレビューモードと編集モード

Pythonでプログラミングする際にインストールしておくと便利な、次の拡張機能を導入します。

・「Python Extended」

インテリセンスの入力補完と連動して、コードスニペット（ソースコードの断片）を挿入する拡張機能です。定義済みの関数やメソッドを呼び出す際には必要な引数を記述してくれるなど、使い勝手のよい拡張機能です。

・「Python Docstring Generator」

プログラミングにおいて、コメントのようにソースコードの特定の部分を文書化する文字列のことを「ドキュメンテーション文字列（docstring）」と呼びます。Python Docstring Generatorは、Googleスタイルのdocstringを自動で挿入する拡張機能です。

・「autopep8」

Python用の自動フォーマッタです。ソースコードを一括で整形します。

4.1.1　拡張機能「Python」の導入

　　VSCodeは、デフォルトでPythonをサポートしています。例えば、ソースコードを入力すると、キーワードや文字列が色分けされて表示されます。

　　ただし、デフォルトの状態では、次の機能が使えません。

・標準搭載のインテリセンスや拡張機能のIntelliCodeの入力補完機能
・ソースコードの実行やデバッグ

　　これらの機能を使えるようにして、VSCodeでのPythonの開発環境を構築するための拡張機能として、「**Python**」(Python extension for Visual Studio Code) があります。**拡張機能**ビューでインストールするだけで、

・インテリセンス
・リンティング (ソースコードのエラーチェック)
・デバッグ
・コードナビゲーション
・コードの書式設定
・リファクタリング (ソースコードの構造を整理)
・変数エクスプローラー

などの機能が有効になります[*]。

VSCodeでPythonプログラミングをするメリット

　　Pythonの開発ツールとしては「**PyCharm** (パイチャーム)」が有名です。また、統合パッケージ「Anaconda」に同梱されている「**Spyder**」もあります。これらも「無償で使える」(有償版もあります) という点ではVSCodeと同じですので、VSCodeでPythonを使うことにどのようなメリットがあるのかを確認しておきましょう。

◢ VSCodeでPythonを使うメリット

・インテリセンスやIntelliCodeなどの便利な入力補完機能が使える。
・リンティング (ソースコードのエラーチェック) が使える。
・ソースコードを一括で整形 (フォーマット) できる。
・ソースコードの差分表示や強力な検索・置換機能など、エディターとしての機能が充実している。
・デバッグ時に、専用の画面で変数の値を追跡できる。
・Webアプリの開発時に、Live Previewなどの便利なデバッグ機能が使える。

---

[*]**…なります**　Visual Studioマーケットプレイスの「Python」のページ (https://marketplace.visualstudio.com/items?itemName=ms-python.python) より抜粋。

・定義への移動、呼び出し履歴の表示ができる。
・拡張機能の追加による柔軟なカスタマイズが可能。

　ほかにもいろいろありますが、主なものを挙げてみました。そして何より、テキストエディターとしての使い勝手が良好であり、対話的なテストからデバッグまでが可能な「オールインワン」のPython環境として使えることが大きなメリットです。
　さらに、VSCodeは多言語に対応しているので、VSCodeで開発した経験があればPythonへの移行もスムーズにできます。

■ Webアプリの開発に威力を発揮

　VSCodeは、PythonでWebアプリを開発する際には特に威力を発揮します。HTMLやCSS、JavaScriptに対応しているのはもちろんですが、各言語の拡張機能を使って快適なコーディングが行えます。もちろん、各言語ごとにインテリセンスが使用でき、キーワードの解説も充実しています。

「Python」をインストールする

　Python本体がインストールされていない場合は、ここで紹介する方法でインストールを行ってください。Pythonは、Python.orgのサイトからダウンロードできます。

■ Pythonのダウンロードとインストール（Windows版）

1 「https://www.python.org/downloads/」にアクセスします。

2 Download Python 3.xx.xのボタンをクリックします。

3 インストーラー「python-3.xx.x-amd64.exe」がダウンロードされるので、ダブルクリックして起動します。

4 Add python.exe to PATHにチェックを入れ、Install Nowをクリックします。

▼Pythonのダウンロードページ

▼インストールの開始

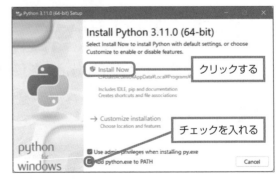

5 インストールが完了したら、**Close**ボタンをクリックしてインストーラーを終了します。

▼インストールの完了

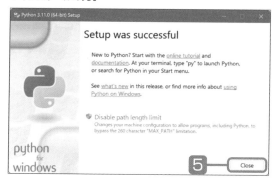

onepoint

●Add python.exe to PATH
　手順 4 において Add python.exe to PATH に
チェックを入れておくと、Windowsの環境変数に
Pythonの実行ファイルへのパスが登録されます。パ
スを登録しておくと、Pythonのコマンドを実行する際
に、インストールフォルダーへのパスを省略できるよ
うになります。

Pythonのダウンロードとインストール (macOS)

　macOS用のpkgファイルをダウンロードします。ダウンロードしたファイルをダブルクリックす
るとインストーラーが起動するので、画面の指示に従ってインストールを行ってください。

拡張機能「Python」をインストールする

　拡張機能「**Python**」は、Microsoft社が提供しているPython用の拡張機能です。VSCodeにイ
ンストールすることで、インテリセンスによる入力候補の表示が有効になるほか、デバッグ機能など
開発に必要な機能が使えるようになります。
　VSCodeの**拡張機能**ビューを**サイドバー**に表示して、拡張機能Pythonをインストールしましょ
う。

▼拡張機能「Python」のインストール

1 アクティビティバーの**拡張機能**ボタンをクリッ
クします。

2 **拡張機能**ビューの入力欄に「Python」と入力
します。

3 候補の一覧から「Python」を選択します。

4 **インストール**ボタンをクリックします。

▼インストールの確認

5 インストールが完了したら、**拡張機能**ビューの入力欄に入力されている「Python」を削除します。

6 **インストール済み**の項目に「Python」が表示されていることを確認します。

　　拡張機能Pythonをインストールすると、関連する以下の拡張機能も一緒にインストールされます。

Pylance

　　Python専用のインテリセンスによる入力補完をはじめ、以下の機能を提供します。

・関数やクラスに対する説明文 (Docstring) の表示
・パラメーターの提案
・インテリセンスによる入力補完とIntelliCodeとの互換性の確保
・自動インポート (不足しているライブラリのインポート)
・ソースコードのエラーチェック
・コードナビゲーション
・Jupyter Notebookとの連携

isort

　　import文を記述した際に、インポートするライブラリを、

・標準ライブラリ
・サードパーティー製ライブラリ
・ユーザー開発のライブラリ

の順に並べ替え、さらに各セクションごとにアルファベット順で並べ替えます。

Jupyter

　　Jupyter NotebookをVSCodeで利用するための拡張機能です。これに関連した「Jupyter Cell Tags」、「Jupyter Keymap」、「Jupyter Slide Show」もインストールされます。

モジュールを作成してVSCode上のPythonを確認する

Pythonでは、ソースファイルのことを「**モジュール**」と呼びます。モジュールの拡張子は「.py」です。ここでは、「sample」フォルダーを作成し、その中にモジュール「sample.py」を作成します。

▼Pythonのモジュールを作成

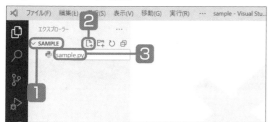

1 任意の場所に「sample」フォルダーを作成し、これをVSCodeで開きます。

2 **新しいファイル**をクリックします。

3 「sample.py」と入力して Enter キーを押します。

4

VSCodeでPythonプログラミング

VSCodeに紐付けられているPythonを確認する

VSCodeに紐付けられているPythonの実行ファイルは、**ステータスバー**で確認することができます。状況によっては、PCに複数のバージョンがインストールされていることがあるので、プログラミングを始める前に確認しておくとよいでしょう。

ステータスバーに表示されたバージョン情報をクリックすると、**インタープリターを選択**が表示されます。複数のバージョンがインストールされている場合は、ここで任意の項目を選択して、別のバージョンに変更することができます。

▼［ステータスバー］に表示されたPythonのバージョン

ここでは、「Python 3.11.0」が関連付けられていることが確認できる

▼［インタープリターを選択］

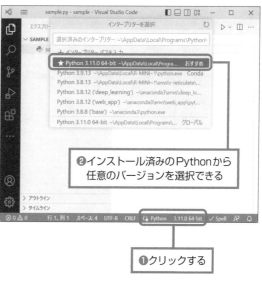

❷インストール済みのPythonから任意のバージョンを選択できる

❶クリックする

4.1.2 エディターグループ

VSCodeでは、画面——メインウィンドウ（**エディター**が表示される画面範囲）——の上に複数の**エディター**を開き、並べて表示できるようになっています。開発中のアプリケーションが複数のソースファイルで構成される場合など、同時に開いて編集できるので、効率よく開発が行えます。

複数の**エディター**をそれぞれ独立した画面で開けるほか、1つの画面に複数のエディターを開くこともできます。どちらの場合も、**エディター**はファイル名を表示するタブとして表示されますが、1つの画面に複数のエディターを開いたものを「**エディターグループ**」と呼びます。

複数の［エディター］を起動して画面全体に表示する

エクスプローラーに表示されているファイルをメインウィンドウ上にドラッグして開くことができます。

▼［エクスプローラー］に表示されているファイルを開く

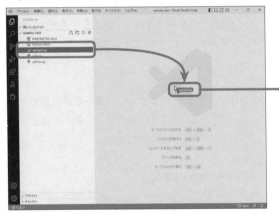

ファイルをドラッグして、メインウィンドウ全体の色が変わったタイミングでドロップする

▼メインウィンドウ全体に表示された［エディター］

エディターがメインウィンドウ全体に表示される

ファイルをドラッグして、「メインウィンドウ全体の色が変わったタイミングでドロップする」のがポイントです。メインウィンドウの半分だけの色が変わることがありますが、その場合は後述する「エディターグループ」として開かれるので注意してください。

メインウィンドウ全体の色が変わった時点でドロップすると、左の画面のように、メインウィンドウ全体に、ファイルを開いた状態の**エディター**が表示されます。

ここでは、フォルダーの中に複数のPythonモジュールがあるものとして、別のモジュールを開いてみましょう。先の手順と同じように、**エクスプローラー**に表示されているファイルをメインウィンドウ上にドラッグし、メインウィンドウ全体の色が変わったタイミングでドロップします。

▼2つ目のファイルを開く

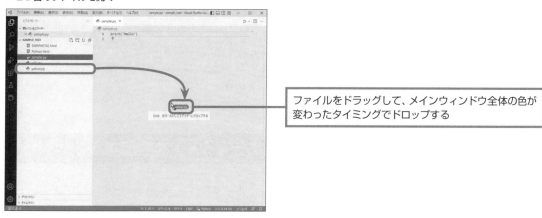

ファイルをドラッグして、メインウィンドウ全体の色が変わったタイミングでドロップする

次図のように、メインウィンドウ全体を使って新しい**エディター**が開いて、ドラッグ＆ドロップしたファイルの内容が表示されます。

▼新しく開かれた［エディター］

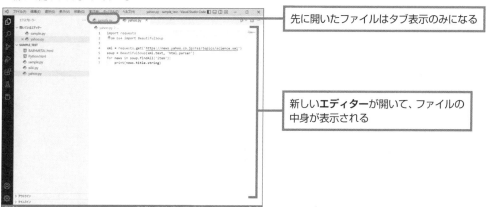

先に開いたファイルはタブ表示のみになる

新しい**エディター**が開いて、ファイルの中身が表示される

この時点で2つのファイル名がタブ表示されていて、先に開いたファイルは、新しい**エディター**に隠れて非表示になっています。もちろん、タブをクリックする操作で表示を切り替えることができます。

ここまで、**エディター**を単独で1画面ずつ開く方法について見てきました。次に、**エディター**をグループ化して開く方法を紹介します。

［エディター］をグループ化して開く

　　エクスプローラーからファイルをドラッグして、メインウィンドウ全体の色が変わったタイミング
でドロップすると、メインウィンドウ全体に**エディター**が表示されました。一方、メインウィンドウの
上半分または左半分のように、画面の特定の部分の色が変わったタイミングでドロップすると、色が
変わった範囲に**エディター**が表示されるようになります。この方法を使うと、画面を分割し、複数の
エディターを並べて表示できます。

　　他のファイルの内容を確認しながらコーディングしたい、ということはよくあると思います。その
ような場合は、ここで紹介する分割表示を使いましょう。

［エクスプローラー］に［開いているエディター］を表示する

　　エディターの分割表示（正式には「エディターグループ」と呼びます）を行うには、あらかじめ**エク
スプローラー**上に**開いているエディター**という項目を表示しておくと便利です（すでに表示されてい
る場合もあります）。現在開かれているエディターが「単独で開かれているのか」あるいは「エディ
ターグループとして開かれているのか」が確認できるほか、特定の**エディター**を別のエディターグ
ループに移動したりできます。

　　エクスプローラー右上のボタンをクリックして**開いているエディター**を選択すると、**開いているエ
ディター**が表示されます。

▼［開いているエディター］の表示

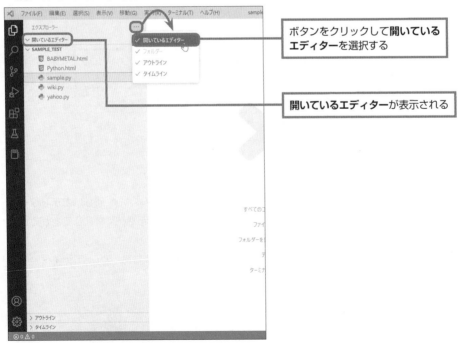

ボタンをクリックして**開いている
エディター**を選択する

開いているエディターが表示される

エディターグループで画面を分割して表示

　先ほども少し触れましたが、**エクスプローラー**からファイルをドラッグ＆ドロップする際に、メインウィンドウの一部の色が変わったタイミングでドロップすると、その範囲にだけ**エディター**が表示されます。

　次の例では、メインウィンドウの左半分の色が変わったタイミングでファイルをドロップしたので、左半分の領域に**エディター**が表示されました。画面の右半分が空いていますが、ここには別のエディターグループを表示できます。

▼ファイルのドラッグ＆ドロップ

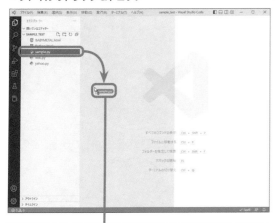

ファイルをドラッグして、メインウィンドウ左半分の色が変わったタイミングでドロップする

▼［エディター］が左半分に表示された

左半分の領域に**エディター**が表示される

　ここで、先ほど**エクスプローラー**に表示した**開いているエディター**を確認してみましょう。

▼［エクスプローラー］に表示した［開いているエディター］

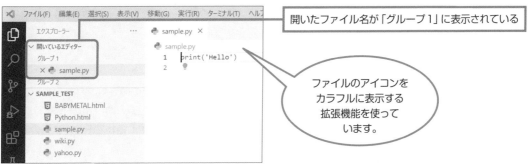

開いたファイル名が「グループ１」に表示されている

ファイルのアイコンをカラフルに表示する拡張機能を使っています。

　「グループ１」の表示の下に、いま開いたファイル名が表示されています。これは、「グループ１」という名前のエディターグループが作成されたことを示しています。画面を分割するようにして**エディター**を配置すると、エディターグループとして配置されるのです。

231

さて、エディターグループですから、別の**エディター**を追加できます。この場合、**エクスプローラー**から任意のファイルを、エディターグループが表示されている領域にドラッグ＆ドロップするだけです。ドロップするタイミングは、エディターグループ全体の色が変わったときです。

▼エディターグループに追加する

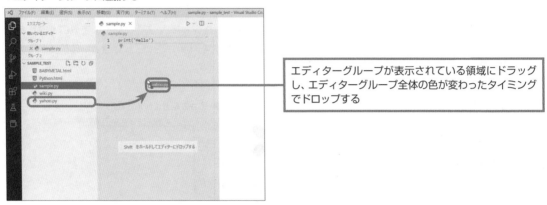

エディターグループが表示されている領域にドラッグし、エディターグループ全体の色が変わったタイミングでドロップする

ドロップするタイミングは、エディターグループ全体の色が変わったとき——といいましたが、タイミングによってはエディターグループの中のさらに左半分だけ色が変わることがあります。この状態でドロップすると新しいエディターグループが作られるので、注意してください。

▼エディターグループに追加した直後の画面

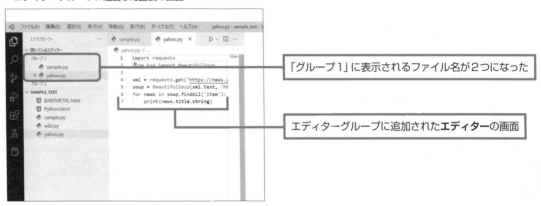

「グループ1」に表示されるファイル名が2つになった

エディターグループに追加された**エディター**の画面

エディターグループに追加された**エディター**は、エディターグループの領域内に収まるように配置されます。先に配置した**エディター**は非表示になりましたが、タブをクリックすれば表示することができます。このように、エディターグループの各**エディター**は、同じ領域に重ねて配置されるので、タブをクリックすることで、表示／非表示の切り替えを行います。

エクスプローラーの**開いているエディター**を見てみると、「グループ1」のファイルが1つ増えて、計2つのファイル名が表示されています。このように、**開いているエディター**では、エディターグループに登録されている**エディター**のファイル名を確認することができます。エディターグループを複数作成すると、どのグループに何のファイルを登録したのかわからなくなることもありますが、そのようなときは**開いているエディター**で確認しましょう。

エディターグループを追加する

これまでの操作で、メインウィンドウの左半分の領域にエディターグループを配置しました。現在、右半分の領域が空いているので、ここに新しいエディターグループを配置してみましょう。

エディターグループとして表示したいファイルを、**エクスプローラー**からメインウィンドウの右半分の領域に向かってドラッグし、右半分の領域全体の色が変わったタイミングでドロップします。領域の上半分だけ色が変わることがありますが、この場合は右半分の領域のさらに上側だけがエディターグループの領域になるので、注意してください。

▼新しいエディターグループを画面右半分の領域に配置

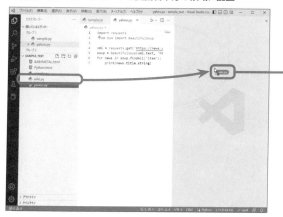

メインウィンドウの右半分の空白領域にドラッグし、領域全体の色が変わったらドロップする

新しいエディターグループがメインウィンドウの右半分の領域に配置されました。**エクスプローラーの開いているエディター**を見ると、「グループ2」の中に、ドラッグ＆ドロップしたファイル名が表示されていることが確認できます。

▼新たにエディターグループを配置したところ

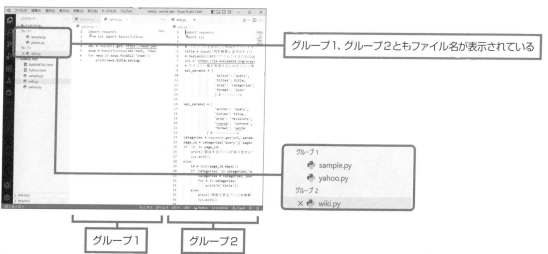

グループ1、グループ2ともファイル名が表示されている

グループ1

グループ2

今度は、画面を上下に分割するようにして、新しいエディターグループを配置してみましょう。画面例ではHTMLファイルが2つあるので、このうちの1つをエディターグループとしてメインウィンドウ下部に配置します。

その前に、現在は画面が左右に分割された状態ですので、右半分の領域に配置されているエディターグループを左半分の領域のエディターグループと統合して1つにまとめます。右側のエディターグループのタブを、左側のエディターグループのタブに向かってドラッグします。

▼エディターグループの統合

タブの部分を、左側のエディターグループのタブへドラッグする

挿入位置が表示されるので、それを目安にドラッグしましょう。

左側のエディターグループのタブのところでドロップすると、エディター画面が1つになり、3つのファイルはタブ表示になります。**開いているエディター**を見ると、エディターグループが解除されて3つのファイル名のみが表示されていますが、このまま進めましょう。

エクスプローラーに表示されている対象のHTMLファイルをメインウィンドウ下部にドラッグし、下半分の色が変わったタイミングでドロップします。

▼エディターグループの画面下部への配置

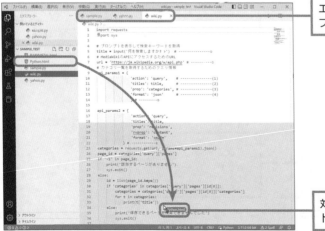

エディターグループを統合したことで、3つのファイルがタブ表示になっている

対象のファイル名をクリックし、メインウィンドウ下部へドラッグ＆ドロップする

先に配置していた3つのファイルは、「グループ1」としてエディターグループにまとめられ、メインウィンドウ上部の領域に配置されました。一方、新たにドラッグ＆ドロップしたHTMLファイルは「グループ2」のエディターグループとなって、メインウィンドウ下半分の領域に表示されています。

▼画面を上下に分割してエディターグループを配置

グループ1

新たに配置されたグループ2

画面（メインウィンドウ）を分割してエディターグループを表示する方法について説明してきました。文章で説明するとどうしても長くなってしまって煩雑な印象を受けますが、実際に操作する際は、配置される場所がハイライト表示（色が変わる）されるなど操作性はよいので、簡単かつ直感的に操作できると思います。

［開いているエディター］の操作

開いているエディターでは、**エディター**やエディターグループが表示されるだけでなく、ドラッグ操作でエディターグループ間の移動などを行うこともできます。

▼［開いているエディター］

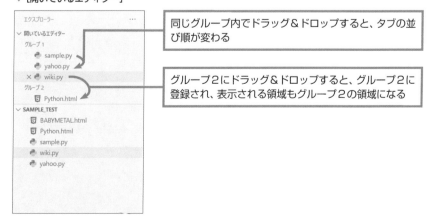

同じグループ内でドラッグ＆ドロップすると、タブの並び順が変わる

グループ2にドラッグ＆ドロップすると、グループ2に登録され、表示される領域もグループ2の領域になる

4.1.3　［エディター］の編集モードとプレビューモード

　エディターには、編集モードおよびプレビューモードという2つの動作モードがあります。前項で見てきたエディターグループの配置方法では、すべてのエディターが編集モードで開きますが、例えば、エクスプローラーでファイル名をダブルクリックではなくクリックで開いた場合のエディターは、プレビューモードになります。

　プレビューモードとは、その名のとおりファイルをプレビューするための動作モードです。エディターであることに変わりはないので、ファイルの内容を編集することはできます。ただし、ファイルを開いてからエクスプローラーで別のファイルをクリックすると、エディターの画面がそのファイルの画面に切り替わります。「前に開いたファイルは残さずに、次々と別のファイルを開いていく」というプレビューに特化した表示モードです。

　これに対し、エクスプローラーでファイル名をダブルクリックして開くと、そのエディターは編集モードになります。編集するための動作モードですので、ほかのファイルを開いてもエディターの画面はタブ表示のまま残り続けます。

　つまり、エディターのプレビューモードとは「1つの画面に次々と別のファイルを開くためのもの」であり、編集モードとは「ファイルごとに専用の画面を開くためのもの」なのです。

プレビューモードでエディターを開く

▼プレビューモードで［エディター］を起動する

1 エクスプローラーで任意のファイル名を1回だけクリックすると、プレビューモードでエディターが起動します。

❷プレビューモードの場合は、タブのファイル名がイタリック（斜体）で表示される

❶ファイル名を1回だけクリックする

　プレビューモードで開いた場合、エディターのタブに表示されるファイル名がイタリック（斜体）で表示されます。

▼プレビューモードで別のファイルを表示

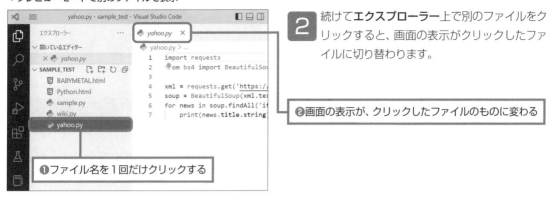

続けて**エクスプローラー**上で別のファイルをクリックすると、画面の表示がクリックしたファイルに切り替わります。

❷画面の表示が、クリックしたファイルのものに変わる

❶ファイル名を1回だけクリックする

　このように、プレビューモードでは、同じ画面上に別のファイルが次々に表示されますが、途中で編集モードに切り替えることもできます。

　切り替えるには、タブに表示されているファイル名をダブルクリックするか、**エクスプローラー**上のファイル名をダブルクリックします。すると、動作モードが編集モードになります。このとき、タブに表示されているファイル名もイタリックから正体に変わって、編集モードに切り替わったことが示されます。

▼編集モードへの切り替え

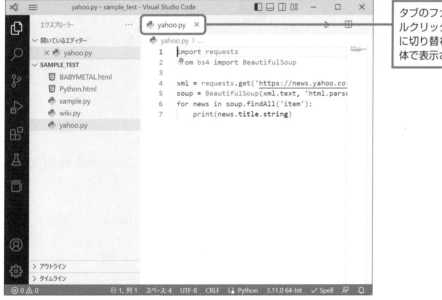

タブのファイル名の部分をダブルクリックすると、編集モードに切り替わり、ファイル名も正体で表示される

　編集モードに切り替えると、新しいファイルを開いても**エディター**は閉じることなく、タブ表示の状態で残り続けます。

　なお、先ほど「プレビューモードでも編集が可能」だと述べましたが、プレビューモードでファイルの中身を編集した場合、編集した時点でプレビューモードから編集モードに自動的に切り替わります。

4.1.4 拡張機能を活用してコーディングする

拡張機能のPythonを導入したことで、インテリセンスなどの入力補完が有効になります。ここでは、Pythonのコードを快適に入力する方法について見ていきましょう。

コードスニペット「Python Extended」をインストール

「**Python Extended**」は、インテリセンスの入力補完と連動して、**コードスニペット**（ソースコードの断片）を挿入する拡張機能です。定義済みの関数やメソッドを呼び出す際は、必要な引数を記述してくれるなど、使い勝手のよい拡張機能です。

拡張機能ビューを表示して、Python Extendedをインストールしましょう。

▼Python Extendedのインストール

1 **アクティビティバー**の**拡張機能**ボタンをクリックします。

2 **拡張機能**ビューの入力欄に「Python Extended」と入力します。

3 候補の一覧から「Python Extended」を選択します。

4 **インストール**ボタンをクリックします。

▼インストールの確認

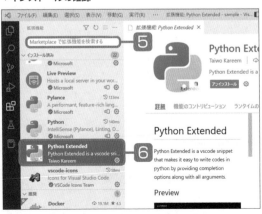

5 インストールが完了したら、**拡張機能**ビューの入力欄に入力されている「Python Extended」を削除します。

6 **インストール済み**の項目に「Python Extended」が表示されていることを確認します。

Python Extendedを利用して関数の呼び出し式を入力する

例として、randomモジュールのrandint()の呼び出し式を、コードスニペットを利用して入力してみましょう。

❶最初に、randomモジュールからrandintをインポートするコードを次のように入力します。

```
from random import randint
```

▼「from」の入力

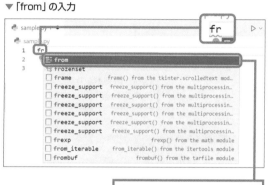

「fr」と入力して「from」を選択

▼「random」の入力

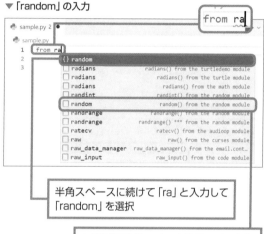

半角スペースに続けて「ra」と入力して「random」を選択

左端が□の「random」はスニペットなので、選択しないように注意

▼「import」の入力

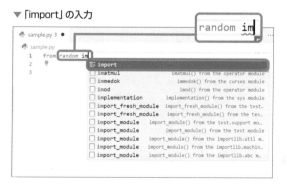

半角スペースに続けて「im」と入力して「import」を選択

▼「randint」の入力

半角スペースに続けて「rand」と入力して「randint」を選択

❷randint()関数の戻り値を出力するコードを次のように入力します。

```
print(randint(a, b))
```

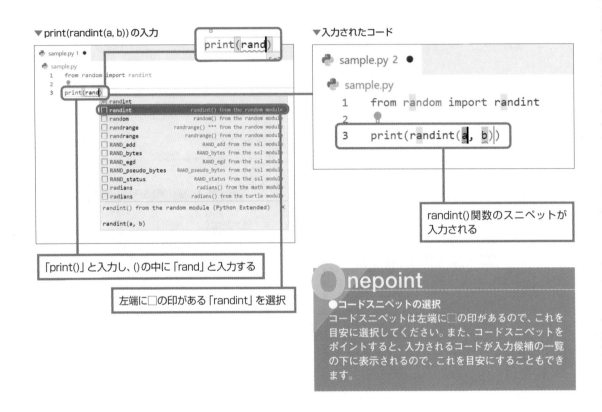

▼print(randint(a, b)) の入力

「print()」と入力し、()の中に「rand」と入力する

左端に□の印がある「randint」を選択

▼入力されたコード

randint()関数のスニペットが入力される

Onepoint

●コードスニペットの選択
コードスニペットは左端に□の印があるので、これを目安に選択してください。また、コードスニペットをポイントすると、入力されるコードが入力候補の一覧の下に表示されるので、これを目安にすることもできます。

「Python Extended」を使用していない場合

「Python Extended」が有効でない場合は、次図のように、インテリセンスやIntelliCodeによる入力候補のみが表示されます。

▼インテリセンスによる入力候補の表示

ここではIntelliCodeの入力候補が表示されている

クイックフィックス

Python拡張機能をインストールすると、「**クイックフィックス**」と呼ばれる機能が有効になります。「ソースコードに修正すべき点が見つかると、修正候補の一覧を表示してくれる」というものです。

次は、インポートしていない機能を使おうとしたときに、対応するモジュールやパッケージのインポートが、クイックフィックスによって設定される例です。

▼print(randint(0, 100))の入力

1 Pythonのモジュールに
　`print(randint(0, 100))`
　と入力します。

2 エラーを示す波線が表示されます。

▼エラー内容の表示

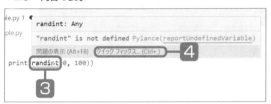

3 波線の部分をポイントすると、エラーの内容として「"randint" is not defined～」が表示されます。

4 **クイックフィックス…(Ctrl+.)** をクリックします。

「randint」は、randomモジュールからインポートしなければ使えないので、「randintという名前は定義されていません」というメッセージが表示されました。ここで**クイックフィックス…(Ctrl+.)** をクリックした結果、次のように表示されます。

▼クイックフィックスの適用

5 クイックフィックスによるimport文の追加の提案として、「Add "from random import randint"」（randomモジュールからrandintをインポートするコードの追加）が表示されます。

6 「Add "from random import randint"」をクリックします。

▼クイックフィックスによるインポート文の追加

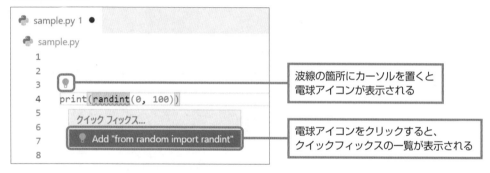

7　選択したインポート文が冒頭に挿入されます。

　　ここでの例では、クイックフィックスの候補が1つでしたが、状況によっては複数の選択肢が表示されます。

　　一方、波線が表示された箇所にカーソルを置くと、電球の形をしたアイコンが表示されるので、これをクリックしてクイックフィックスの一覧を表示することもできます。

▼電球型のアイコン

波線の箇所にカーソルを置くと電球アイコンが表示される

電球アイコンをクリックすると、クイックフィックスの一覧が表示される

定義や参照箇所の探索

　　コーディングをしたりデバッグをしたりしていると、関数の定義がどうなっていたか確認しなければならないことがあります。関数を呼び出しているものの、「この関数は何をするものなのかわからない」こともよくあります。

　　あるいは、関数の定義を見ていて、「この関数がどこで使われているのかわからない」ということもあります。

　　そういったときに、「呼び出している関数やメソッド、クラスなどの定義コード」あるいは「編集中の関数やメソッドが使われている箇所」を素早く確認できると、とても助かります。

　　エディター上で右クリックしたときのメニュー（コンテキストメニュー）には、次表の項目が用意されていて、定義や参照への移動や確認が素早く行えるようになっています。**定義へ移動**と**宣言へ移動**は、対象の関数やメソッドが定義または宣言されているファイルを開いて、その場所にカーソルを移動します。同じ**エディター**で定義・宣言されている場合は、該当の箇所にカーソルが移動します。一方、**参照へ移動**は、対象の関数やメソッドを呼び出しているところへの移動です。

▼ 定義や参照への移動

コンテキストメニューの項目	説明
定義へ移動	選択した関数やメソッドを定義している箇所に移動します。
宣言へ移動	選択した関数やメソッドなどの宣言部へ移動します。多くの場合、**定義へ移動**と同じ結果になります。
型定義へ移動	選択中の識別子の定義部へ移動します。
参照へ移動	選択中の識別子を参照している箇所へ移動します。

▼ [サイドバー] のビューに表示

コンテキストメニューの項目	説明
すべての参照を検索	選択した関数やメソッドなどを呼び出している箇所を、**サイドバー**上のビューに一覧で表示します。
呼び出し階層の表示	選択した関数やメソッドなどのすべての呼び出し状況を、**サイドバー**上のビューに表示します。

[定義へ移動]

同じモジュールで定義されている関数の呼び出しにおいて、コンテキストメニューから**定義へ移動**を選択した例です。

1 display()を選択、またはカーソルを置いて右クリックし、**定義へ移動**を選択します。

2 display()関数の定義コード（関数名の先頭位置）にカーソルが移動します。

▼ [定義へ移動]

▼ [定義へ移動]

別のモジュールで定義されている関数に対して**定義へ移動**を選択した例です。

1 randint()関数の呼び出し式を右クリックして**定義へ移動**を選択します。

2 Pythonの標準ライブラリのモジュール「random.py」が開いて、randint()関数の定義コードの先頭位置にカーソルが移動します。

▼ [定義へ移動]

▼ [定義へ移動] の結果

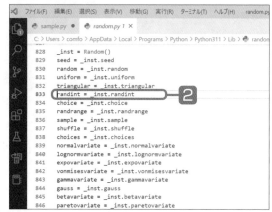

[参照へ移動]

参照へ移動は、対象の関数やメソッドを呼び出している箇所を調べる場合に使えます。

1 display()関数の関数名を選択、またはカーソルを置いて右クリックし、**参照へ移動**を選択します。

2 display()関数を呼び出しているコードの先頭位置に、カーソルが移動します。

▼ [参照へ移動]

▼ [参照へ移動] の結果

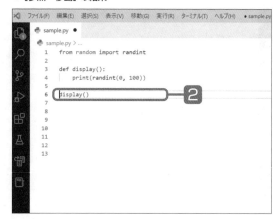

[すべての参照を検索]

参照されている箇所が多い場合は、**すべての参照を検索**を使うと便利です。**サイドバー**に**参照ビュー**を開いて、参照されている箇所を一覧で表示します。

▼ [すべての参照を検索]

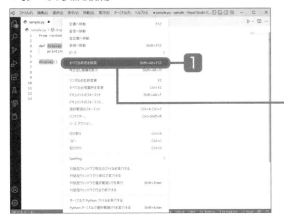

1 display()関数の関数名を選択、またはカーソルを置いて右クリックし、**すべての参照を検索**を選択します。

▼ [すべての参照を検索] の結果

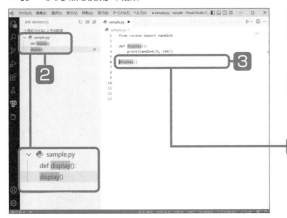

2 **サイドバー**上に**参照**ビューが開いて、display()関数を呼び出している箇所が一覧で表示されます。

3 表示されている項目をクリックすると、**エディター**上の該当箇所にカーソルが移動します。

[呼び出し階層の表示]

呼び出し階層の表示は、選択した関数やメソッドのすべての呼び出しを階層構造で表示します。関数が別の関数を経由して呼び出されている場合など、関数が実行される流れが複雑であっても、そのすべてを確認できます。ソースコードの流れが複雑で、関数やメソッドのコード変更による評価を行う際に便利な機能です。

次は、generator()関数の内部でdisplay()関数の呼び出しを行っていて、display()関数に対して**呼び出し階層の表示**を実行する例です。

▼［呼び出し階層の表示］

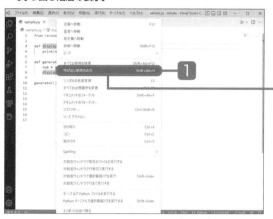

1 display()関数の関数名を選択、またはカーソルを置いて右クリックし、**呼び出し階層の表示**を選択します。

呼び出し階層の表示 　　　　Shift+Alt+H

2 **サイドバー**上に**参照ビュー**が開いて、display()関数の呼び出しが階層構造で表示されます。

3 「display」の下に表示されている「generator」の項目をクリックします。

4 generator()の定義の中でdisplay()を呼び出している箇所がハイライト表示され、generator()の冒頭にカーソルが移動します。

▼display()を呼び出している箇所の表示

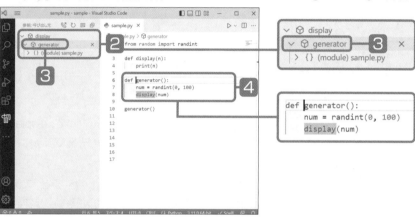

▼generator()を呼び出している箇所の表示

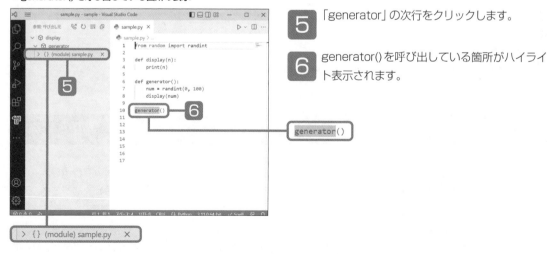

5 「generator」の次行をクリックします。

6 generator()を呼び出している箇所がハイライト表示されます。

定義や参照箇所のインライン表示

エディター上で右クリックしたときのメニュー（コンテキストメニュー）に**ピーク**という項目があり、これを選択すると、定義や参照箇所をインラインで表示するためのサブメニューが表示されます。カーソルを移動することなく、その場で定義や参照箇所の確認が行えます。

▼ [ピーク] 選択時に表示されるサブメニュー

サブメニューの項目名	説明
呼び出し階層のプレビュー	関数やメソッドが呼び出される流れをインラインで表示します。
定義をここに表示	定義部をインラインで表示します。
宣言をここに表示	宣言部をインラインで表示します。
型定義を表示	選択中の識別子の型の定義部をインラインで表示します。多くの場合、**定義をここに表示**と同じ結果になります。
参照をここに表示	選択中の識別子を参照している箇所をインラインで表示します。

[ピーク] ➡ [呼び出し階層のプレビュー]

呼び出し階層のプレビューは、呼び出しを行っている箇所および呼び出し階層を、インラインで表示します。

1 display() 関数の関数名を選択、またはカーソルを置いて右クリックし、**ピーク➡呼び出し階層のプレビュー**を選択します。

2 display() 関数の宣言部の直下に画面が開いて、display() 関数を呼び出している箇所が左側の画面に表示され、呼び出し階層が右側の画面に表示されます。

▼ [呼び出し階層の表示]

▼ [呼び出し階層のプレビュー]選択後にインラインで開いた画面

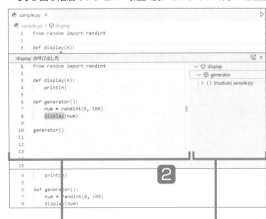

display() 関数を呼び出している箇所が左側の画面に表示される

呼び出し階層が右側の画面に表示される

VSCode で Python プログラミング

呼び出し階層の画面に表示されている項目をクリックすると、左側の画面で該当の箇所がハイライト表示されます。

[ピーク] ➡ [参照をここに表示]

参照をここに表示では、呼び出し階層は表示されず、参照している箇所のみが表示されます。

1 display()関数の関数名を選択、またはカーソルを置いて右クリックし、**ピーク➡参照をここに表示**を選択します。

2 display()関数の宣言部の直下に画面が開いて、display()関数を呼び出している箇所が左側の画面に表示され、呼び出している箇所を抜粋したものが右側の画面に表示されます。

▼ [参照をここに表示]

▼ [参照をここに表示] 選択後にインラインで開いた画面

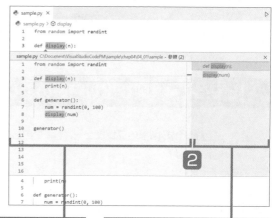

display()関数を呼び出している箇所が左側の画面に表示される

呼び出している箇所を抜粋したものが右側の画面に表示される

[ピーク] ➡ [定義をここに表示]

定義をここに表示では、選択した識別子の定義がインラインで表示されます。カーソルが移動したり、画面が切り替わったりすることがなく、定義の確認だけをしたいときに便利なので、**定義へ移動**よりも使用頻度が高いのではないでしょうか。

Attention

●不要なコードスニペットを入力させない
　本文239ページで紹介しているコードスニペットにおいて、不要なコードスニペットが1個だけ選択状態になることがあります。このまま Enter キーを押すとコードが入力されてしまうので、 Esc キーでコードスニペットの表示を解除してから操作を進めるようにしてください。

1 generator()関数を呼び出している箇所にカーソルを置いて右クリックし、**ピーク➡定義をここに表示**を選択します。

2 呼び出している箇所の直下に画面が開いて、generator()関数の定義が表示されます。

▼［定義をここに表示］

▼［定義をここに表示］選択後にインラインで開いた画面

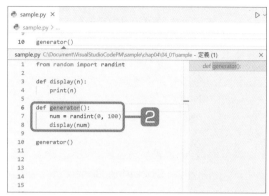

「GitHubの使用例」を見る

Pythonのライブラリに登録されている関数やメソッドは、その使用例を画面で開いて見ることができます。関数名やメソッド名をポイントしたときに表示されるメッセージウィンドウの下部に、**GitHubから実際の例を参照する**というリンクがあります。これをクリックすると、GitHubに登録されている使用例が別のウィンドウで開き、対象の関数やメソッドの使用例を見ることができます。

なお、この機能は、追加でインストールした外部ライブラリに対しても有効です。

▼GitHubの使用例を見る

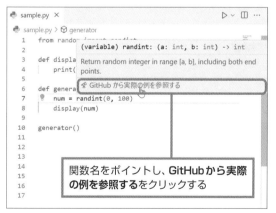

関数名をポイントし、**GitHubから実際の例を参照する**をクリックする

▼表示されたGitHubの使用例

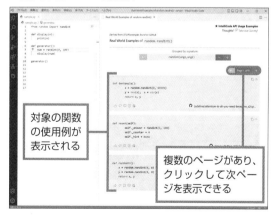

対象の関数の使用例が表示される

複数のページがあり、クリックして次ページを表示できる

内容はシンプルですが、様々な使用例が登録されているので、関数の使い方がわからないときにとても助かります。また、追加でインストールした外部のライブラリに対しても有効なので、かなり重宝する機能ではないでしょうか。

4 VSCodeでPythonプログラミング

4.1.5 「Python Docstring Generator」で docstringを自動生成

プログラミングにおいて、コメントのようにソースコードの特定の部分を文書化するための文字列のことを「**ドキュメンテーション文字列（docstring）**」と呼びます。docstringはプログラミング言語ごとの書式があり、Pythonにも

・Googleスタイル
・NumPyスタイル
・reStructuredTextスタイル

などの書式があります。ここでは、Googleスタイルのdocstringを自動で挿入する拡張機能「**Python Docstring Generator**」を紹介します。

「Python Docstring Generator」をインストールする

拡張機能ビューを表示して、Python Docstring Generatorをインストールしましょう。

▼Python Docstring Generatorのインストール

1 アクティビティバーの**拡張機能**ボタンをクリックします。

2 **拡張機能**ビューの入力欄に「Python Docstring Generator」と入力します。

3 候補の一覧から「Python Docstring Generator」を選択します。

4 **インストール**ボタンをクリックします。

▼インストールの確認

5 インストールが完了したら、**拡張機能**ビューの入力欄に入力されている「Python Docstring Generator」を削除します。

6 **インストール済み**の項目に「Python Docstring Generatored」が表示されていることを確認します。

docstringを挿入してみる

「Python Docstring Generator」を使って、docstringを入力してみましょう。関数の宣言部で改行し、「"」(ダブルクォーテーション) を3個入力して [Enter] キーを押します。

▼docstringの入力

▼入力されたdocstring

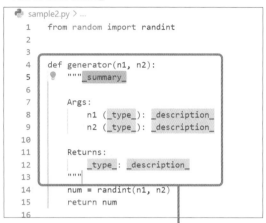

docstringのひな形が入力されるので、ハイライト表示されている箇所を実際のものに書き換える

関数に対するGoogleスタイルのコメント文が入力されました。「Args:」に表示されているパラメーター名は、関数の定義部から読み取って「n1」、「n2」と入力されています。あとは、ハイライト表示されている「_summary_」や、「_type_」、「_discription_」の箇所を実際のものに書き換えます。

なお、関数の宣言部でパラメーターの型が「パラメーター：型」のように明記されている場合は、docstringの「Args:」の「_type_」の箇所が自動で入力されます。

▼パラメーターの型名が自動入力された例

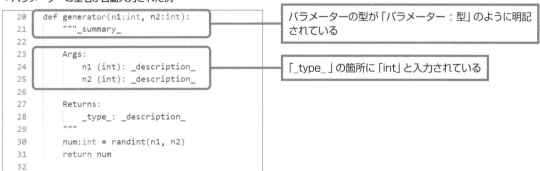

パラメーターの型が「パラメーター：型」のように明記されている

「_type_」の箇所に「int」と入力されている

VSCodeでPythonプログラミング

4.1.6 自動フォーマッタ「autopep8」の導入

Pythonのソースコードを自動でフォーマットする拡張機能に「**autopep8**」があります。Pythonのコードはインデントを多く用いるので、ソースコードを自動で整形してくれるフォーマッタは、インストールしておいて損はないと思います。

「autopep8」をインストールする

拡張機能ビューを表示して、autopep8をインストールしましょう。

▼autopep8のインストール

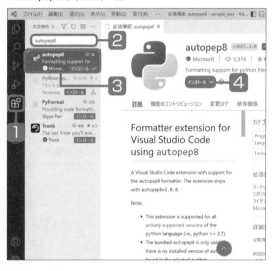

1 アクティビティバーの**拡張機能**ボタンをクリックします。

2 **拡張機能**ビューの入力欄に「autopep8」と入力します。

3 候補の一覧から「autopep8」を選択します。

4 **インストール**ボタンをクリックします。

▼インストールの確認

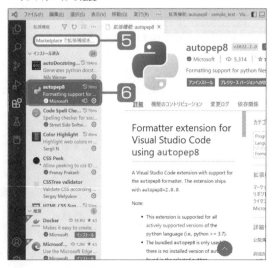

5 インストールが完了したら、**拡張機能**ビューの入力欄に入力されている「autopep8」を削除します。

6 **インストール済み**の項目に「autopep8」が表示されていることを確認します。

「autopep8」でソースコードを整形する

　モジュールを開いた**エディター**上の右クリックメニューから**ドキュメントのフォーマット**を選択すると、autopep8によるソースコードの整形が行われます。

　次図は、関数を定義したものの、関数内部のインデントが標準よりも少なく設定されている例です。ソースコード上で右クリックして**ドキュメントのフォーマット**を選択し、フォーマットを行ってみます。

▼フォーマットの実行

右クリックしてドキュメントの
フォーマットを選択する

　コンテキストメニューには、「**ドキュメントのフォーマット Shift+Alt+F**」および「**ドキュメントのフォーマット**」という2つの項目が並んでいますが、ここではショートカットキーが記載されている上側の項目を選択しました。これでフォーマットが実行されるはずですが、状況によっては何も起こらないことがあります。その場合は、もう一度右クリックして、ショートカットキーが記載されていない**ドキュメントのフォーマット**の項目を選択してみましょう。

Onepoint｜ダイアログが表示された場合

　ドキュメントのフォーマットを選択したときに右図のようなダイアログが表示された場合は、**構成**ボタンをクリックして、フォーマッタを選択する操作に進んでください（次ページで解説）。

▼フォーマッタの構成を促すダイアログ

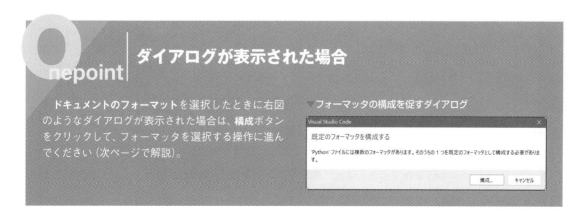

▼ショートカットキーの表示のない［ドキュメントのフォーマット］を選択

すると、フォーマッタを選択する画面が表示されます。Pythonには、autopep8以外にもいろいろな種類のフォーマッタがあるので、このような画面が表示されるようになっているのです。ここでautopep8を選択してフォーマットを実行することもできますが、autopep8を既定のフォーマッタとして登録しておくことにしましょう。**既定のフォーマッタを構成**をクリックします。

▼フォーマッタの選択画面

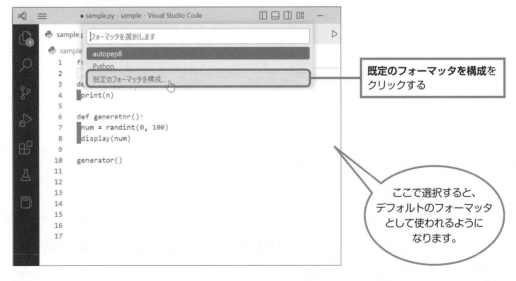

フォーマッタを選択するメニューが表示されるので、**autopep8**を選択しましょう。これで、既定のフォーマッタとしてautopep8が登録されます。

▼既定のフォーマッタを選択するメニュー

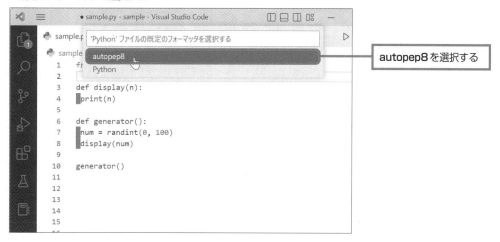

autopep8を選択する

これで、autopep8が既定のフォーマッタとして登録されました。先ほど、ショートカットキー表示付きの「**ドキュメントのフォーマット Shift＋Alt＋F**」を選択して何も起こらなかった場合も、既定のフォーマッタの登録が済んだので、今回はうまくいくはずです。

▼フォーマットの実行

▼フォーマットが実行された

右クリックして、ショートカットキー表示付きの**ドキュメントのフォーマット**を選択する

Onepoint

フォーマットが行われ、関数内部のインデントが修正されました。右クリックメニューに**ドキュメントのフォーマット**の項目が2つあって紛らわしいのですが、ショートカットキー表示付きの項目は「既定のフォーマッタを実行するためのもの」、ショートカットキー表示のない項目は「フォーマッタの種類を選択、または既定のフォーマッタを登録するためのもの」だとお考えください。

Pythonプログラムの作成

Level ★ ★ ★ | Keyword | Requests、pipコマンド、GETリクエスト、MediaWiki

前節で拡張機能「Python」を導入しましたので、プログラミングやデバッグなど、Pythonで開発するための環境が整いました。ここでは、Pythonのプログラムの作成からデバッグ、実行まで、開発における一連の流れを見ていきます。

ここが
ポイント!

Pythonのコーディングから実行／デバッグまでを行う

Pythonが広く普及している大きな要因として、「分野ごとに多くの外部ライブラリが公開されている」ことが挙げられます。多くの場合、プログラミングしている分野に応じて、適切な外部ライブラリをインストールすることになります。

●外部ライブラリ「Requests」のインストール

この節では、「MediaWiki」に接続して検索結果を表示するプログラムを作成するので、Web上のサーバーに接続する機能が搭載された「Requests」という外部ライブラリを、事前にインストールします。インストールは、ターミナル上でPythonの「pip」コマンドによって行います。

●実行とデバッグ

拡張機能「Python」をインストールしたことにより、VSCode上でPythonのプログラムを実行・デバッグできるようになりました。**実行とデバッグ**ビューのボタンをクリックするだけで、プログラムの実行・デバッグができます。

▼ [実行とデバッグ] ビュー

実行とデバッグボタンをクリックすると、即座にプログラムが実行される

Pythonのモジュール（ソースファイル）

4.2.1 「Requests」をインストールする

　本節で作成するのは、Webサービスに接続して情報を取得するプログラムです。具体的には、「Wikipedia」のWebサービス「MediaWiki」から情報を取得します。この場合、MediaWikiのAPI（Webサービスの窓口となるプログラム）にプログラム上から接続するのですが、Pythonの標準ライブラリはこれに対応していません。

　そこで、Pythonの外部ライブラリである「**Requests**」を利用することにします。Requestsには、「指定したURLにアクセスしてデータを取得する」機能が搭載されています。

　ここでは、次の手順でRequestsのインストールまでを行います。

・Pythonのライブラリ管理ツール「pip」のアップグレード
・pipを利用したRequestsのインストール

pipをアップグレードする

　Pythonの外部ライブラリは、「**pip**」というツールを利用してインストールすることができます。Pythonをインストールすると「pip」もインストールされるので、ターミナル（コンソール）上からpipコマンドを実行して起動することができます。

　ただし、インストール済みのpipのバージョンが古いと、pipを実行したときにエラーが通知されることがあるので、まずはpipのアップグレード（最新版への更新）をしておくことにします。アップグレードはターミナル（「Windows PowerShell」など）を使って行います。

1 ターミナル（Windowsの場合は「Windows PowerShell」）を起動し、
　python.exe -m pip install --upgrade pip
と入力して Enter キーを押します。

2 pipのアップグレードが行われます。

▼pipのアップグレード

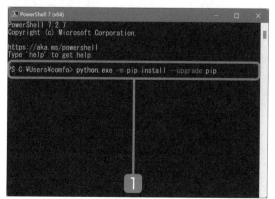

▼アップグレード完了後の画面

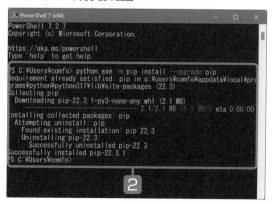

Requestsのインストール

Requestsをインストールします。外部ライブラリをインストールするpipのコマンドは、

```
pip install ライブラリ名
```

のように記述します。Requestsの場合は、ライブラリ名のところを「requests」にすればインストールが行われます。

1 ターミナル（Windowsの場合は「Windows PowerShell」）を起動し、
pip install requests
と入力して Enter キーを押します。

2 Requestsがインストールされます。

▼Requestsのインストール

▼インストール完了後の画面

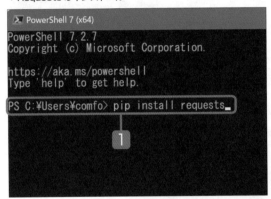

```
PS C:¥Users¥comfo> pip install requests
Collecting requests
  Downloading requests-2.28.1-py3-none-any.whl (62 kB)
                                           62.8/62.8 kB ? eta 0:00:00
Collecting charset-normalizer<3,>=2
  Downloading charset_normalizer-2.1.1-py3-none-any.whl (39 kB)
Collecting idna<4,>=2.5
  Downloading idna-3.4-py3-none-any.whl (61 kB)
                                           61.5/61.5 kB ? eta 0:00:00
Collecting urllib3<1.27,>=1.21.1
  Downloading urllib3-1.26.12-py2.py3-none-any.whl (140 kB)
                                           140.4/140.4 kB ? MB/s eta 0:00:00
Collecting certifi>=2017.4.17
  Downloading certifi-2022.9.24-py3-none-any.whl (161 kB)
                                           161.1/161.1 kB ? eta 0:00:00
Installing collected packages: urllib3, idna, charset-normalizer, certifi, requests
Successfully installed certifi-2022.9.24 charset-normalizer-2.1.1 idna-3.4 requests-2.28.1 urllib3-1.26.12
PS C:¥Users¥comfo> _
```

軽量なライブラリなので、
数秒でインストールが
完了します。

4.2.2 MediaWikiからデータを取得するプログラムの作成

オンラインの百科事典「Wikipedia（ウィキペディア）」では、「MediaWiki」というWebサービスを提供しています。ここでは、「MediaWikiにアクセスして、任意のデータを取得する」プログラムを作成します。

MediaWikiのAPI

MediaWikiのAPIにアクセスするためのURLは、

```
https://ja.wikipedia.org/w/api.php
```

です。このURLにクエリ（要求）情報を追加し、Requestsのrequest.get()関数でGETリクエスト（データの取得を行うHTTPのメソッド）を送信すると、MediaWikiのサーバーから情報が返ってきます。

これから作成するプログラムでは、ターミナル上で入力したキーワードでMediaWikiの情報を検索します。検索キーワードにヒットした情報がある場合は、その概要をターミナルに出力します。ただ、それだけでは面白くないので、検索キーワードにマッチした情報があればHTML形式のファイルに保存するようにします。

モジュールを作成してコーディングする

任意の場所に「mediawiki」という名前のフォルダーを作成しましょう。フォルダーを作成したら、VSCodeでこれを開き、Pythonのモジュール「wiki.py」を作成します。

▼「mediawiki」フォルダーに「wiki.py」を作成

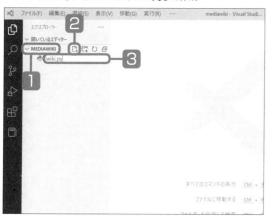

1 エクスプローラーでフォルダーを開く。

2 新しいファイルをクリックする。

3 「wiki.py」と入力して Enter キーを押す。

「wiki.py」が作成され、エディターで開かれたら、次のコードを入力します。

▼MediaWikiからデータを取得するプログラム（wiki.py）

```python
import requests
import sys

# プロンプトを表示して検索キーワードを取得
title = input('何を検索しますか？ >')
# MediaWikiのAPIにアクセスするためのURL
url = 'https://ja.wikipedia.org/w/api.php'


# 検索キーワードにマッチしたページが属するカテゴリ一覧を取得するためのクエリ情報
api_params1 = {
    # 実行するアクションをキーワード検索にする
    'action': 'query',
    # titleに格納された値を検索キーワードにする
    'titles': title,
    # 取得するデータをカテゴリの一覧にする
    'prop': 'categories',
    # 取得するデータの形式をJSONに指定
    'format': 'json'
}
# 検索キーワードにマッチしたページのデータをHTML形式で取得するためのクエリ情報
api_params2 = {
    # 実行するアクションをキーワード検索にする
    'action': 'query',
    # titleに格納された値を検索キーワードにする
    'titles': title,
    # 'prop'の値を'revisions'にするとページのデータを取得できる
    'prop': 'revisions',
    # 'rvprop'の値を'content'にするとページの本文が取得できる
    'rvprop': 'content',
    # 'format'に'xmlfm'を指定するとXMLをHTMLとして取得できる
    'format': 'xmlfm'
}
# APIのURLとカテゴリ一覧を取得するクエリ情報を引数にしてrequestsのget()関数を実行
# get()関数の戻り値にjson()メソッドを適用して、JSON形式のデータとして取得する
categories = requests.get(url, params=api_params1).json()
# 取得したJSONデータの'query'キー以下、'pages'キーの値として
# ページのidをキーとするカテゴリ情報が格納されているので取得してpage_idに格納する
page_id = categories['query']['pages']


if '-1' in page_id:
    # 検索キーワードがヒットしなかったときの処理
```

```
    # page_idに'-1'が含まれている場合はヒットするページがない
    # メッセージを表示してプログラムを終了する
    print('該当するページがありません')
    sys.exit()
else:
    # 検索キーワードがヒットしたときの処理
    # カテゴリ情報はページidをキーとするデータなので
    # キーのみを取り出してリストに変換する
    id = list(page_id.keys())
    if 'categories' in categories['query']['pages'][id[0]]:
        # 「あいまい検索」対策として'query'→'pages'以下に
        # 'id'キーが存在する場合のみ処理を行う
        #
        # 'categories'キーの値(カテゴリ一覧)を取り出してリストにする
        categories = categories['query']['pages'][id[0]]['categories']
        for t in categories:
            # リストからカテゴリ情報を取り出して出力する
            print(t['title'])
    else:
        # 「あいまい検索」にマッチしたときの処理
        # メッセージを表示してプログラムを終了する
        print('保存できるページを検索できませんでした')
        sys.exit()

# ここからヒットしたページを保存するための処理
admit = input('検索結果を保存しますか?(yes) >')
if admit == 'yes':
    # 'yes'が入力された場合
    # ヒットしたページをHTML形式で取得するためのクエリ情報を
    # 第2引数にしてget()関数を実行
    data = requests.get(url, params=api_params2)
    # ファイル名を「検索キーワード.html」として
    # 取得したデータをファイルに書き込む
    with open(title + '.html', 'w', encoding='utf_8') as f:
        f.write(data.text)
else:
    # 'yes'が入力されなかった場合はメッセージを表示してプログラムを終了
    print('プログラムを終了します')
    sys.exit()
```

実行とデバッグ

Pythonのプログラムは、**サイドバー**に表示される**実行とデバッグ**ビューから実行できます。

1 アクティビティバーの**実行とデバッグ**ボタンを
クリックします。

2 実行とデバッグビューの**実行とデバッグ**ボタン
をクリックします。

3 プログラムの実行方法を選択する画面が表示さ
れるので、**Pythonファイル 現在アクティブな
Pythonファイルをデバッグする**を選択します。

▼ [実行とデバッグ] ビュー

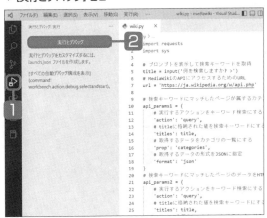

▼ [実行とデバッグ] ビュー（続き）

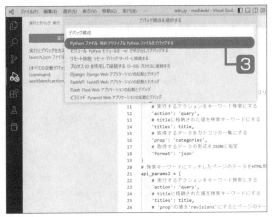

4 プログラムが実行され、**ターミナル**に [何を検
索しますか？ >] と表示されるので、検索する
キーワードを入力して [Enter] キーを押します。

5 検索結果が表示されます。

6 「検索結果を保存しますか?(yes) >」と表示さ
れるので、「yes」と入力すると、検索結果が
HTMLファイル（ファイル名は検索キーワー
ド）に保存されます。

▼ [ターミナル]

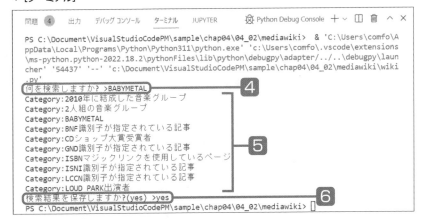

▼保存されたHTMLファイルをプレビューしたところ

Webスクレイピングとクローリング

本節では、Web上のAPIを使って情報を収集する方法を紹介しました。これと似たような技術に「Webスクレイピング」と「クローリング」があります。

● Webスクレイピング

Web上から情報を抽出する技術のことです。APIを使わずに、HTMLドキュメントから直接、抽出するのが一般的です。

● クローリング

Web上をプログラムで巡回することをクローリングと呼びます。巡回するプログラムそのものは「クローラー」と呼ばれます。巡回する目的の多くは、Web上の情報収集であり、この点においては「クローリング ＝ Web上を巡回して情報収集すること」として扱われます。

Memo | ファイルごとにインデントのサイズを設定する

ソースファイルに設定されるインデントのサイズは、標準では半角スペース4文字ですが、ファイルごとに任意の文字数を設定することができます。特にHTMLドキュメントの場合、状況によっては半角スペース2文字にしたいこともあるので、そのような場合は次のように操作してインデントのサイズを設定します。

ステータスバーのスペース:4と表示されている箇所をクリックして、**スペースによるインデント**を選択します。

▼[スペースによるインデント]の選択

インデントに用いる半角スペースの文字数が表示されるので、「2」を選択します。

▼文字数の選択

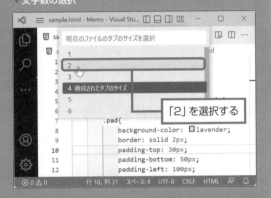

インデントが半角スペース2文字に設定されます。これまでの半角スペース4文字のインデントが2文字のインデントに分割されているので、必要に応じてインデントの数を減らします。

▼インデントの文字数変更後

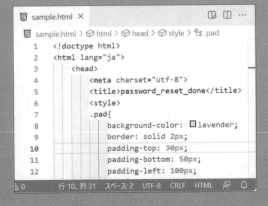

Chapter 5

Djangoを用いた
Webアプリ開発

　前章に引き続き、Pythonを用いた開発を行います。Webアプリ開発用の「Django」を利用して本格的なアプリ開発を行います。VSCodeで快適にコーディングできると思いますので、ぜひとも挑戦してみてください。

VSCodeでDjangoを使うための準備

Level ★ ★ ★ ┊ Keyword ┊ Django pipコマンド プロジェクト 開発用サーバー runserverコマンド

PythonのWebアプリ開発用のフレームワーク(ライブラリ)である「Django(ジャンゴ)」には、アプリ開発に求められるほぼすべての機能が搭載されています。ここでは、Djangoのインストールから、開発環境としての「プロジェクト」の作成、デフォルトで作成されるWebアプリのブラウザーでの表示までを紹介します。

Djangoのインストールとプロジェクトの作成

Djangoは、Pythonのライブラリ管理ツールの「pip」でインストールします。インストールが完了すればDjangoのコマンドが使えるようになるので、「startproject」コマンドを実行して「プロジェクト」を作成します。

プロジェクトは、Webアプリ開発の基盤となるもので、開発に最低限必要なソースファイルが複数、作成されています。これらのファイルを編集したり新たにソースファイルを追加したりして、Webアプリの開発を進めます。

▼プロジェクト作成直後のWebアプリのデフォルトページ

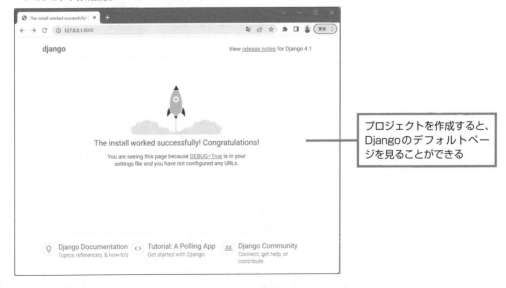

プロジェクトを作成すると、Djangoのデフォルトページを見ることができる

5.1.1 「Django」をインストールする

「**Django**（ジャンゴ）」は、Webアプリ開発用として無償で配布されているPythonの外部ライブラリです。Webアプリの開発に必要な機能一式がオールインワンで同梱されているので、インストールするだけですぐに本格的なWebアプリの開発を始めることができます。

pipコマンドでDjangoをインストールする

Djangoのインストールは、他の外部ライブラリと同様に、Pythonのライブラリ管理ツールの「pip」を使って行います。ターミナル（Windowsは「PowerShell」）を起動し、pipのコマンド：

```
pip install Django
```

を入力して Enter キーを押します。

▼pipコマンドでDjangoをインストール

pip install Django
と入力して Enter キーを押す

次のように「Successfully Installed Django〜」と表示されたらインストール完了です。

▼インストール完了後の画面

「Successfully Installed Django〜」
と表示されたらインストール完了

Webアプリを開発するための「プロジェクト」を作成する

　Djangoで開発するときは、コンピューター上の任意の場所に「プロジェクト」を作成します。それから、プロジェクト以下にWebアプリのファイル一式 (Pythonモジュール、HTML、CSS、JavaScriptなど) を作成し、開発を進めることになります。

■ Djangoのプロジェクトとは

　Djangoのプロジェクトは、Webアプリの各種の設定情報を統括・管理するための仕組みです。ターミナルを開き、任意のフォルダーに移動して「startproject」コマンドを実行すると、対象のフォルダーがプロジェクトとして設定され、Webアプリを開発するために必要な次のモジュール (Pythonのソースファイル) が作成されます。

- ・manage.py
- ・__init__.py
- ・urls.py
- ・settings.py
- ・wsgi.py
- ・asgi.py

　Webアプリには様々な形態があり、1つのWebアプリですべての処理を行う場合もあれば、複数のWebアプリが連携して動作する場合もあります。今回開発する「blog」アプリは1つのアプリとして動作させますが、Djangoでは複数のアプリを連携させる場合にも対応できるよう、基本的な設定情報を共有するためのプロジェクトを作成し、プロジェクト内部にWebアプリのモジュールやHTMLドキュメントを格納するようになっています。

Memo | DjangoとVSCodeのプロジェクト

　Djangoのプロジェクトは、Webアプリの動作面をサポートするためのものであり、主に**エディター**を中心としたプログラミング面のサポート (各種の設定) を行うVSCodeのプロジェクトとは異なるものです。

　このため、Djangoのプロジェクトに設定したフォルダーを、同時にVSCodeのプロジェクトにして、VSCodeの各種の設定情報を登録することができます。

startprojectコマンドによるプロジェクトの作成

Djangoの「startproject」コマンドを実行することで、コンピューター上の任意のプロジェクト用フォルダーに、先の6ファイルを生成することができます。

まずはターミナルを起動しましょう。

▼起動直後のターミナル（Windows PowerShell）

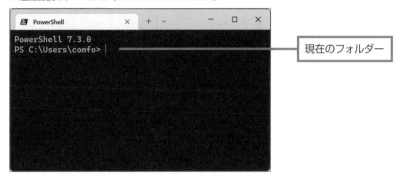

入力待ちのプロンプトに表示されているフォルダー（ディレクトリ）は、

```
C:\Users\<ユーザー名>
```

となっています。この状態でstartprojectコマンドを実行すると、Cドライブの「Users」➡「ユーザー名」フォルダー以下にプロジェクトが作成されることになります。ここでは、Cドライブ以下にプロジェクトの置き場所として「djangoprojects」フォルダーを作成し、この中にプロジェクト（のフォルダー）を作成することにします。

ターミナルに、フォルダーを移動するコマンドを

```
cd "C:\djangoprojects"
```

のように入力して [Enter] キーを押します（バックスラッシュ「\」は¥キーで入力できます）。

▼cdコマンドによるフォルダーの移動

　　フォルダーを移動したら、Djangoのstartprojectコマンドを入力してプロジェクトを作成しましょう。startprojectコマンドは、Djangoに搭載されているモジュール「django-admin.py」で実行するので、

```
django-admin startproject プロジェクト名
```

のように、startprojectのあとに半角スペースと任意のプロジェクト名を入力します。 ここでは、プロジェクト名を「postpic_prj」にして、

```
django-admin startproject postpic_prj
```

のように入力しました。

▼startprojectコマンドでプロジェクトを作成する

startprojectコマンドで
プロジェクトを作成

プロジェクトをVSCodeで開く

▼startprojectコマンドで作成された
　ファイルやフォルダー

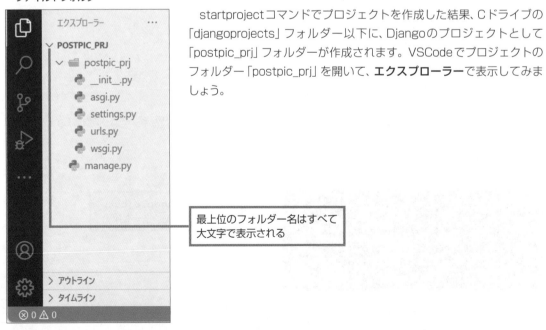

最上位のフォルダー名はすべて
大文字で表示される

　　startprojectコマンドでプロジェクトを作成した結果、Cドライブの「djangoprojects」フォルダー以下に、Djangoのプロジェクトとして「postpic_prj」フォルダーが作成されます。VSCodeでプロジェクトのフォルダー「postpic_prj」を開いて、**エクスプローラー**で表示してみましょう。

●manage.py

プロジェクトのフォルダーの直下に作成されたモジュールです。Djangoのコマンドを実行するための処理が記述されています。

●「postpic_prj」フォルダー

以後の5つのファイル（モジュール）が格納されています。

●__init__.py

Pythonでは、クラスを定義するときに、初期化のための処理を__init__()という名前のメソッドに書くルールになっています。これをモジュールに適用したのが__init__.pyです。作成直後の__init__.pyには何も記載されていませんが、必要に応じてモジュールのインポートや初期化のための処理などが記述されます。

●urls.py

ブラウザーからのリクエストがあった際に、ルーティング（該当ページへの遷移）の処理を記述するためのモジュールです。Djangoではルーティングを行う仕組みとして、「URLconf（URL設定）」と呼ばれるものを使います。

●settings.py

settings.pyは、プロジェクト全体の設定情報が保存されたモジュールです。Djangoでは、「環境変数」という仕組みを使って、様々な設定情報をDjango側に伝えるようになっており、setting.pyには環境変数名とその値が書き込まれています。

●wsgi.py

DjangoでWebアプリを開発する場合、各種の設定情報がどこにあるかをDjango側に教える必要がありますが、これを伝える役割をする環境変数DJANGO_SETTINGS_MODULEに、postpic_prj.settingsがセットされています。

▼wsgi.pyに記載されているソースコード

```
import os
from django.core.wsgi import get_wsgi_application


os.environ.setdefault('DJANGO_SETTINGS_MODULE', 'postpic_prj.settings')
application = get_wsgi_application()
```

5

Djangoを用いたWebアプリ開発

settings.pyで定義されている環境変数WSGI_APPLICATIONには、WSGI（次の項目で説明）を実行するための関数として、wsgi.pyのapplicationが登録されています。そのため、環境変数WSGI_APPLICATIONが参照されるとここに飛んできて、applicationに代入されているget_wsgi_application()が実行される、という仕組みです。

●asgi.py

WSGI（Web Server Gateway Interface）は、Pythonにおいて、WebサーバーとWebアプリが通信するための、標準化された仕様（インタフェース定義）です。WebアプリがWSGI仕様で書かれていれば、WSGIをサポートするサーバー上であればどこでも動作させることができます。

WSGIの後継となるASGI（Asynchronous Server Gateway Interface）は、「非同期」で動作するように設計されていて、WebSocketなど複数のプロトコルがサポートされています。ただし、ASGIをサポートするサーバー上でWebアプリを動作させるためには、WebアプリがASGI仕様で書かれていることが必要になります。

▼asgi.pyに記載されているソースコード

```
import os
from django.core.asgi import get_asgi_application

os.environ.setdefault('DJANGO_SETTINGS_MODULE', 'postpic_prj.settings')
application = get_asgi_application()
```

wsgi.pyと同じように、環境変数DJANGO_SETTINGS_MODULEにpostpic_prj.settingsが登録されていて、applicationにはget_asgi_application()が登録されています。ただし、冒頭のインポート文にあるように、この関数はdjango.core.asgiモジュールに収録されている関数です。

Memo　静的ファイル

Djangoでは、CSSファイルやイメージなど、Webアプリケーションサーバーで処理する必要のないファイルのことを「静的ファイル」と呼び、専用のフォルダーにまとめておくようになっています。settings.pyには、

```
STATIC_URL = '/static/'
```

のように、「＜ホスト名＞/static/」が静的ファイルの格納場所として登録されています。Webアプリで使用する静的ファイルは、プロジェクト以下のアプリのフォルダー内に作成した「static」フォルダーに保存することになります。

5.1.2 開発用サーバーを立ち上げてデフォルトページを表示してみよう

Djangoには、開発用としてローカル環境で使用できるWebサーバーが搭載されていて、プロジェクトに作成されたmanage.pyに登録されているrunserverコマンドで起動することができます。

Webサーバーが起動するとWebアプリのトップページが表示されるのですが、今はまだプロジェクトを作成したばかりでWebアプリを作成していません。そういうときは、Djangoがデフォルトで用意したトップページが代わりに表示されます。

開発用のWebサーバーをrunserverコマンドで起動する

コマンドを実行するので、ターミナルを起動しましょう。runserverコマンドはmanage.pyから実行するので、manage.pyが格納されているフォルダー（プロジェクト用フォルダー）にcdコマンドで移動しましょう。

▼ターミナルを起動し、manage.pyが格納されているフォルダーにcdコマンドで移動

cd "C:\djangoprojects\postpic_prj"
と入力して Enter キーを押す

フォルダーを移動したら、次のように入力してrunserverコマンドを実行しましょう。

▼runserverコマンドの実行

```
python manage.py runserver
```

コマンドを実行すると、次ページの画面例のように表示されます。

Memo | ローカルマシンのIPアドレス「127.0.0.1」

「127.0.0.1」は「ローカル・ループバック・アドレス」と呼ばれ、自分自身を指すために定めた特別なIPアドレスです。ローカルマシンで稼働しているWebサーバーに、同じローカルマシン上のブラウザーからアクセスする場合は、「127.0.0.1」がWebサーバーのアドレスとなります。ローカル・ループバック・ア

ドレスは、「localhost」という名前で代用できます。この場合、DjangoのWebサーバーには、

http://localhost:8000

でアクセスできます。

▼runserverコマンドを実行したあとのターミナル

```
PowerShell 7 (x64)                              ×    +  ∨                          –    □    ×

PowerShell 7.3.0
PS C:\Users\comfo> cd "C:\djangoprojects\postpic_prj"
PS C:\djangoprojects\postpic_prj> python manage.py runserver
Watching for file changes with StatReloader
Performing system checks...

System check identified no issues (0 silenced).

You have 18 unapplied migration(s). Your project may not work properly until you apply the migrati
ons for app(s): admin, auth, contenttypes, sessions.
Run 'python manage.py migrate' to apply them.
November 17, 2022 - 16:37:53
Django version 4.1.3, using settings 'postpic_prj.settings'
Starting development server at http://127.0.0.1:8000/
Quit the server with CTRL-BREAK.
[17/Nov/2022 16:38:12] "GET / HTTP/1.1" 200 10681
[17/Nov/2022 16:38:12] "GET /static/admin/css/fonts.css HTTP/1.1" 200 423
[17/Nov/2022 16:38:12] "GET /static/admin/fonts/Roboto-Bold-webfont.woff HTTP/1.1" 200 86184
[17/Nov/2022 16:38:12] "GET /static/admin/fonts/Roboto-Regular-webfont.woff HTTP/1.1" 200 85876
[17/Nov/2022 16:38:12] "GET /static/admin/fonts/Roboto-Light-webfont.woff HTTP/1.1" 200 85692
```

　データベースの初期化を行っていないという意味の警告が表示されていますが、現状でデータベースの操作は何も行っていないので無視してかまいません。
　重要なのは次の記述です。

```
Starting development server at http://127.0.0.1:8000/
```

　これは、開発用のWebサーバー（以下「開発サーバー」と表記）が、

　IPアドレス：127.0.0.1
　ポート番号：8000

において稼働中であることを伝えています。

　現在、開発サーバーが稼働していますが、注意点として、稼働中にターミナルを閉じてはいけません。ターミナルを閉じると、開発用サーバーがシャットダウンされてしまうので、シャットダウンのとき以外はターミナルを開きっぱなしにしておきましょう。
　手動でWebサーバーをシャットダウンする場合は、Ctrl+Breakキーを押します。これで、開発サーバーがシャットダウンすると共に、ターミナルがコマンド実行前のプロンプト表示になります。

●Djangoのデフォルトページを表示してみよう
　開発サーバーが起動したので、Djangoが用意したトップページを表示してみましょう。ブラウザーを起動してアドレス欄に「http://127.0.0.1:8000」と入力すると、ブラウザーは開発サーバーにアクセスしてDjangoのトップページを表示します。

▼ Django で用意されているデフォルトのトップページ

http://127.0.0.1:8000と入力

Django Documentationなどのリンクも表示されています。

ポート番号の「8000」

ポート番号は、「通信相手のアプリケーションを識別するための0から65535までの番号」です。コンピューターネットワーク上でアプリケーション同士が通信するときは、双方のIPアドレスを用いることに加えて、ポート番号の指定が必須です。httpsで始まるURLに接続する場合は、ポート番号443が通信規約で定められているので、URLの末尾の「:443」を追加しなくても、ブラウザー側で「:443」が追加されるようになっています。

これに対して、ローカルで稼働するDjangoの開発サーバーは、独自に設定されたポート番号8000が設定されているので、URLの末尾に手動で「:8000」を付けて、

http://127.0.0.1:8000

と入力する必要があります。

ドメインネームとIPアドレス

DjangoのWebサーバーにアクセスするとき、ブラウザーのアドレス欄に「http://127.0.0.1:8000」と入力しました。通常のURLではなく、IPアドレスをじかに入力しています。これは、ローカル・ループバック・アドレスの「127.0.0.1」には対応するドメイン名がないからです。URLは、

http(s)://www.apple.com/jp/iphone/

プロトコル　ホスト名　ドメイン名　　　ファイル名
　　　　　　　　　ディレクトリ

のような構造になっていて、この中の「ホスト名」と「ドメイン名」を合わせたものを**FQDN**(Fully Qualified Domain Name)と呼びます。このFQDNは、DNS(Domain Name System)という仕組みによって、IPアドレスと一対一で対応付けられています。これに対し、ローカル・ループバック・アドレスをはじめとした、ローカル環境(インターネットに閉じたという意味)で使用するIPアドレスには、外部に公開する必要がないためFQDNが割り当てられていません。

5.2
Webアプリの
プロトタイプの作成と
Bootstrapの移植

Level ★ ★ ★ | Keyword | Webアプリのプロトタイプ　Bootstrap　テンプレート　URLConf

> プロジェクトを作成した状態では、プロジェクトとして機能させるためのファイル群のみが用意されています。次にやることは、Djangoのコマンドを実行して、Webアプリの「プロトタイプ」を作ることです。

Webページのプロトタイプを
作成してBootstrapを移植する

プロジェクトの作成が済んだら、「startapp」というコマンドを使って、プロジェクトのフォルダー内にWebアプリの「**プロトタイプ***」を作成します。プロトタイプはいわば「枠組み」なので、骨格となるソースファイル群が自動で用意され、これらのファイルを編集することで開発を進めます。本節では次の手順で、Webアプリのトップページがブラウザーに表示されるまでの作業を行います。

●Webアプリのプロトタイプの作成
「startapp」コマンドで素の状態のWebアプリを作成します。画面表示を行うためのモジュール（Pythonのソースファイル）や、ルーティング（URLによる画面遷移）を行うモジュールなどで構成されます。

●Bootstrap
無料で公開されている「Webページのサンプル集」です。HTMLドキュメントに加えて、CSSやJavaScriptが提供されています。ここでは「album」というサンプルを入手（ダウンロード）します。

●テンプレートへの移植
Djangoでは、HTMLドキュメントのことを「**テンプレート**」と呼びます。Webアプリのテンプレートに「album」を移植します。

●ビュー
テンプレートを描画（ブラウザーの画面に表示）するためのプログラムです。モジュール内部でPythonのクラスとして定義します。

●ルーティングの設定
Webアプリのトップページへのルーティング処理をPythonのモジュールに記述します。

＊**プロトタイプ**　あとでの改良を見込んで、最初に作成する模型。原型という意味も持つ。

5.2.1 Webアプリのプロトタイプを作成して初期設定を行う（モジュールの作成）

Webアプリのプロトタイプを作成します。具体的には、Webアプリを開発するための基盤となるPythonのモジュールを、Djangoの**startapp**コマンドを使って作成します。

Webアプリの基盤を作成する（startappコマンド）

ターミナルを起動して、cdコマンドでプロジェクトのフォルダー（manage.pyが格納されているフォルダー）に移動します。

▼cdコマンドの例

```
cd "C:\djangoprojects\postpic_prj"
```

フォルダーを移動したら、

```
python manage.py startapp アプリ名
```

のように入力してstartappコマンドを実行します。アプリ名には任意の名前を入力してください。ここでは「picture」という名前にしました。

▼startappコマンド

```
python manage.py startapp picture
```

▼startappコマンドを実行してWebアプリの基盤を作成する

PowerShell

```
PowerShell 7.3.0
PS C:\Users\comfo> cd "C:\djangoprojects\postpic_prj"
PS C:\djangoprojects\postpic_prj> python manage.py startapp picture
PS C:\djangoprojects\postpic_prj>
```

cdコマンドでプロジェクトのフォルダーに移動

python manage.py startapp picture
と入力する

作成が完了するとプロンプトの状態に戻る

エクスプローラーで確認すると、アプリ名の「picture」フォルダー以下に、6個のモジュールと、1個のモジュールを格納した「migrations」フォルダーが作成されています。

▼pictureアプリ作成後のフォルダー構造を［エクスプローラー］で表示したところ

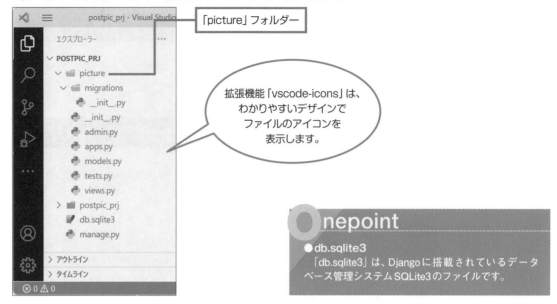

初期設定を行う

　作成したpictureアプリをプロジェクトに登録する作業を行います。作業といっても、settings.pyを開いてコードを1行追加するだけです。**エクスプローラー**で「postpic_prj」フォルダーを展開し、「settings.py」をダブルクリックして編集モードで開きます。

■ pictureアプリをプロジェクトに登録する（INSTALLED_APPS）

　settings.pyのソースコード33行目付近に、環境変数INSTALLED_APPSにリストを格納するコードがあるので、リスト要素の最後に

```
'picture.apps.PictureConfig',
```

を追加しましょう。

▼環境変数INSTALLED_APPSにpictureアプリを追加する（postpic_prj/settings.py）

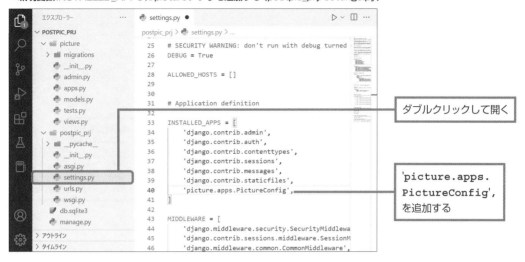

picture.apps.PictureConfigは、「picture/apps.py」で定義されているPictureConfigクラスを指す名前空間名です。

▼「picture/apps.py」のソースコード

```
from django.apps import AppConfig


class PictureConfig(AppConfig):
    default_auto_field = 'django.db.models.BigAutoField'
    name = 'picture'
```

■ 使用言語とタイムゾーンを日本仕様に設定する（LANGUAGE_CODE、TIME_ZONE）

初期設定で、使用言語とタイムゾーンが欧米仕様になっているので、日本仕様に変更します。settings.pyの110行目付近に書かれている環境変数の値を、

LANGUAGE_CODE='en-us' ➡	'ja'
TIME_ZONE = 'UTC' ➡	'Asia/Tokyo'

にそれぞれ書き換えます。

Django を用いた Web アプリ開発

5

▼使用言語とタイムゾーンを日本仕様にする（postpic_prj/settings.py）

書き換えが済んだら、**ファイル**メニューの**保存**を選択して編集内容を保存しておきましょう。

5.2.2　Bootstrapのサンプルをアプリに組み込む

pictureアプリのベースになるテンプレート（HTMLドキュメント）は、Bootstrapでサンプルとして提供されている「album」を使って制作します。

▼Bootstrapのサンプル「album」

写真を一覧表示する
仕様になっています。

Bootstrapのサンプルをダウンロードする

Bootstrapのトップページ (https://getbootstrap.jp/) の**ダウンロード**ボタンをクリックします。

▼Bootstrapのトップページ

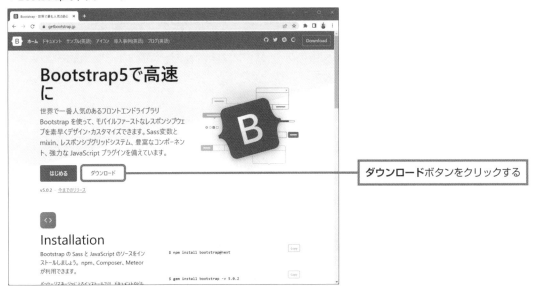

「サンプル」の項目にある**Download Examples**ボタンをクリックします。

▼ダウンロードのページ

ダウンロードが済んだら、ダウンロードされた圧縮ファイルを解凍しておきましょう。

ベーステンプレートとトップページのテンプレートを制作する

通常、Webサーバーは、要求されたページのHTMLドキュメントをレスポンス（応答）としてブラウザーに返します。これに対し、Djangoで開発するアプリは、サーバーサイドで動作するプログラムです。データベースと連携して動的にHTMLドキュメントを作成し、これをレスポンスとして返します。このとき、ドキュメントを一から作成するのではなく、ページの構造などを決める基本的なドキュメントをあらかじめ用意しておき、これをPythonのプログラムで読み込んで処理を行います。この、あらかじめ用意しておくHTMLドキュメントのことを「テンプレート」と呼びます。

ここでは、各ページで共通して使用するベーステンプレート、ページのタイトルを表示するテンプレート、投稿写真の一覧を表示するテンプレート、トップページのテンプレートを制作します。

・**ベーステンプレート**
ページのヘッダー／フッターを表示するためのテンプレートです。
・**タイトルを表示するテンプレート**
ページのタイトルを表示するためのテンプレートです。
・**投稿一覧テンプレート**
pictureアプリのメイン画面となる、投稿写真の一覧を表示するためのテンプレートです。
・**トップページのテンプレート**
pictureアプリのトップページを表示するためのテンプレートです。

■「templates」、「static」フォルダーの作成

VSCodeの**エクスプローラー**を表示して、「picture」フォルダー以下に、テンプレート用のフォルダー「templates」を作成しましょう。続いて、静的ファイルを保存する「static」フォルダーをプロジェクト直下に作成します。pictureアプリでは静的ファイルを使用する場面はないのですが、このあとで作成するaccountsアプリでは静的ファイルを使用するので、ここで作成しておくことにしましょう。

▼ ［エクスプローラー］

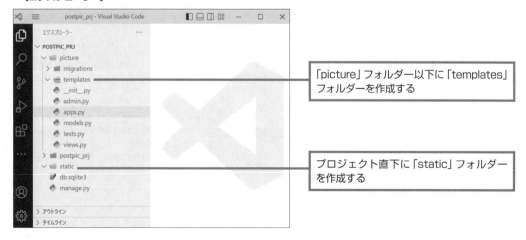

■「static」フォルダーのディレクトリ情報を設定する（settings.py）

　プロジェクト全体の設定を行う「settings.py」を開いて、「static」フォルダーのディレクトリ情報を登録しましょう。プロジェクト内部のテンプレートからフォルダーのパスを読み込めるようにするためです。

　エクスプローラーで「postpic_prj」以下の「settings.py」をダブルクリックして編集モードで開き、冒頭のインポート文の次の行に os モジュールのインポート文：

```
import os
```

を入力します。

5

Django を用いた Web アプリ開発

▼ os モジュールのインポート文の入力（settings.py）

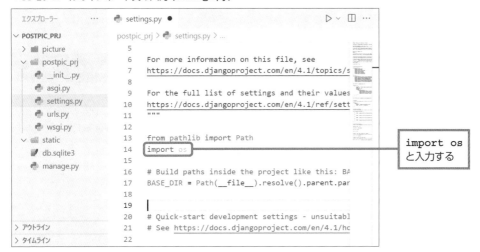

　続いて、120 行目付近の「STATIC_URL = '/static/'」の記述の次行に、

```
STATICFILES_DIRS = (os.path.join(BASE_DIR, 'static'),)
```

と入力します。

▼環境変数STATICFILES_DIRS にstaticフォルダーのフルパスを設定

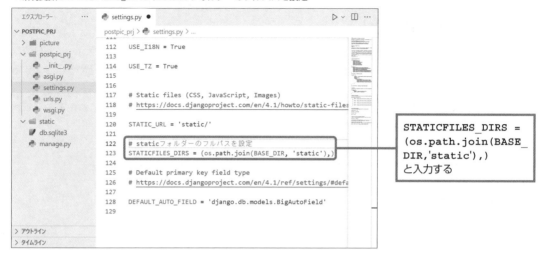

STATICFILES_DIRS =
(os.path.join(BASE_
DIR,'static'),)
と入力する

テンプレートの作成

Bootstrapからダウンロードした「bootstrap-x.x.x-examples」フォルダーの中に「album」という フォルダーがあります。フォルダーを開くと、「index.html」があるので、これを利用して、

・ベーステンプレート (base.html)
・ページタイトルを表示するテンプレート (picture_title.html)
・投稿一覧を表示するテンプレート (picture_list.html)
・トップページのテンプレート (index.html)

を作成します。外部ファイルのコピーは、**エクスプローラー**にドラッグ＆ドロップするだけで行えま す。「album」フォルダーの「index.html」をプロジェクトの「picture」フォルダーにコピーして、テ ンプレートに加工します。

◢ ベーステンプレート「base.html」の作成

ベーステンプレート「base.html」を次の手順で作成しましょう。

❶ Bootstrapからダウンロードした「bootstrap-x.x.x-examples」フォルダーを開きます。
❷ VSCodeの**エクスプローラー**で「picture」フォルダーを展開しておきます。
❸ 「bootstrap-x.x.x-examples」フォルダーの「index.html」をクリックし、VSCodeの**エクスプ ローラー**の「picture」以下の「template」フォルダーにドラッグ＆ドロップします。
❹ 「index.html」を右クリックして**名前の変更**を選択します。
❺ 「base.html」と入力して Enter キーを押します。

■ ページタイトルを表示するテンプレート「picture_title.html」の作成

　投稿された写真を一覧表示するためのテンプレート「picture_title.html」を作成しましょう。このテンプレートもBootstrapのダウンロードサンプル「album」フォルダーの「index.html」を利用します。

❶ Bootstrapからダウンロードした「bootstrap-x.x.x-examples」フォルダーを開きます。

❷ VSCodeの**エクスプローラー**で「picture」フォルダーを展開しておきます。

❸「bootstrap-x.x.x-examples」フォルダーの「index.html」をクリックし、VSCodeの**エクスプローラー**の「picture」以下の「template」フォルダーにドラッグ＆ドロップします。

❹「index.html」を右クリックして**名前の変更**を選択します。

❺「picture_title.html」と入力して Enter キーを押します。

■ 投稿一覧を表示するテンプレート「picture_list.html」の作成

　投稿された写真を一覧表示するためのテンプレート「picture_list.html」を作成しましょう。このテンプレートもBootstrapのダウンロードサンプル「album」フォルダーの「index.html」を利用します。

❶ Bootstrapからダウンロードした「bootstrap-x.x.x-examples」フォルダーを開きます。

❷ VSCodeの**エクスプローラー**で「picture」フォルダーを展開しておきます。

❸「bootstrap-x.x.x-examples」フォルダーの「index.html」をクリックし、VSCodeの**エクスプローラー**の「picture」以下の「template」フォルダーにドラッグ＆ドロップします。

❹「index.html」を右クリックして**名前の変更**を選択します。

❺「picture_list.html」と入力して Enter キーを押します。

■ トップページのテンプレート「index.html」の作成

　トップページのテンプレート「index.html」を作成しましょう。

❶**エクスプローラー**で「picture」フォルダー以下の「templates」フォルダーを右クリックして**新しいファイル**を選択します。

❷**ファイル名**に「index.html」と入力して Enter キーを押します。

▼「base.html」「picture_list.html」「picture_title.html」「index.html」を作成

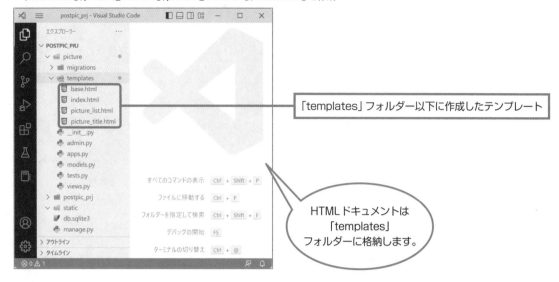

ベーステンプレートの編集（base.html）

　　ベーステンプレートでは、<header>～</header>内のページタイトルを設定する<title>タグのテキスト部分を各ページのテンプレートで埋め込めるようにします。投稿データを出力する部分についても、各ページのテンプレートで埋め込めるようにします。

　　エクスプローラーで「base.html」をダブルクリックして編集モードで開き、以下の箇所を編集します。

❶ドキュメントの冒頭のテンプレートタグloadの追加

ドキュメントの冒頭<!doctype html>の次の行に、staticフォルダーを参照するためのテンプレートタグloadを

```
{% load static %}
```

のように記述します。ベーステンプレートで静的ファイルを使用することはありませんが、今後の拡張に備えて記述しておくことにします。

❷<html>タグのlang属性を"ja"に変更

<html lang="ja">のように、lang属性の値を日本語の"ja"に書き換えます。

❸<head>～</head>内の<title>～</title>の要素を書き換え

<title>{% block title %}{% endblock %}</title>に書き換えます。

❹<head>～</head>内の<link rel="canonical"...>を削除

```
<link rel="canonical" href="https://getbootstrap.com/docs/5.0/examples/album/">
```

の記述を削除します。

❺**<!-- Bootstrap core CSS -->のコメント以下の<link href="……">タグ**

BootstrapからCSSを読み込むコードをコピーして貼り付けます。

・Bootstrapのトップページ (https://getbootstrap.jp/) で**はじめる**ボタンをクリックすると、ソースコードをコピーできるページが表示されます。

・「CSS」の**Copy**ボタンをクリックします。

▼Bootstrap (https://getbootstrap.jp/) の [はじめる] をクリックすると表示されるページ

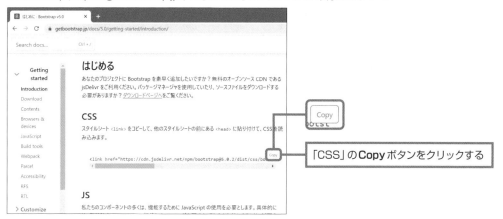

・base.htmlの<head>〜</head>にコメントの<!-- Bootstrap core CSS -->があります。その次の行に入力されている

```
<link href="../assets/dist/css/bootstrap.min.css" rel="stylesheet">
```

の記述を削除します。

・削除した箇所を右クリックして**貼り付け**を選択し、先ほどコピーしたコードを貼り付けます。

❻**ページヘッダーのタイトルと本文**

<h4>のタイトルと<p>の本文を書き換えます。

❼**ナビゲーションメニュー**

3カ所ある<li>のうち、1つ目と2つ目の<li>のテキストを「サインアップ」、「ログイン」に書き換えます。

❽**ナビゲーションバーのトップページへのリンク**

ナビゲーションバーのトップページへのリンク先を

```
href="{% url 'picture:index' %}"
```

に書き換えます。

❾**ページヘッダーのリンクテキスト**

トップページへのリンクテキストを設定する<strong>の要素を「Picture Gallery」に書き換えます。

❿ <main>～</main> の内側の要素をすべて削除

<main>～</main>の内側の要素をすべて削除します。<main>タグと終了タグの</main>は削除しないように注意してください。

⓫テンプレートタグを追加

<main>の次の行に

```
{% block contents %}{% endblock %}
```

を追加します。メインコンテンツの本体部分を各ページのテンプレートで埋め込むためのコードです。

⓬フッターのテキスト

2つ目の<p>のテキストを任意のものに書き換えます。

⓭3つ目の<p>タグを削除

<p class="mb-0">～</p>を削除します。

⓮ <script>～</script> の書き換え

BootstrapからJavaScriptを読み込むコードをコピーして貼り付けます。

・Bootstrapのトップページで**はじめる**ボタンをクリックすると、ソースコードをコピーできるページが表示されます。

・「Bundle」の**Copy**ボタンをクリックします。

▼Bootstrapの [はじめる] をクリックすると表示されるページ

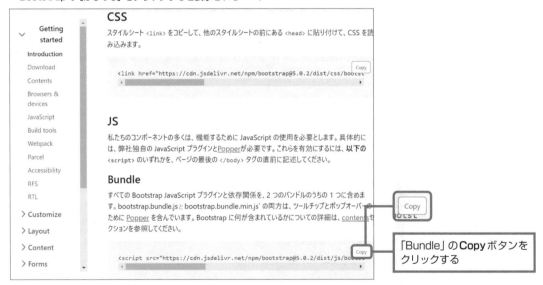

・base.htmlの</footer>以下に<script>～</script>の記述があるので、これを削除します。

・削除した箇所を右クリックして**貼り付け**を選択し、先ほどコピーしたコードを貼り付けます。

▼書き換え後のベーステンプレート（picture/templates/base.html）

```
<!doctype html>

<!-- 静的ファイルのURLを生成するstaticタグをロードする -->
{% load static %}                                                        ❶

<!-- 言語指定をenからjaに変更 -->
<html lang="ja">                                                         ❷

<head>
  <meta charset="utf-8">
  <meta name="viewport" content="width=device-width, initial-scale=1">
  <meta name="description" content="">
  <meta
    name="author"
    content="Mark Otto, Jacob Thornton, and Bootstrap contributors">
  <meta name="generator" content="Hugo 0.84.0">

  <!-- ヘッダー情報のタイトルを個別に設定できるようにする -->
  <title>{% block title %}{% endblock %}</title>                         ❸

  <!-- <link rel="canonical" href="https://...の記述を削除 -->           ❹

  <!-- Bootstrap core CSS -->
  <!-- <link href="../assets/の記述を削除 -->
  <!-- Bootstrap core CSSを読み込むコードをBootstrapからコピーペースト-->
  <link
    href="https://cdn.jsdelivr.net/npm/bootstrap@.../bootstrap.min.css"
    rel="stylesheet"                                                     ❺
    integrity="sha384-EVSTQN3/azprG1Anm3QDgpJLIm9...0Yz1ztchpuuCOmLASjC"
    crossorigin="anonymous">

  <style>
    .bd-placeholder-img {
      font-size: 1.125rem;
      text-anchor: middle;
      -webkit-user-select: none;
      -moz-user-select: none;
      user-select: none;
    }

    @media (min-width: 768px) {
      .bd-placeholder-img-lg {
```

```
          font-size: 3.5rem;
      }
    }
  </style>
</head>


<body>
  <!-- ページのヘッダー -->
  <header>
    <div class="collapse bg-dark" id="navbarHeader">
      <div class="container">
        <div class="row">
          <div class="col-sm-8 col-md-7 py-4">
            <!-- ヘッダーのタイトルと本文 -->
            <h4 class="text-white">お気に入りを見つけよう！</h4>
            <p class="text-muted">
              誰でも参加できる写真投稿サイトです。
              自分で撮影した写真なら何でもオッケー！
              でも、カテゴリに属する写真に限ります。
              コメントも付けてください！
            </p>
          </div>
          <div class="col-sm-4 offset-md-1 py-4">
            <h4 class="text-white">Contact</h4>
            <ul class="list-unstyled">
              <!-- ナビゲーションメニュー -->
              <li><a href="#" class="text-white">サインアップ</a></li>
              <li><a href="#" class="text-white">ログイン</a></li>
              <li><a href="#" class="text-white">Email me</a></li>
            </ul>
          </div>
        </div>
      </div>
    </div>
    <!-- ナビゲーションバー -->
    <div class="navbar navbar-dark bg-dark shadow-sm">
      <div class="container">
        <!-- トップページへのリンク -->
        <a
          href="{% url 'picture:index' %}"
          class="navbar-brand d-flex align-items-center">
          <svg
```

⑥

⑦

ナビゲーションバー
のブロックです。

⑧

```
          xmlns="http://www.w3.org/2000/svg"
          width="20"
          height="20"
          fill="none"
          stroke="currentColor"
          stroke-linecap="round"
          stroke-linejoin="round"
          stroke-width="2"
          aria-hidden="true"
          class="me-2"
          viewBox="0 0 24 24">
          <path d="M23 19a2 2 0 0 1-2 2H3a2 2 0 0 1-2-2V8a2 ..." />
          <circle cx="12" cy="13" r="4" />
        </svg>
        <!-- リンクテキスト -->
        <strong>Picture Gallery</strong>                                    ⑨
      </a>
      <!-- トグルボタン -->
      <button
        class="navbar-toggler"
        type="button"
        data-bs-toggle="collapse"
        data-bs-target="#navbarHeader"
        aria-controls="navbarHeader"
        aria-expanded="false"
        aria-label="Toggle navigation">
        <span class="navbar-toggler-icon"></span>
      </button>
    </div>
  </div>
</header>
<!-- メインコンテンツ -->
<main>
  <!-- <main>タグの要素をすべて削除して以下に書き換え -->                   ⑩
  <!-- メインコンテンツの本体部分は各ページのテンプレートで埋め込む -->       ⑪
  {% block contents %}{% endblock %}
</main>
<!-- フッター -->
<footer class="text-muted py-5">
  <div class="container">
    <p class="float-end mb-1">
      <a href="#">Back to top</a>
```

> ここから
> メインコンテンツの
> ブロックです。

```
    </p>
    <!-- フッターのテキストを任意のものに書き換え -->
    <p class="mb-1">
        Picture Gallery is &copy; Bootstrap, but please post a lot!      ⑫
    </p>
    <!-- <p class="mb-0">〜</p>を削除 -->      ⑬
    </div>
    </footer>


    <!-- <script>〜</script>を削除 -->
    <!-- BootstrapからJavaScriptを読み込むコードをコピーペースト -->
    <script
        src="https://cdn.jsdelivr.net/npm/bootstrap...bundle.min.js"        ⑭
        integrity="sha384-MrcW6ZMFYlzcLA8Nl+NtU0sA7...cXn/tWtIaxVXM"
        crossorigin="anonymous"></script>


</body>
</html>
```

タイトル用のテンプレートの編集（picture_title.html）

　タイトル用のテンプレート（picture_title.html）は、Bootstrapのダウンロードサンプル「album/index.html」をそのままコピーした状態になっています。タイトル用のテンプレートに必要なのは、ページのタイトルと2個のナビゲーションボタンを表示することです。**エクスプローラー**でpicture_title.htmlをダブルクリックし、編集モードで開いて編集しましょう。

　タイトルと2個のナビゲーションボタンを表示するブロックを残し、次の要領でそれ以外のコードをすべて削除します。

❶ドキュメントの2行目から＜/section＞までを削除
ドキュメントの2行目から以下のコードを削除します。

・＜html lang="en"＞
・＜head＞〜＜/head＞
・＜body＞
・＜header＞〜＜/header＞
・＜main＞

❷＜section class="py-5 text-center container"＞〜＜/section＞のブロックを残す
タイトルとボタンを出力するブロックを残します。

❸**<div class="album py-5 bg-light">以下をすべて削除**

❷で残したブロック以下（メインコンテンツの残りの部分、フッター以降ドキュメントの末尾まで）のコードをすべて削除します。

●**<section>の要素を書き換える**

<section class="py-5 text-center container">～</section>の要素を次のように編集します。

❹**タイトルと本文**

<h1>のテキストを「Picture Gallery」に書き換え、<p>の本文を任意のものに書き換えます。

❺**ナビゲーションボタン**

2つ配置されている<a>タグのテキストを「今すぐサインアップ」、「登録済みの方はログイン」に書き換えます。

▼編集後のタイトル用テンプレート（picture/templates/picture_title.html）

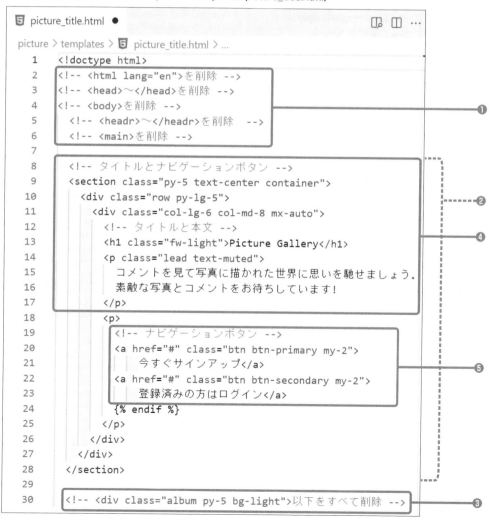

投稿一覧テンプレートの編集（picture_list.html）

　投稿一覧テンプレート（picture_list.html）についても、Bootstrapのダウンロードサンプル「album/index.html」をそのままコピーした状態になっています。投稿一覧テンプレートに必要なのは、投稿された写真を一覧表示することです。そこで、投稿一覧テンプレートでは不要なコードをすべて削除して写真を表示するブロックだけを残し、残した部分を編集します。**エクスプローラーで**picture_list.htmlをダブルクリックして編集モードで開き、不要なコードを削除しましょう。

❶ドキュメントの冒頭から＜/section＞までを削除
　ドキュメントの冒頭から以下のコードを削除します。

- ＜!doctype html＞と＜html lang="en"＞
- ＜head＞〜＜/head＞
- ＜body＞
- ＜header＞〜＜/header＞
- ＜main＞
- ＜section class="py-5 text-center container"＞〜＜/section＞
  （タイトルとボタンを出力するブロック）

---

❷＜div class="album py-5 bg-light"＞から4個連続している＜/div＞までを残す
❸＜div class="col"＞〜＜/div＞の計8ブロックのコードを削除
　❷の＜/small＞の次の＜/div＞4個のあとに＜div class="col"＞〜＜/div＞のブロックが合計8ブロックあるので、これを削除します。

❹3個連続の＜/div＞を残してドキュメントの末尾までのコードを削除
　❸の削除を行うと後続に3個の＜/div＞があるので、3個目の＜/div＞の次行、＜/main＞以下のコードをすべて削除します。

▼不要なコードを削除した状態（picture/templates/picture_list.html）

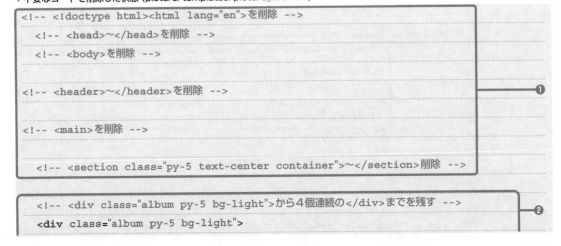

```
<!-- <!doctype html><html lang="en">を削除 -->

  <!-- <head>～</head>を削除 -->

  <!-- <body>を削除 -->


<!-- <header>～</header>を削除 -->                                    ❶


<!-- <main>を削除 -->


  <!-- <section class="py-5 text-center container">～</section>削除 -->


  <!-- <div class="album py-5 bg-light">から4個連続の</div>までを残す -->   ❷
  <div class="album py-5 bg-light">
```

```
    <div class="container">

      <div class="row row-cols-1 row-cols-sm-2 row-cols-md-3 g-3">
        <div class="col">
          <div class="card shadow-sm">
            <svg
              class="bd-placeholder-img card-img-top"
              width="100%" height="225"
              xmlns="http://www.w3.org/2000/svg"
              role="img"
              aria-label="Placeholder: Thumbnail"
              preserveAspectRatio="xMidYMid slice"
              focusable="false">
              <title>Placeholder</title>
              <rect width="100%" height="100%" fill="#55595c"/>
              <text x="50%" y="50%" fill="#eceeef" dy=".3em">
                Thumbnail</text>
            </svg>
```
②
```
            <div class="card-body">
              <p class="card-text">This is a wider card with suppor...</p>
              <div class="d-flex justify-content-between align-items-center">
                <div class="btn-group">
                  <button
                    type="button"
                    class="btn btn-sm btn-outline-secondary">View
                  </button>
                  <button
                    type="button"
                    class="btn btn-sm btn-outline-secondary">Edit
                  </button>
                </div>
                <small class="text-muted">9 mins</small>
              </div>
            </div>
          </div>
        </div>
```
```
        <!-- 8個の<div class="col">～</div>のブロックを削除 -->
```
③
```
        <!-- 3個連続の</div>を残して、以降ドキュメント末尾まで削除 -->
      </div>
    </div>
  </div>
```
④

不要なコードの削除が済んだら、次の箇所を編集しましょう。

❺ <div class="col"> 以下、<svg>〜</svg> 内の <text>〜</text> を削除

❻ <div class="btn-group"> 以下、<button ...>〜</button> のテキストを変更
<div class="album py-5 bg-light"> 以下のさらに <div class="btn-group"> 以下、<button ...>〜</button> のテキストを変更します。

❼ <small class="text-muted">〜</small> のテキストを変更

次のリストは、上記❺〜❼の編集後のテンプレートです。

▼編集後の投稿一覧テンプレート (picture/templates/picture_list.html)

```
<div class="album py-5 bg-light">

  <!-- Bootstrapのグリッドシステムを適用 -->

  <div class="container">

    <!-- 行要素を配置 -->

    <div class="row row-cols-1 row-cols-sm-2 row-cols-md-3 g-3">

      <!-- 列要素を配置 -->

      <div class="col">

        <div class="card shadow-sm">

          <svg

            class="bd-placeholder-img card-img-top"

            width="100%" height="225"

            xmlns="http://www.w3.org/2000/svg"

            role="img"

            aria-label="Placeholder: Thumbnail"

            preserveAspectRatio="xMidYMid slice"

            focusable="false">

            <title>Placeholder</title>

            <rect width="100%" height="100%" fill="#55595c"/>

            <!-- <svg>〜</svg>内の<text>〜</text>を削除 -->                   ❺

          </svg>


          <!-- タイトルとボタンを出力するブロック -->

          <div class="card-body">

            <p class="card-text">This is a wider card with suppor...</p>

            <div class="d-flex justify-content-between align-items-center">

              <div class="btn-group">

                <button

                  type="button"

                  class="btn btn-sm btn-outline-secondary">View       ❻

                </button>

                <button
```

```
                        type="button"
                        class="btn btn-sm btn-outline-secondary">Edit
                    </button>
                </div>
                <!-- <small class="text-muted">～</small>のテキストを変更 -->     ⑦
                <small class="text-muted">UserName</small>
            </div>
        </div>
      </div>
    <!-- 列要素ここまで -->
    </div>
  <!-- 行要素ここまで -->
  </div>
<!-- グリッドシステムここまで -->
  </div>
</div>
```

トップページのテンプレートを編集 (index.html)

トップページのテンプレートを編集しましょう。現在、ドキュメントは空の状態ですので、ベーステンプレートbase.htmlを適用し、ヘッダー情報のタイトルを設定し、タイトルのテンプレート、投稿一覧テンプレートを、Djangoのinclude タグを使って組み込みましょう。

▼トップページのテンプレート (index.html)

```
⑤ index.html 1 ✕

picture > templates > ⑤ index.html
  1    <!-- ベーステンプレートを適用する -->
  2    {% extends 'base.html' %}
  3    <!-- ヘッダー情報のページタイトルを設定する -->
  4    {% block title %}Picture Gallery{% endblock %}
  5
  6        {% block contents %}
  7
  8        <!-- タイトルテンプレートの組み込み -->
  9        {% include "picture_title.html" %}
 10
 11        <!-- 投稿一覧テンプレートの組み込み -->
 12        {% include "picture_list.html" %}
 13
 14        {% endblock %}
```

プロジェクトとアプリのURLConfを編集する

Djangoのルーティング（ページの遷移）は、URLConf（urls.py）に記載されたURLパターンがポイントになります。ルーティングについては後述の「【Memo】Djangoがリクエストを処理する方法」を参照してください。

Djangoでは基本的に、プロジェクト全体のルーティング（ページの遷移）はプロジェクトのURLConfで設定し、Webアプリ側のルーティングは独自のURLConfで行います。プロジェクトのURLConfですべてのルーティングを設定することもできますが、プロジェクトに複数のWebアプリがあると内容がわかりにくくなって管理が大変なので、分けておいた方が無難です。

■ プロジェクトのURLConfを開く

プロジェクトのURLConf（postpic_prj/urls.py）は、プロジェクトを作成したときにすでに作成されています。プロジェクト全体の設定ファイル「postpic_prj/settings.py」で定義されている環境変数ROOT_URLCONFには、クライアント（ブラウザー）からのリクエストがあったときに参照されるURLConfとして、プロジェクト全体のフォルダー以下の「postpic_prj/urls.py」がすでに登録されています。

▼環境変数ROOT_URLCONF

```
ROOT_URLCONF = 'postpic_prj.urls'
```

pictureアプリにアクセスがあれば、プロジェクト全体のフォルダー以下のURLConf（postpic_prj/urls.py）が参照される仕組みです。**エクスプローラー**で「postpic_prj」フォルダー以下の「urls.py」をダブルクリックして開きましょう。

▼エクスプローラー

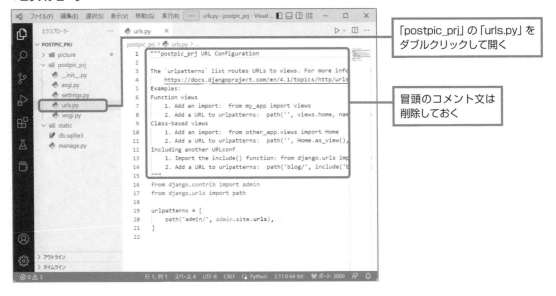

▼プロジェクトのURLConf(postpic_prj/urls.py) のソースコード

```
......コメント文削除......
from django.contrib import admin
from django.urls import path


urlpatterns = [
    path('admin/', admin.site.urls),
]
```

> リスト要素として
> URLパターンを設定
> します。

　urlpatternsは、URLパターンを定義するためのリスト型の変数で、URLConfが呼び出されたときに参照されます。urlpatternsの要素として、

```
    path('admin/', admin.site.urls),
```

と記述されています。path()関数の仕様を次に示します。

●django.urls.path()関数
　「第1パラメーター（routeオプション）で指定されたパスに対して、どのビューを呼び出すのか」を決定します。この設定は、URLパターン（のインスタンス）として返されます。

▼django.urls.path()

書式		path(route, view, kwargs=None, name=None)
パラメーター	route	ルートディレクトリ（ここでは、マッチングさせるページのフルパスのこと）を指定します。
	view	ビュー、またはas_view()で返されるビューを指定します。
	kwargs	ビューで定義されている関数やメソッドが引数をとる場合、kwargsに設定した値を引き渡すことができます。
	name	path()関数で設定したURLパターンに名前を付けることができます。

　path()関数を利用して、リクエストされたページに対して特定のビューを呼び出すためのURLパターンを生成することができます。routeオプションで指定するのは、

```
    http(s)://<ホスト名>/
```

からあとの部分（ページへのフルパス）です。デフォルトでは'admin/'と書かれているので、

```
    http(s)://<ホスト名>/admin/
```

というURLでアクセスされた場合、admin/がマッチングして、admin.site.urlsが呼び出されます。admin.site.urlsモジュールに記述されたURLConfは、プロジェクトの管理を行う「Django管理サイト」を表示するときに使用されるものです。

■ プロジェクトのURLConfに、pictureアプリのURLConfへのリダイレクトを追加

プロジェクトのURLConf (postpic_prj/urls.py) に、pictureアプリのURLConf (picture/urls.py) へのリダイレクトを設定しましょう。

先ほど開いた「urls.py」の2行目のインポート文にincludeを追加し、リストurlpatternsの要素として、pictureアプリのurls.pyにリダイレクトするURLパターンを追加します。

▼プロジェクトのURLConf（postpic_prj/urls.py）

```
postpic_prj > 🐍 urls.py > ...
  1    from django.contrib import admin
  2    # include追加
  3    from django.urls import path, include          ←「, include」と記述
  4
  5    urlpatterns = [
  6        path('admin/', admin.site.urls),
  7        # picture/urls.pyにリダイレクトするURLパターン   ←入力する
  8        path('', include('picture.urls')),
  9    ]
```

■ pictureアプリのURLConfに、トップページのビューへのリダイレクトを追加

pictureアプリ専用のルーティングを行うURLconf (urls.py) を、「picture」フォルダー以下に作成しましょう。**エクスプローラー**で「picture」フォルダーを右クリックして、**新しいファイル**を選択し、「urls.py」と入力します。作成された「urls.py」を編集モードで開いて、次のように入力します。

▼pictureアプリのURLconf（picture/urls.py）

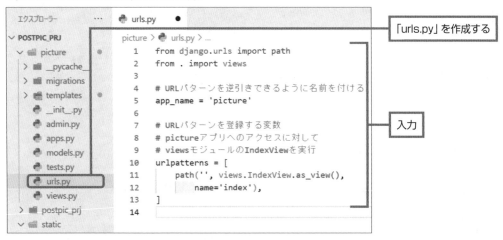

トップページのビューを作成する（IndexViewの作成）

　ビューは、ルーティングからリクエスト情報（HttpRequestオブジェクト）を受け取り、指定されたテンプレートを読み込んで、レスポンスとして返すHTMLドキュメントを生成します。生成したHTMLドキュメントはレスポンス情報（HttpResponseオブジェクト）に格納され、Webサーバーを経由してクライアントに返されます。これがビューの基本的な処理ですが、状況に応じて次のようなことも行います。

・モデル（データベース処理プログラム）にデータベースの操作を依頼する
・HTMLのフォームを使用する場合はフォームのクラスに処理を依頼する
・指定されたURLにリダイレクトする

　ビューは、DjangoでWebアプリを作成したときに自動で生成される「views.py」というモジュールに記述します。ビューには、関数ベースおよびクラスベースという2つの書き方があります。ここでは、後者のクラスベースのビューを定義します。

　クラスをベースにしたビューは、Djangoに用意されているビュークラスを継承したサブクラスとして作成します。Djangoには独自の機能を備えたビュークラスがいくつか用意されていますが、これらのクラスを直接使うのではなく、継承してサブクラスを作る、というやり方をします。Djangoに用意されているビュークラスには次表のようなものがあります。

▼Djangoのビュークラス

クラス	用途
TemplateView	テンプレートを読み込んでHTMLドキュメントを生成します。
RedirectView	別のビューにリダイレクトする処理のみを行います。
ListView	モデルのデータを一覧表示します。
DetailView	モデルのデータの詳細を表示します。
CreateView	モデルデータを作成します。
UpdateView	モデルのデータを更新します。
DeleteView	モデルのデータを削除します。
FormView	フォームと連動した処理を行います。

　ビュークラスを継承した場合は、クラス変数やメソッドをオーバーライド（上書き）することで、独自の機能を設定します。

●継承
　継承とは、あるクラスの機能（インスタンス変数やメソッドなどのすべてのクラス要素）を引き継いだクラス（サブクラス）を定義することです。

▼オーバーライドする主なクラス変数

クラス変数	対象のビュークラス	用途
template_name	RedirectViewを除くすべての ビュークラス	テンプレートを指定します。
model	ListView DetailView CreateView UpdateView DeleteView	モデルを指定します。データベースのテーブルデータを取得するだけならmodelのみの指定でよく、querysetの指定は必要ありません。
queryset	ListView DetailView CreateView UpdateView DeleteView	データベースへのクエリ（要求）を実行します。レコードの並べ替えなど、独自の処理を行う場合に使用します。
form_class	FormView CreateView UpdateView	フォームのクラスを指定します。
success_url	CreateView UpdateView DeleteView FormView	処理が成功したときのリダイレクト先のURLを指定します。
fields	CreateView UpdateView	ビューでフォームと連動した処理を行う際に、フォームのフィールド（テーブルのカラムに相当）を指定します。

▼オーバーライド可能な主なメソッド

メソッド	対象のビュークラス	用途
get_context_data()	RedirectViewを除く すべてのビュークラス	テンプレートに渡される辞書オブジェクトを取得します。
get_queryset()	ListView DetailView CreateView UpdateView DeleteView	データベースへのクエリを実行します。パラメーターでリクエストオブジェクト（HttpRequest）を取得できるので、リクエストの状況に応じて動的にクエリを実行する必要がある場合に、オーバーライドして独自のクエリを記述します。
form_valid()	FormView CreateView UpdateView	フォームのバリデーション（入力データの検証）をクリアしたときの処理を記述します。
get_success_url()	CreateView UpdateView DeleteView FormView	処理が成功したときのリダイレクト先のURLを指定します。
delete()	DeleteView	データの削除完了時の処理を記述します。
get()	すべてのビュークラス	GETリクエストに対して独自の処理を行いたい場合にオーバーライドします。

post()	CreateView UpdateView DeleteView FormView RedirectView	POSTリクエストに対して独自の処理を行いたい場合に オーバーライドします。

■ 「views.py」でIndexViewクラスを定義する

トップページのビューを、TemplateViewクラスを継承したIndexViewクラスとして定義します。**エクスプローラー**で、「picture」フォルダー以下の「views.py」をダブルクリックして編集モードで開き、次のように入力しましょう。

▼トップページのビューとしてIndexViewクラスを定義（picture/views.py）

```
picture >  views.py > ...
 1    from django.shortcuts import render
 2    # django.views.genericからTemplateViewをインポート
 3    from django.views.generic import TemplateView
 4
 5    class IndexView(TemplateView):
 6        """トップページのビュー
 7        """
 8        # index.htmlをレンダリングする
 9        template_name ='index.html'
10
```

入力

開発サーバーを起動してトップページにアクセスしてみる

開発サーバーを起動して、トップページを表示してみましょう。プロジェクト内のフォルダー「postpic_prj」に移動した状態のターミナルに、「python manage.py runserver」と入力します。続いてブラウザーのアドレス欄に「http://127.0.0.1:8000/」と入力しましょう。

nepoint

● 「http://127.0.0.1:8000/」
「127.0.0.1」は自分自身（ローカルマシン）を表す「ループバックアドレス」で、「8000」は開発サーバーが使用するポート番号です。

▼pictureアプリのトップページ

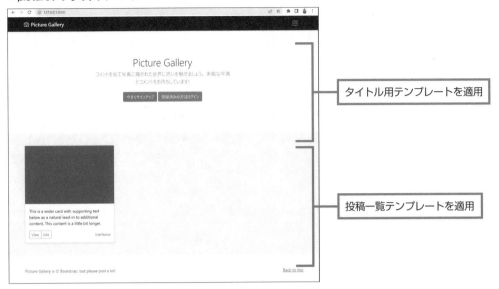

タイトル用テンプレートを適用

投稿一覧テンプレートを適用

ひとまずpictureアプリの開発はここまでとし、次節ではユーザー認証の仕組みを作っていきます。

Memo｜Djangoがリクエストを処理する方法

Djangoのルーティング処理では、URLConf（urls.py）に記載されたURLパターンがポイントになります。「Djangoで開発したWebアプリが、クライアントからのリクエストを受け取って、ページを表示するまで」の処理の流れは次のとおりです。

① Djangoはクライアントからのリクエストを受け取ると、プロジェクトの設定ファイル「settings.py」で定義されている環境変数ROOT_URLCONFを参照します。環境変数ROOT_URLCONFには、

```
ROOT_URLCONF = 'postpic_prj.urls'
```

のように、プロジェクトの「URLConf」の場所が登録されています。URLConfとは、ルーティングの内容（URLパターン）が書かれたモジュール（urls.py）のことです。

② DjangoはROOT_URLCONFに記載されたURLConfを呼び出し、リクエストの内容が格納されたHttpRequestオブジェクトを引き渡します。

③ 続いて、「URLパターン」が格納された変数「urlpatterns」を参照します。URLパターンには、リクエストされたURLから「http(s)://＜ホスト名＞/」を除いた部分のマッチングと、そのあとに行う処理が記載されています。

④ Djangoはurlpatternsに格納されているURLパターンを順番に実行し、②で引き渡されたHttpRequestオブジェクトのpathプロパティの値と照合します。pathプロパティには、リクエストされたURLから「http(s)://＜ホスト名＞/」を除いた部分が格納されています。

⑤ リクエストされたURLがURLパターンのどれかにマッチングすると、URLパターンに指定されているビュー、または別のURLConfを呼び出します。このとき、呼び出し先には②のHttpRequestオブジェクトがそのまま引き渡されます。

処理を細かく追いましたが、この先で疑問に思ったときに、再度、参照してもらえればと思います。

Section

5.3 認証用 accounts アプリの作成

Level ★ ★ ★ | Keyword : Webアプリのプロトタイプ　モデル　カスタムUserモデル　マイグレーション

　pictureアプリでは、ユーザーが投稿した写真を誰でも見ることができますが、投稿できるのはユーザー登録（サインアップ）したユーザーに限定します。また、登録済みのユーザーは、投稿済みの写真（タイトルやコメントも含む）を削除できるようにします。このようなユーザー管理の機能を集約した、専用のアプリを作成します。

ここがポイント！

データベースと連携した ユーザー認証アプリの作成

　データベースと連携して、ユーザー登録、Webアプリへのサインインの処理を行う「accounts」アプリを作成します。

●Webアプリのプロトタイプの作成
「startapp」コマンドで「accounts」アプリのプロトタイプを作成します。

●モデルの作成
Djangoでは、データベースの処理を行うプログラムのことを「**モデル**」と呼びます。ユーザー情報をデータベースと連携して管理するモデルを作成します。

●サインアップの仕組みを作成
サインアップページのためのテンプレート、ビューを作成し、ユーザー登録のための機能を実装します。

●ログインの仕組みを作成
ログインページのためのテンプレート、ビューを作成し、登録済みのユーザーが「picture」アプリにログインするための機能を実装します。

●パスワードをリセットする仕組みを作成
登録済みのユーザーがパスワードをリセットするための機能を実装します。

5.3.1　「accounts」アプリを作成して初期設定を行う

ユーザー管理機能を持つ「accounts」アプリをプロジェクト内に作成します。このアプリには、

・ユーザー登録（サインアップ）
・ログイン／ログアウト
・パスワードのリセット

の機能を実装し、ユーザー管理を一元的に行うようにします。

「accounts」アプリを作成する

ターミナルを起動し、cdコマンドで「postpic_prj」フォルダー（manage.pyが格納されている
フォルダーです）に移動し、次のように入力して、「accounts」アプリを作成します。

▼cdコマンドで「postpic_prj」フォルダーに移動してstartappコマンドを実行

```
cd "C:\djangoprojects\postpic_prj"
python manage.py startapp accounts
```

エクスプローラーで新規作成した「accounts」フォルダーを展開し、次のような状態になってい
ることを確認しましょう。

▼エクスプローラーで新規作成した「accounts」フォルダーを展開したところ

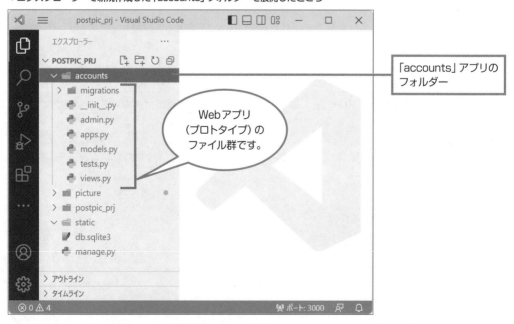

accountsアプリをプロジェクトに登録する

作成したaccountsアプリをプロジェクトに登録します。**エクスプローラー**で「postpic_prj」フォルダーの「settings.py」をダブルクリックして編集モードで開きましょう。
環境変数INSTALLED_APPSの要素の最後に

```
'accounts.apps.AccountsConfig',
```

を追加します。「accounts/apps.py」で定義されているAccountsConfigクラスの名前空間です。

▼環境変数INSTALLED_APPSにaccountsアプリを追加する (postpic_prj/settings.py)

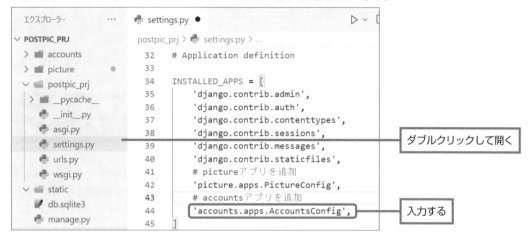

5.3.2 カスタムUserモデルを作成する

Djangoには、ユーザー管理を行うための機能が搭載されたUserモデルが用意されています。ただ、これをそのまま利用するのではなく、継承したサブクラスを作成することで間接的に利用することが推奨されています。Userモデルをそのまま使うと、あとでモデルのフィールドを変更するのが困難ですが、サブクラス化しておけばあとあとの仕様変更にも柔軟に対応できるためです。

Userモデルには、継承専用の抽象クラスAbstractUserが用意されているので、このクラスを継承したカスタムUserモデル (CustomUserクラス) を作成することにしましょう。

▼抽象クラスAbstractUserで定義されているフィールド名 (テーブルのカラムに対応)

id	password	last_login	is_superuser	username	first_name	last_name
email	is_staff	is_active	date_joined	groups	user_permissions	―

　　エクスプローラーで「accounts」フォルダー以下の「models.py」をダブルクリックして編集モードで開き、次のように入力しましょう。

▼モデルクラスCustomUserの作成（accounts/models.py）

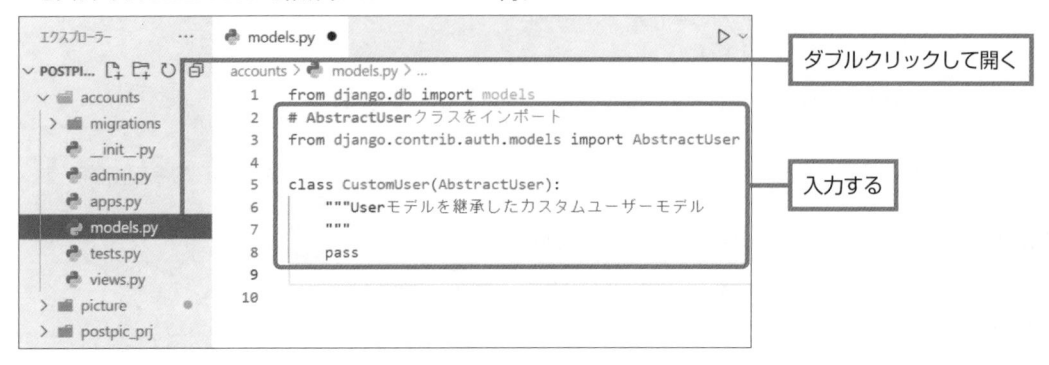

カスタムUserモデルをデフォルトのUserモデルとして登録する（settings.py）

　　Djangoのプロジェクトでは、デフォルトでUserモデルを使用するようになっているので、今回作成したカスタムUserモデル（CustomUserクラス）を使用するように、settings.pyの環境変数AUTH_USER_MODELで指定しましょう。「postpic_prj」フォルダーの「settings.py」を開いて、

```
AUTH_USER_MODEL = 'accounts.CustomUser'
```

をモジュールの末尾に追加します。

○nepoint

●AUTH_USER_MODEL
　AUTH_USER_MODELの値にCustomUserクラスを指定する場合は'accounts.CustomUser'になります。

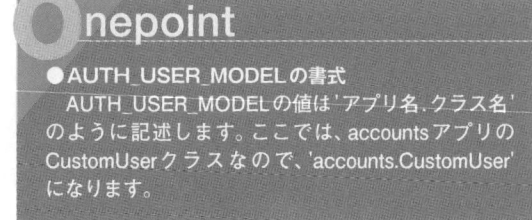

○nepoint

●AUTH_USER_MODELの書式
　AUTH_USER_MODELの値は'アプリ名.クラス名'のように記述します。ここでは、accountsアプリのCustomUserクラスなので、'accounts.CustomUser'になります。

▼環境変数AUTH_USER_MODELにCustomUserを登録 (postpic_prj/settings.py)

■ マイグレーションを行う (makemigrationsとmigrate)

Djangoには、「**SQLite** (エスキューライト)」というデータベースが搭載されていて、標準で使用するようになっています。データベースのテーブルを作成するには「**マイグレーション**」という仕組みを使います。マイグレーションは、データベースを操作するSQLをPythonのコードで実行するためのもので、

・モデルの定義に基づいて、SQLを発行するためのマイグレーションファイル (Pythonモジュール) を自動生成
・生成したマイグレーションファイルのコードを実行して、データベースにテーブルを作成

という2段階の処理により、テーブルの作成を行います。この2つの処理は、Djangoの makemigrationsコマンドおよびmigrateコマンドを実行するだけで、自動的に行われます。

●マイグレーションファイルの作成

マイグレーションファイルの作成は、makemigrationsコマンドで行います。

●makemigrationsコマンド

```
python manage.py makemigrations アプリ名
```

アプリ名のところは、本書の例では「accounts」になります。

ターミナルでcdコマンドを実行して、プロジェクトのフォルダー (manage.pyが格納されているフォルダー) に移動し、makemigrationsコマンドでマイグレーションファイルを作成します。

makemigrationsコマンドを実行すると、「accounts」フォルダー以下の「migrations」フォルダーに、マイグレーションファイル「0001_initial.py」が作成されます。

▼makemigrations コマンドによるマイグレーションファイルの作成　　　　　　　　▼エクスプローラーで確認

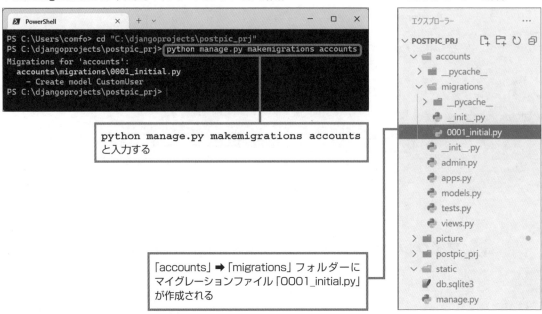

```
PowerShell                                         -  □  ×
PS C:\Users\comfo> cd "C:\djangoprojects\postpic_prj"
PS C:\djangoprojects\postpic_prj> python manage.py makemigrations accounts
Migrations for 'accounts':
  accounts\migrations\0001_initial.py
    - Create model CustomUser
PS C:\djangoprojects\postpic_prj>
```

```
python manage.py makemigrations accounts
と入力する
```

```
「accounts」➡「migrations」フォルダーに
マイグレーションファイル「0001_initial.py」
が作成される
```

エクスプローラー ・・・
∨ POSTPIC_PRJ
　∨ 📁 accounts
　　> 📁 __pycache__
　　∨ 📁 migrations
　　　> 📁 __pycache__
　　　🐍 __init__.py
　　　🐍 0001_initial.py
　　　🐍 __init__.py
　　　🐍 admin.py
　　　🐍 apps.py
　　　🐍 models.py
　　　🐍 tests.py
　　　🐍 views.py
　> 📁 picture
　> 📁 postpic_prj
　∨ 📁 static
　　💾 db.sqlite3
　　🐍 manage.py

●マイグレーションの実行

　「accounts」➡「migrations」フォルダーにマイグレーションファイルが作成されるので、migrateコマンドでデータベースに反映させましょう。

●migrateコマンド

```
python manage.py migrate
```

▼migrateコマンドの実行

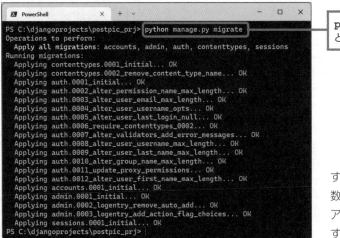

```
PowerShell                                         -  □  ×
PS C:\djangoprojects\postpic_prj> python manage.py migrate
Operations to perform:
  Apply all migrations: accounts, admin, auth, contenttypes, sessions
Running migrations:
  Applying contenttypes.0001_initial... OK
  Applying contenttypes.0002_remove_content_type_name... OK
  Applying auth.0001_initial... OK
  Applying auth.0002_alter_permission_name_max_length... OK
  Applying auth.0003_alter_user_email_max_length... OK
  Applying auth.0004_alter_user_username_opts... OK
  Applying auth.0005_alter_user_last_login_null... OK
  Applying auth.0006_require_contenttypes_0002... OK
  Applying auth.0007_alter_validators_add_error_messages... OK
  Applying auth.0008_alter_user_username_max_length... OK
  Applying auth.0009_alter_user_last_name_max_length... OK
  Applying auth.0010_alter_group_name_max_length... OK
  Applying auth.0011_update_proxy_permissions... OK
  Applying auth.0012_alter_user_first_name_max_length... OK
  Applying accounts.0001_initial... OK
  Applying admin.0001_initial... OK
  Applying admin.0002_logentry_remove_auto_add... OK
  Applying admin.0003_logentry_add_action_flag_choices... OK
  Applying sessions.0001_initial... OK
PS C:\djangoprojects\postpic_prj>
```

```
python manage.py migrate
と入力する
```

　この画面のように出力されたら成功です。accountsアプリのほかにも、環境変数INSTALLED_APPSに登録されているアプリのマイグレーションが行われています。

カスタムUserモデルをDjango管理サイトに登録する（accounts/admin.py）

Django管理サイトはデータベースの操作を行うためのサイトであり、マイグレーションを行うことで、アプリに専用のものが組み込まれます。Django管理サイトは、あらかじめ登録されているモデルに対してのみ、データの追加や削除、編集が行えるようになっていますので、カスタムUserモデルから作成したテーブルを操作するには、CustomUserをDjango管理サイトに登録する必要があります。

Django管理サイトへの登録は、「accounts」フォルダーにあるadmin.pyモジュールで行います。**エクスプローラー**で「admin.py」をダブルクリックして編集モードで開き、次のように入力しましょう。

▼Django管理サイトにカスタムUserモデルを登録（accounts/admin.py）

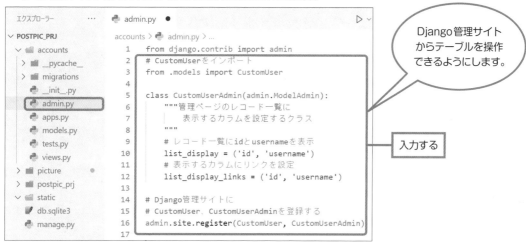

管理サイトのスーパーユーザーを登録する

プロジェクトの最上位のフォルダー（manage.pyが格納されているフォルダー）に移動した状態のターミナルに、次のように入力してcreatesuperuserコマンドを実行しましょう。

● createsuperuser コマンド

```
python manage.py createsuperuser
```

createsuperuserコマンドが実行されると、プロジェクトのsettings.pyが読み込まれたあと、ユーザー名、メールアドレス、パスワードの入力が求められるので、すべてを入力します。パスワードは8文字以上求められます。ここでは、パスワードを「super0123」としました。ダウンロード用サンプルプログラムをご利用の際はこれをお使いください。

▼スーパーユーザーの登録

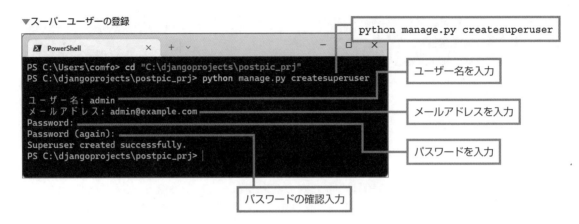

登録したアカウントで、Django管理サイトにログインしましょう。プロジェクトの最上位のフォルダー（manage.pyが格納されているフォルダー）に移動した状態のターミナルで、

```
python manage.py runserver
```

と入力して開発サーバーを起動します。開発サーバーを起動したら、ブラウザーのアドレス欄に

```
http://127.0.0.1:8000/admin
```

と入力するとDjango管理サイトのログイン画面が表示されるので、ユーザー名とパスワードを入力して**ログイン**ボタンをクリックしましょう。

　すると、Django管理サイトのトップページが表示されるので、**ACCOUNTS**の**ユーザー**をクリックします。

　ユーザーの一覧が表示されます。先ほど登録したスーパーユーザー「admin」が確認できます。**ユーザー**の右横にある**＋追加**をクリックして新規ユーザーを登録することもできますが、ここでは登録は行わずに、**ログアウト**をクリックしましょう。

▼Django管理サイトのトップページ

▼登録ユーザーの一覧

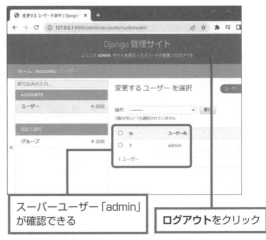

5.3.3 サインアップの仕組みを作る

ユーザー登録を行うための「サインアップ」ページを作成しましょう。

サインアップページのフォームクラスの作成 （accounts/form.py）

サインアップページでは、フォームを使用してデータの登録を行います。Djangoには、ユーザー登録のためのビルトインクラス「django.contrib.auth.forms.UserCreationForm」が用意されているので、これを利用することにします。

●django.contrib.auth.forms.UserCreationFormクラスの機能
・ユーザー登録に必要なフォーム要素を自動生成します。
・Userモデルと連動させることで、フォームのインプットボックスのデータをデータベースに直接登録できます。

UserCreationFormクラスをインスタンス化すると、フォームに出力するインプットボックス（<input>）やラベル、ヘルプテキストを格納したオブジェクト（form）が返されるので、テンプレート側でこれを読み込んでフォーム要素をレンダリング（描画）することができます。UserCreationFormクラスを継承したサブクラスを作成すると、モデルで定義されているフィールドをフォーム側で使用できるようになります。

▼ [エクスプローラー]

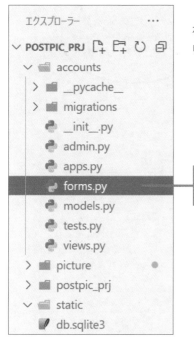

UserCreationFormのサブクラスを定義するモジュール「forms.py」を作成しましょう。**エクスプローラー**で「accounts」フォルダーを右クリックし、**新しいファイル**を選択して「forms.py」と入力します。

「accounts」フォルダー以下に「forms.py」を作成

「forms.py」を編集モードで開いて、UserCreationFormを継承したサブクラスCustomUser
CreationFormを作成します。サブクラス化の目的は、UserCreationFormクラスが連携するUser
モデルを独自のカスタムUserモデルにすること、およびフォームで使用するフィールドとして
「ユーザー名」、「メールアドレス」、「パスワード」、「パスワード（確認用）」の4つを指定することです。
継承元のUserCreationFormクラスでは、入れ子になったインナークラスMetaで、連携するモデル
とフィールドが次のように定義されています。この定義部は、あとでCustomUserCreationFormを
作成したときに、UserCreationFormを右クリックして**ピーク➡定義をここに表示**を選択して確認
することができます。

▼UserCreationFormのインナークラスの定義部

```
class UserCreationForm(forms.ModelForm):
    ......クラス変数の定義部省略......
    class Meta:
        model = User
        fields = ("username",)
    ......以下省略......
```

CustomUserCreationFormクラスでは、インナークラスMetaのクラス変数model、fieldsを
オーバーライドして、カスタムUserモデルとの連携、4つのフィールドの指定を行います。

▼サインアップページのフォームクラスCustomUserCreationFormを定義
（accounts/forms.py）

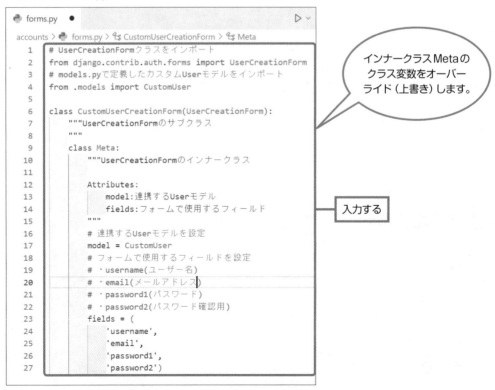

サインアップページのテンプレートを作成（templates/signup.html）

▼「templates」フォルダーと
　「signup.html」を作成

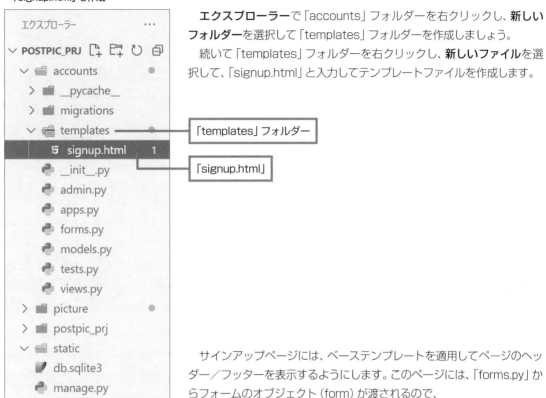

「templates」フォルダー

「signup.html」

エクスプローラーで「accounts」フォルダーを右クリックし、**新しいフォルダー**を選択して「templates」フォルダーを作成しましょう。
　続いて「templates」フォルダーを右クリックし、**新しいファイル**を選択して、「signup.html」と入力してテンプレートファイルを作成します。

サインアップページには、ベーステンプレートを適用してページのヘッダー／フッターを表示するようにします。このページには、「forms.py」からフォームのオブジェクト（form）が渡されるので、

```
{% for field in form %}
```

でフィールドを取り出し、

・{{ field.label_tag }}　　（ラベルを出力）
・{{ field }}　　　　　　　（入力用の\<input\>タグを出力）
・{{ field.help_text }}　　（注意書きを出力）

といった形で、ラベルや注意書きのテキスト、入力用の\<input\>タグを出力するようにします。
　フォームのバリデーションチェック時に出力されるメッセージはerrorsで参照できるので、

```
{% for error in field.errors %}
  <p style="color: red">{{ error }}</p>
{% endfor %}
```

5

Django を用いた Web アプリ開発

といった形で出力するようにします。メッセージは、ユーザー名がすでに登録されている場合や、パスワードと確認用のパスワードが一致しない場合に、HTMLドキュメントに直接、書き出されるようになっています。

「signup.html」を編集モードで開いて、次のように入力しましょう。

▼サインアップページのテンプレート (accounts/templates/signup.html)

```html
<!-- ベーステンプレートを適用する -->
{% extends 'base.html' %}
<!-- ヘッダー情報のページタイトルを設定する -->
{% block title %}Sign up{% endblock %}


    {% block contents %}
    <!-- Bootstrapのグリッドシステム -->
    <hr>
    <div class="container">
      <!-- 行を配置 -->
      <div class="row">
        <!-- 列の左右に余白offset-2を入れる -->
        <div class="col offset-2">
          <h3>サインアップ</h3>
          <!-- サインアップのフォームを配置 -->
          <form method = "post">
            {% csrf_token %}
            <!-- formからフィールドを取り出す -->
            {% for field in form %}
            <p>
              <!-- ラベルを出力 -->
              {{ field.label_tag }}<br>
              <!-- <input>タグを出力 -->
              {{ field }}
              <!-- help_textを出力 -->
              {% if field.help_text %}
                <small style="color: grey">{{ field.help_text }}</small>
              {% endif %}
              <!-- エラー発生時のテキストerrorsを出力 -->
              {% for error in field.errors %}
                <p style="color: red">{{ error }}</p>
              {% endfor %}
            </p>
            {% endfor %}
            <p style="color:red">
              ※メールアドレスはパスワードをリセットする際に必要になりますので、
```

```
                    登録をお願いします。
                </p>
                <!-- Sign upボタンを出力 -->
                <input type="submit" value="Sign up">
            </form>
            <!-- トップページのリンクテキスト -->
            <br>
            <p><a href="{% url 'picture:index' %}">
                登録をやめてトップページに戻る</a>
            </p>
        </div>
    </div>
</div>
{% endblock %}
```

▼ ［エディター］上の「signup.html」

```
signup.html 1 ×
accounts > templates > signup.html > div.container > div.row > div.col.offset-2 > p > a
1   <!-- ベーステンプレートを適用する -->
2   {% extends 'base.html' %}
3   <!-- ヘッダー情報のページタイトルを設定する -->
4   {% block title %}Sign up{% endblock %}
5
6       {% block contents %}
7       <!-- Bootstrapのグリッドシステム -->
8       <hr>
9       <div class="container">
10          <!-- 行を配置 -->
11          <div class="row">
12              <!-- 列の左右に余白offset-2を入れる -->
13              <div class="col offset-2">
14                  <h3>サインアップ</h3>
15                  <!-- サインアップのフォームを配置 -->
16                  <form method = "post">
17                      {% csrf_token %}
18                      <!-- formからフィールドを取り出す -->
19                      {% for field in form %}
20                      <p>
21                          <!-- ラベルを出力 -->
22                          {{ field.label_tag }}<br>
23                          <!-- <input>タグを出力 -->
24                          {{ field }}
25                          <!-- help_textを出力 -->
26                          {% if field.help_text %}
27                          <small style="color: grey">{{ field.help_text }}</small>
28                          {% endif %}
29                          <!-- エラー発生時のテキストerrorsを出力 -->
30                          {% for error in field.errors %}
31                          <p style="color: red">{{ error }}</p>
32                          {% endfor %}
33                      </p>
34                      {% endfor %}
35                      <p style="color:red">
36                          ※メールアドレスはパスワードをリセットする際に必要になりますので、
37                          登録をお願いします。
38                      </p>
39                      <!-- Sign upボタンを出力 -->
40                      <input type="submit" value="Sign up">
41                  </form>
42                  <!-- トップページのリンクテキスト -->
43                  <br>
44                  <p><a href="{% url 'picture:index' %}">
45                      登録をやめてトップページに戻る</a>
46                  </p>
47              </div>
48          </div>
49      </div>
50      {% endblock %}
51
```

ベーステンプレートの
構造に合わせてインデントを
設定しています。
ただし、インデントが合って
いなくても表示には
支障ありません。

サインアップ完了ページのテンプレートを作成 (templates/signup_success.html)

▼「templates」フォルダー以下に
「signup_success.html」を作成

signup_success.html

　サインアップが完了したことを通知するページのテンプレートを作成しましょう。**エクスプローラー**で「templates」フォルダーを右クリックして**新しいファイル**を選択し、「signup_success.html」と入力してテンプレートファイルを作成します。

　このテンプレートも、ベーステンプレートのヘッダー／フッターを読み込んで表示するようにします。「signup_success.html」を編集モードで開いて、次の画面のように入力しましょう。

▼サインアップ完了ページのテンプレート (templates/signup_success.html)

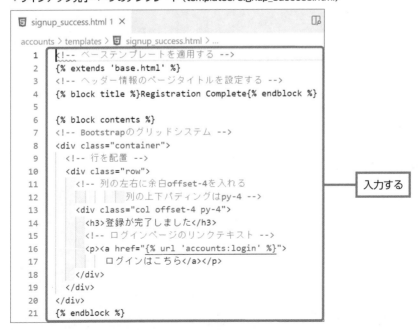

入力する

```html
1  <!-- ベーステンプレートを適用する -->
2  {% extends 'base.html' %}
3  <!-- ヘッダー情報のページタイトルを設定する -->
4  {% block title %}Registration Complete{% endblock %}
5
6  {% block contents %}
7  <!-- Bootstrapのグリッドシステム -->
8  <div class="container">
9    <!-- 行を配置 -->
10   <div class="row">
11     <!-- 列の左右に余白offset-4を入れる
12          列の上下パディングはpy-4 -->
13     <div class="col offset-4 py-4">
14       <h3>登録が完了しました</h3>
15       <!-- ログインページのリンクテキスト -->
16       <p><a href="{% url 'accounts:login' %}">
17          ログインはこちら</a></p>
18     </div>
19   </div>
20  </div>
21  {% endblock %}
```

プロジェクトのルーティングとaccountsアプリのルーティングを設定（urls.py）

プロジェクトのURLConfにaccountsアプリのURLConfへのルーティングを設定しましょう。「postpic_prj」フォルダーの「urls.py」を**エディター**で開き、accounts.urlsへのURLパターン：

```
path(", include('accounts.urls')),
```

をリストurlpatternsの要素として追加します。

▼ postpic_prjのURLConf（postpic_prj/urls.py）

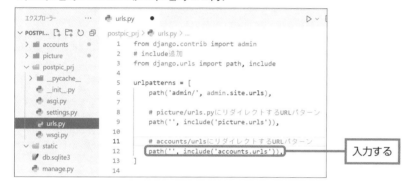

accountsのURLConfに、サインアップページとサインアップ完了ページを追加

▼[エクスプローラー]

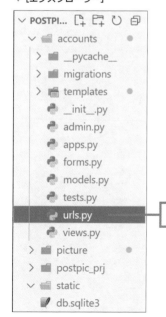

accountsアプリのURLConfに、サインアップページを表示するビューへのリダイレクトと、サインアップ完了ページを表示するビューへのリダイレクトを設定するURLパターンを追加します。

エクスプローラーで「accounts」フォルダーを右クリックして**新しいファイル**を選択し、「urls.py」と入力してモジュールを作成しましょう。

「accounts」以下に作成した「urls.py」を**エディター**で開き、

```
http(s)://<ホスト名>/signup/
```

へのアクセスに対して、サインアップページのビュー（レンダリングを行う）SignUpViewを呼び出すURLパターンを追加します。さらに、サインアップ成功時の

```
http(s)://<ホスト名>/signup_success/
```

へのアクセスに対して、サインアップ完了ページのビューSignUpSuccessViewを呼び出すURLパターンを設定しましょう。

▼accountsアプリのURLConf（accounts/urls.py）

```python
from django.urls import path
# viewsモジュールをインポート
from . import views

# URLパターンを逆引きできるように名前を付ける
app_name = 'accounts'

# URLパターンを登録するための変数
urlpatterns = [
    # サインアップページのビューの呼び出し
    # 「http(s)://<ホスト名>/signup/」へのアクセスに対して、
    # viewsモジュールのSignUpViewをインスタンス化する
    path(
        'signup/',
        views.SignUpView.as_view(),
        name='signup'),

    # サインアップ完了ページのビューの呼び出し
    # 「http(s)://<ホスト名>/signup_success/」への
    # アクセスに対してviewsモジュールの
    # SignUpSuccessViewをインスタンス化する
    path(
        'signup_success/',
        views.SignUpSuccessView.as_view(),
        name='signup_success'),
]
```

入力する

サインアップビューとサインアップ完了ビューを作成 （accounts/views.py）

　「accounts」フォルダーの「views.py」を編集モードで開いて、サインアップページのビューSignUpViewおよびサインアップ完了ページのビューSignUpSuccessViewを定義しましょう。

●SignUpView
　サインアップページのビューSignUpViewは、django.views.generic.CreateViewクラスを継承したサブクラスSignUpViewとして定義します。SignUpViewクラスの処理のポイントは次のようになります。

●form_class = CustomUserCreationForm
　SignUpViewが呼ばれたときにインスタンス化するフォームクラスを指定します。CustomUserCreationFormでは、「username」、「email」、「password1」、「password2」の4つのフィールドが設定されているので、CustomUserCreationFormのインスタンス化によって、それぞれのフィールドのためのインプットボックスやラベル、ヘルプテキストを格納したformオブジェクトが生成され、下記のtemplate_nameで指定した "signup.html" テンプレートに渡される仕組みです。
　また、"signup.html"で入力されたフォームデータはformオブジェクトのフィールドに格納されるので、下記のform_valid()メソッド内部のform.save()によってデータベースへの登録が行われます。登録先のデータベースは、CustomUserCreationFormクラスでカスタムUserモデルと連携するように設定しているので、カスタムUserモデルのデータベースになります。

●template_name = "signup.html"
　レンダリングするテンプレートとして、signup.htmlを設定します。上述のとおり、signup.htmlとのやり取りはCustomUserCreationFormクラスのオブジェクトを介して行われます。

●success_url = reverse_lazy('accounts:signup_success')
　サインアップ完了後のリダイレクト先として、accountsアプリのURLパターンを、

```
'accounts:signup_success'
```

のように設定します。

●form_valid()
　django.views.generic.CreateViewクラスのform_valid()メソッドをオーバーライドし、

```
form.save()
```

を実行して、フォームの入力データを、models.pyで定義したカスタムUserモデルのデータベースに登録します。

●SignUpSuccessView

django.views.generic.TemplateViewクラスのサブクラスとして定義します。このビューは、SignUpViewのsuccess_urlに設定されたURLパターンによって呼ばれます。つまり、サインアップが完了した直後に呼ばれて、サインアップ完了ページをレンダリングします。

●template_name

レンダリングするテンプレートとして、signup_success.htmlを設定します。

▼ビューの設定（accounts/views.py）

```
accounts >  views.py >  SignUpView >  form_valid
1   from django.shortcuts import render
2   from django.views.generic import CreateView, TemplateView
3   from .forms import CustomUserCreationForm
4   from django.urls import reverse_lazy
5
6   class SignUpView(CreateView):
7       """サインアップページのビュー
8
9       """
10      # forms.pyで定義したフォームのクラス
11      form_class = CustomUserCreationForm
12      # レンダリングするテンプレート
13      template_name = "signup.html"
14      # サインアップ完了後のリダイレクト先のURLパターン
15      success_url = reverse_lazy('accounts:signup_success')
16
17      def form_valid(self, form):
18          """サインアップページのビュー
19
20          Args:
21              form (_type_):
22                  form_classに格納されている
23                  CustomUserCreationFormオブジェクト
24
25          Returns:
26              HttpResponseRedirectオブジェクト:
27                  スーパークラスのform_valid()の戻り値を返すことで、
28                  success_urlで設定されているURLにリダイレクトさせる
29          """
30          # formオブジェクトのフィールドの値をデータベースに保存
31          user = form.save()
32          self.object = user
33          # 戻り値はスーパークラスのform_valid()の戻り値
34          # (HttpResponseRedirect)
35          return super().form_valid(form)
36
37  class SignUpSuccessView(TemplateView):
38      """サインアップ成功ページのビュー
39      """
40      # レンダリングするテンプレート
41      template_name = "signup_success.html"
```

入力する

Onepoint

●Docstringの入力

関数についての説明文（Docstring）は、該当の箇所を右クリックしてGenerate Docstringを選択するとひな形の文が入力されます。ただし、拡張機能「Python Docstring Generator」がインストールされていることが必要です。

ベーステンプレートにサインアップページへのリンクを設定する（base.html）

サインアップ完了ページは、サインアップの完了後に自動的に呼ばれるのでリンクの設定は不要ですが、サインアップページについては、これを表示するためのリンクの設定が必要です。

pictureアプリのベーステンプレート「base.html」には、ナビゲーションメニューが配置されているので、メニューアイテムの「サインアップ」のhref属性に、サインアップページへのリンクを設定します。**エクスプローラー**で「picture」➡「templates」以下の「base.html」をダブルクリックして編集モードで開き、<header>タグ以下の<li>以下、リンクテキスト「サインアップ」の<a>タグのhref属性の値を、

```
href="{% url 'accounts:signup' %}"
```

のように記述します。

▼ベーステンプレートのナビゲーションメニューにリンクを設定（picture/templates/base.html）

```
base.html ●

html > 🔶 body > 🔶 header > 🔶 div#navbarHeader.collapse.bg-dark > 🔶 div.container > 🔶 div.row

46
47  <body>
48    <!-- ページのヘッダー -->
49    <header>
50      <div class="collapse bg-dark" id="navbarHeader">
51        <div class="container">
52          <div class="row">
53            <div class="col-sm-8 col-md-7 py-4">
54              <!-- ヘッダーのタイトルと本文 -->
55              <h4 class="text-white">お気に入りを見つけよう！</h4>
56              <p class="text-muted">
57                誰でも参加できる写真投稿サイトです。
58                自分で撮影した写真なら何でもオッケー！
59                でも、カテゴリに属する写真に限ります。
60                コメントも付けてください！
61              </p>
62            </div>
63            <div class="col-sm-4 offset-md-1 py-4">
64              <h4 class="text-white">Contact</h4>
65              <ul class="list-unstyled">
66                <!-- ナビゲーションメニュー -->
67                <li><a
68                  href="{% url 'accounts:signup' %}"
69                  class="text-white">サインアップ</a></li>
70                <li><a href="#" class="text-white">ログイン</a></li>
71                <li><a
72                  href="mailto:admin@example.com"
73                  class="text-white">Email me</a></li>
74              </ul>
75            </div>
76          </div>
```

リンクテキスト「サインアップ」のhref属性の値を記述する

必要に応じてリンクテキスト「Email me」のhref属性の値を「"mailto:メールアドレス"」に書き換えよう

pictureアプリのタイトル用テンプレートに、サインアップページへのリンクを設定

　pictureアプリのタイトル用テンプレート (picture_title.html) には、ナビゲーションボタンとして「今すぐサインアップ」が配置されています。
　エクスプローラーで「picture」➡「templates」以下の「picture_title.html」をダブルクリックして編集モードで開き、<section>タグ以下のナビゲーションボタン「今すぐサインアップ」の<a>タグのhref属性の値を、

```
href="{% url 'accounts:signup' %}"
```

のように記述します。

▼タイトル用テンプレートのナビゲーションボタンにリンクを設定
　（picture/templates/picture_title.html）

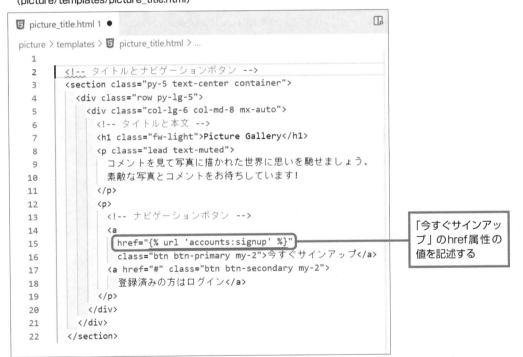

「今すぐサインアップ」のhref属性の値を記述する

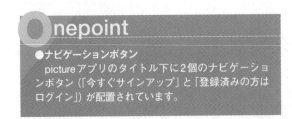

サインアップページからユーザー登録してみる

pictureアプリのトップページからサインアップページを表示して、実際にサインアップしてみましょう。

開発用サーバーを起動して、ブラウザーで「http://127.0.0.1:8000」にアクセスします。pictureアプリのトップページで、ナビゲーションメニューの**サインアップ**を選択するか、**今すぐサインアップ**ボタンをクリックしましょう。

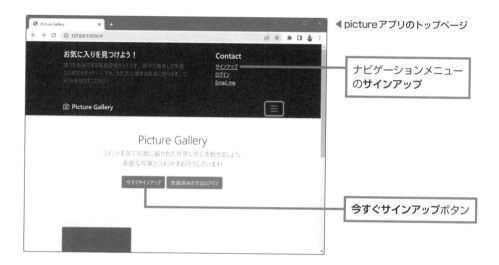

◀pictureアプリのトップページ

ナビゲーションメニューの**サインアップ**

今すぐサインアップボタン

サインアップページが表示されたら、ユーザー名、メールアドレス、パスワード、パスワード (確認用) をそれぞれ入力して、**Sign up**ボタンをクリックしましょう。

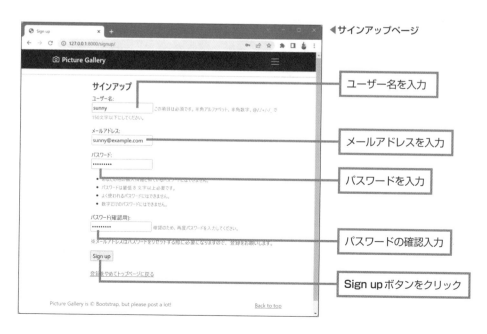

◀サインアップページ

ユーザー名を入力

メールアドレスを入力

パスワードを入力

パスワードの確認入力

Sign upボタンをクリック

　ここでは、ユーザー名を「sunny」、パスワードを「user0001」にしましたので、ダウンロード用サンプルプログラムをご利用になる際にお使いください。入力が完了すると、サインアップ完了ページが表示されます。

▼サインアップ完了ページ (http://127.0.0.1:8000/signup_success/)

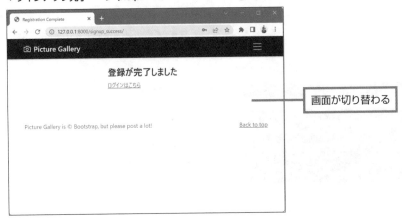

画面が切り替わる

管理サイトで登録を確認する

　実際に登録されたかどうか、Django管理サイトで確認してみることにしましょう。ブラウザーのアドレス欄に「http://127.0.0.1:8000/admin」と入力し、登録済みのスーパーユーザーのアカウントでログインします。ログインすると**ユーザー**というリンクテキストがあるので、これをクリックしましょう。

▼ログイン直後のDjango管理サイト

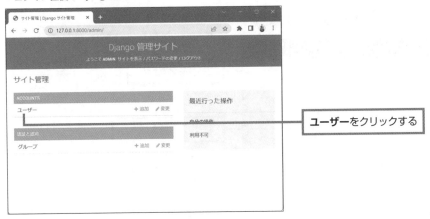

ユーザーをクリックする

　登録済みのユーザーの一覧が表示されました。先ほど登録したユーザー「sunny」も表示されているので、これをクリックしてみます。

▼Django管理サイトの「ユーザー」ページ

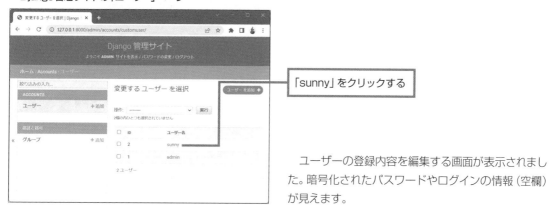

「sunny」をクリックする

　ユーザーの登録内容を編集する画面が表示されました。暗号化されたパスワードやログインの情報（空欄）が見えます。

▼Django管理サイトの「ユーザーを変更」ページ

確認が済んだら**ログアウト**をクリックする

登録されているメールアドレス

　登録済みのメールアドレスが確認できます。確認が済んだら、画面上部の**ログアウト**をクリックしてログアウトしましょう。

5.3.4 ログインページの作成

Bootstrapのサンプルに「sign-in」があるので、これをログインページのテンプレートとして利用することにしましょう。

「sign-in」をaccountsアプリのテンプレートとして移植する

Bootstrapからダウンロードした「bootstrap-x.x.x-examples」の中に「sign-in」フォルダーがあるので、これを開きましょう。

■ テンプレート「login.html」の作成

ログインページのテンプレート「login.html」を作成します。

❶ VSCodeの**エクスプローラー**でプロジェクトの「accounts」フォルダーを開いておきます。
❷ Bootstrapのサンプル「bootstrap-x.x.x-examples」内の「sign-in」フォルダーを開きます。
❸「sign-in」フォルダーの中に「index.html」というファイルがあるので、これを、❶で開いた「accounts」フォルダー以下の「templates」フォルダーにドラッグ＆ドロップします。
❹ **エクスプローラー**の「accounts」➡「templates」フォルダー内に「index.html」がコピーされるので、これを右クリックして**名前の変更**を選択します。
❺「login.html」と入力して Enter キーを押します。

■ フォルダー「css」、「img」の作成

「static」フォルダー以下に、CSS用の「css」フォルダーおよびイメージ用の「img」フォルダーを作成します。

❶ VSCodeの**エクスプローラー**で、プロジェクト用フォルダー直下の「static」フォルダーを右クリックして、**新しいフォルダー**を選択します。
❷ フォルダー名として「css」と入力して Enter キーを押すと、「static」以下に「css」フォルダーが作成されます。
❸ 再び「static」フォルダーを右クリックして**新しいフォルダー**を選択します。**エクスプローラー**上で「static/css」と表示されている場合は「static」の文字を右クリックして**新しいフォルダー**を選択してください。
❹ フォルダー名として「img」と入力して Enter キーを押すと、「static」以下に「img」フォルダーが作成されます。

■ CSSファイルのコピー

Bootstrapのサンプル内の「sign-in」フォルダーに格納されているCSSファイル「signin.css」を、プロジェクトの「static」フォルダー以下に作成した「css」フォルダーにコピーします。

❶ Bootstrapのサンプル「bootstrap-x.x.x-examples」内の「sign-in」フォルダーを開きます。

▼「signin.css」のコピー

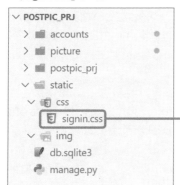

❷「sign-in」フォルダーの中にCSSファイル「signin.css」があるので、これを、VSCodeの**エクスプローラー**に表示されている「static」フォルダー以下の「css」フォルダーにドラッグ&ドロップします。

> 「sign-in」フォルダー内の「signin.css」を、**エクスプローラー**の「css」フォルダーにドラッグ&ドロップしてコピーする

■ ロゴマークのコピー

Bootstrapのサンプルからロゴマークの「bootstrap-logo.svg」を、「static」以下の「img」フォルダーにコピーします。

❶ Bootstrapのサンプル「bootstrap-x.x.x-examples」内の「assets」 ➡ 「brand」フォルダーを開きます。

▼「bootstrap-logo.svg」のコピー

❷「brand」フォルダーの中に「bootstrap-logo.svg」があるので、これを、VSCodeの**エクスプローラー**に表示されている「static」フォルダー以下の「img」フォルダーにドラッグ&ドロップします。

> 「assets」 ➡ 「brand」フォルダー内の「bootstrap-logo.svg」を、**エクスプローラー**の「img」フォルダーにドラッグ&ドロップしてコピーする

ログインページのテンプレートの編集
（accounts/templates/login.html）

先ほど作成したログインページのテンプレート「login.html」を編集します。編集するときのポイントは次のとおりです。

①コメントの<!-- Bootstrap core CSS -->以下の<link>タグ

コメントの<!-- Bootstrap core CSS -->以下、<link>タグについては、Bootstrapのサイトからcssファイルを読み込むコードをコピーして貼り付けます。やり方は、5.2.2項の「ベーステンプレートの編集（base.html）」の手順❺を参照してください。

②フォームを表示する<form>〜</form>

<body>以下の、フォームを表示する<form>〜</form>については、書き換える箇所が多くなります。特に、<input>タグのname属性の値は、ビューとして使用する
django.contrib.auth.LoginViewクラス
で定義済みのフィールド名を設定しておくことに注意してください。ユーザー名を入力する<input>タグのname属性の値は次のとおり。

```
name="username"
```

また、パスワードを入力する<input>タグのname属性の値は次のようになります。

```
name="password"
```

③CSSの設定

CSSの設定を行うclass属性については、オリジナルの設定のままにしているので、書き換えは不要です。

Onepoint

●インプットボックスに入力された
　ユーザー名とパスワード
　2個のインプットボックスに入力されたユーザー名とパスワードは、
　<input class="w-100 btn btn-lg btn-primary"
　type="submit" value="ログイン">
で表示する**ログイン**ボタンがクリックされたとき、ビュークラスLoginView（のオブジェクト）に渡されて認証チェックが行われる仕組みです。

それでは、**エクスプローラー**で「accounts」➡「templates」➡「login.html」をダブルクリックして編集モードで開き、次のように編集しましょう（枠で囲んだ箇所が修正部分）。

▼ログインページのテンプレート（accounts/templates/login.html）

```html
<!doctype html>
<!-- 静的ファイルのURLを生成するstaticタグをロードする -->
{% load static %}
<!-- 言語指定をjaに変更 -->
<html lang="ja">
  <head>
    <meta charset="utf-8">
    <meta name="viewport" content="width=device-width, initial-scale=1">
    <meta name="description" content="">
    <meta name="author"
          content="Mark Otto, Jacob Thornton, and Bootstrap contributors">
    <meta name="generator" content="Hugo 0.84.0">
    <!-- タイトル変更 -->
    <title>Log in</title>

    <!-- <link rel="canonical" .../">を削除 -->

    <!-- staticでfavicon.icoのURLを生成する -->
    <link href="{% static 'assets/favicon.ico' %}"
          rel="icon"
          type="image/x-icon">

    <!-- Bootstrap core CSS -->
    <!-- Bootstrap core CSSを読み込むコードを
       Bootstrapからコピーして<link>タグを書き換え -->
    <link
      href="https://cdn.jsdelivr.net/npm/bootstrap.../bootstrap.min.css"
      rel="stylesheet"
      integrity="sha384-EVSTQN3/azprG1Anm3QDgpJLIm...ohhpuuCOmLASjC"
      crossorigin="anonymous">

    <style>
    .bd-placeholder-img {
      font-size: 1.125rem;
      text-anchor: middle;
      -webkit-user-select: none;
      -moz-user-select: none;
      user-select: none;
    }

    @media (min-width: 768px) {
```

```
    .bd-placeholder-img-lg {
        font-size: 3.5rem;
    }
  }
</style>


<!-- Custom styles for this template -->
```

```
<!-- <link>タグのhref属性の値を「static/css/signin.css」
    を読み込む記述に書き換える -->
<link href={% static "css/signin.css" %}
        rel="stylesheet">
```

```
</head>


<body class="text-center">
```

```
<main class="form-signin">
  <!-- ユーザー名とパスワードが一致しない場合のメッセージ -->
  {% if form.errors %}
    <p style="color: red">ユーザー名とパスワードが一致しません。</p>
  {% endif %}
  <!-- ログインのフォームを配置 -->
  <form method="post">
    {% csrf_token %}
    <!-- Bootstrapのロゴを表示 -->
    <!-- 「static/img/bootstrap-logo.svg」の読み込み -->
    <img
      class="mb-4"
      src={% static "img/bootstrap-logo.svg" %}
      alt="" width="72"
      height="57">
    <h1 class="h3 mb-3 fw-normal">Please sign in</h1>


    <!--
      <div class="form-floating">～</div>の2つのブロックを削除して
      以下に書き換え
    -->


    <!-- Usernameのラベル（非表示） -->
    <label for="Username" class="visually-hidden">
      User name</label>
    <!-- usernameの<input>タグを出力-->
```

```
<!-- name属性の値はLoginViewで定義されているフィールド名username -->
<input
  type="text"
  name="username"
  id="id_username"
  maxlength="150"
  autocapitalize="none"
  autocomplete="username"
  class="form-control"
  placeholder="ユーザー名"
  required autofocus>
<!-- Passwordのラベル（非表示）-->
<label for="Password" class="visually-hidden">
  Password</label>
<!-- passwordの<input>タグを出力-->
<!-- name属性の値はLoginViewで定義されているフィールド名password -->
<input
  type="password"
  name="password"
  id="id_password"
  autocomplete="current-password"
  class="form-control"
  placeholder="パスワード"
  required autofocus>

<!-- <div class="checkbox mb-3">～</div>のブロックを削除 -->

<!-- <button>～</button>を以下に書き換えてログインボタンを配置 -->
<input
  class="w-100 btn btn-lg btn-primary"
  type="submit"
  value="ログイン">

<!-- <p>～</p>をパスワードリセットページのリンクテキストに書き換え -->
<br><br>
<p>
  <a href="#">パスワードを忘れましたか？</a>
</p>
<!-- ログイン直後のリダイレクト先（トップページ）のURLパターンを設定 -->
<input
  type="hidden"
  name="next"
```

```
        value="{% url 'picture:index' %}">
    </form>
  </main>
 </body>
</html>
```

ログアウトページのテンプレートを作成する
(accounts/templates/logout.html)

ログアウトしたことをユーザーに知らせるためのページ (テンプレート) を作成しましょう。

エクスプローラーで「accounts」 ➡ 「templates」 フォルダーを右クリックして、**新しいファイル**
を選択し、「logout.html」 と入力して [Enter] キーを押します。

▼「logout.html」を作成

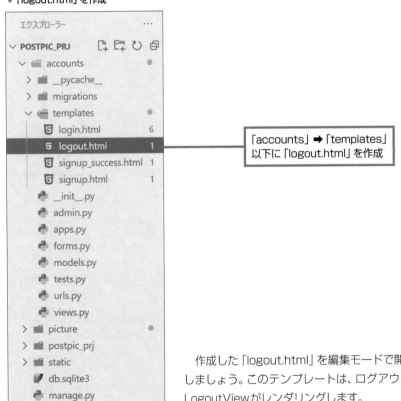

「accounts」 ➡ 「templates」
以下に 「logout.html」 を作成

作成した 「logout.html」 を編集モードで開いて、次の画面のように入力
しましょう。 このテンプレートは、ログアウトの処理を行うビュークラス
LogoutViewがレンダリングします。

▼ログアウトページのテンプレート（accounts/templates/logout.html）

```html
logout.html 1 ●
accounts 〉 templates 〉 logout.html 〉 ...
 1  <!doctype html>
 2  <!-- ベーステンプレートを適用する -->
 3  {% extends 'base.html' %}
 4  <!-- ヘッダー情報のページタイトルを設定する -->
 5  {% block title %}Log out{% endblock %}
 6
 7      {% block contents %}
 8      <!-- Bootstrapのグリッドシステム -->
 9      <div class="container">
10          <!-- 行を配置 -->
11          <div class="row">
12              <!-- 列の左右に余白offset-4を入れる
13                     列の上下パディングはpy-4 -->
14              <div class="col offset-4 py-4">
15
16                  <h3>ログアウトしました</h3>
17                  <!-- トップページのリンクテキスト -->
18                  <p><a href="{% url 'picture:index' %}">
19                      トップページへ</a></p>
20      {% endblock %}
```

入力する

ログインページのURLパターンとビューの設定

Djangoには、ログインの処理を専門に行うビューとして、django.contrib.auth.LoginViewクラスが用意されています。また、ログアウトの処理を専門に行うビューとして、django.contrib.auth.LogoutViewクラスが用意されています。

URLパターンでこれらのクラスをインスタンス化すれば、ログインとログアウトの処理が簡単に実装できます。では、accountsアプリのURLConf（accounts/urls.py）を編集モードで開いて、次の枠で囲んだ箇所を入力しましょう。

▼accountsアプリのURLConf（accounts/urls.py）

```python
from django.urls import path
# viewsモジュールをインポート
from . import views
# viewsをインポートしてauth_viewという名前で利用する
from django.contrib.auth import views as auth_views

# URLパターンを逆引きできるように名前を付ける
app_name = 'accounts'

# URLパターンを登録するための変数
urlpatterns = [
    # サインアップページのビューの呼び出し
    # 「http(s)://<ホスト名>/signup/」へのアクセスに対して、
```

入力する

5

Djangoを用いたWebアプリ開発

```
# viewsモジュールのSignUpViewをインスタンス化する
path(
    'signup/',
    views.SignUpView.as_view(),
    name='signup'),

# サインアップ完了ページのビューの呼び出し
# 「http(s)://<ホスト名>/signup_success/」への
# アクセスに対してviewsモジュールの
# SignUpSuccessViewをインスタンス化する
path(
    'signup_success/',
    views.SignUpSuccessView.as_view(),
    name='signup_success'),
```

> ログインページのURL
> パターンとログアウト
> ページのURLパターン
> を追加します。

```
# ログインページの表示
# 「http(s)://<ホスト名>/signup/」へのアクセスに対して、
# django.contrib.auth.views.LoginViewをインスタンス化して
# ログインページを表示する
path(
    'login/',
    # ログイン用のテンプレート(フォーム)をレンダリング
    auth_views.LoginView.as_view(template_name='login.html'),
    name='login'),

# ログアウトを実行
# 「http(s)://<ホスト名>/logout/」へのアクセスに対して、
# django.contrib.auth.views.logoutViewをインスタンス化して
# ログアウトさせる
path(
    'logout/',
    auth_views.LogoutView.as_view(template_name='logout.html'),
    name='logout'),
]
```

> 入力する

●ログインページのURLパターン

ログインページのURLパターンは、

```
path(
    'login/',
    auth_views.LoginView.as_view(template_name='login.html'),
    name='login'),
```

としました。LoginViewをインスタンス化するas_view()の引数として、

```
template_name='login.html'
```

としているので、ログインページのテンプレートlogin.htmlがレンダリングされます。同時に、ユーザーの情報を格納するuserオブジェクトが生成されてlogin.htmlに渡されます。login.htmlのインプットボックスに入力されたユーザー名とパスワードで認証チェックが行われたあと、認証が成功すればユーザーの情報がuserオブジェクトに格納される、という流れになります。

● ログアウトページのURLパターン

ログアウトページのURLパターンは、

```
path(
        'logout/',
        auth_views.LogoutView.as_view(template_name='logout.html'),
        name='logout'),
```

としました。LogoutViewをインスタンス化するas_view()の引数として、

```
template_name='logout.html'
```

としているので、ログアウトページのテンプレートlogout.htmlがレンダリングされます。同時に、ユーザーの情報を格納するuserオブジェクトに、ユーザーがログアウトしたことが登録されます。

Memo｜**is_authenticated プロパティでログイン状態を確認する仕組み**

is_authenticatedプロパティは、常にTrueの読み取り専用属性です。Djangoのビュー（ビュークラスのオブジェクト）は、必ずHttpRequestクラスのオブジェクトを受け取るようになっています。HttpRequest.userプロパティの値は、ユーザーがログインしていない場合、

django.contrib.auth.models.AnonymousUser

のインスタンスになります。一方で、ユーザーがログインした場合は、HttpRequest.userプロパティの値が

django.models.auth.models.User

のインスタンスになります。is_authenticatedプロパティはUserオブジェクトのプロパティなので、Userオブジェクトが存在すればプロパティ値のTrueが返ってきます。一方、未ログインの状態であれば、HttpRequest.userプロパティの値はAnonymousUserオブジェクトになり、is_authenticatedプロパティ自体が存在しないので、Falseが返されます。

Django を用いた Web アプリ開発

ログイン／非ログインで、ナビメニューとナビボタンの表示を切り替える

　picture アプリにログインすると、写真の投稿のほかにも、「マイページ」を表示して投稿済みの写真を削除するなど、ユーザー専用の機能が利用できるようにします。

　そこで、ベーステンプレートのナビゲーションメニューの「サインアップ」、「ログイン」、「Email me」の項目が、ログイン後には「マイページ」、「ログアウト」、「パスワードのリセット」に切り替わる、という仕組みを作ります。

　また、ページのタイトル部分に配置されている「今すぐサインアップ」、「登録済みの方はログイン」ボタンが、ログイン後には「投稿する」、「ログアウト」に切り替わる、という仕組みも作ります。

■ ナビゲーションメニューをログイン/非ログインで切り替える

　ユーザーがログインしているかどうかは、Django の User モデル (django.contrib.auth.models. User) の is_authenticated プロパティで調べることができます。テンプレートに

```
{% if user.is_authenticated %}
```

の記述をすることで、is_authenticated プロパティの存在を確認し、ログイン状態のユーザーに対する処理を行うことができます。

　ナビゲーションメニューは、picture アプリのベーステンプレートで表示するようになっています。**エディター**で「picture」➡「templates」以下の「base.html」をダブルクリックして編集モードで開き、次の枠で囲んだ箇所を編集しましょう。

▼ベーステンプレートのナビゲーションメニューを、ログイン/非ログインで切り替える (picture/templates/base.html)

```
・・・・・・・・・・・・・・・・・冒頭から<head>〜</head>まで省略・・・・・・・・・・・・・・・・・
<body>
  <!-- ページのヘッダー -->
  <header>
    <div class="collapse bg-dark" id="navbarHeader">
      <div class="container">
        <div class="row">
          <div class="col-sm-8 col-md-7 py-4">
            <!-- ヘッダーのタイトルと本文 -->
            <h4 class="text-white">お気に入りを見つけよう！</h4>
            <p class="text-muted">
              誰でも参加できる写真投稿サイトです。
              自分で撮影した写真なら何でもオッケー！
              でも、カテゴリに属する写真に限ります。
              コメントも付けてください！
            </p>
          </div>
        </div>
```

```html
        <div class="col-sm-4 offset-md-1 py-4">
          <h4 class="text-white">Contact</h4>
          <ul class="list-unstyled">
            <!-- ナビゲーションメニュー-->
            {% if user.is_authenticated %}
            <!-- ログイン中のメニュー-->
            <li><a href="#"
                class="text-white">マイページ</a></li>
            <li><a href="{% url 'accounts:logout' %}"
                class="text-white">ログアウト</a></li>
            <li><a href="#"
                class="text-white">パスワードのリセット</a></li>
            <li><a href="mailto:admin@example.com"
                class="text-white">Email me</a></li>
            {% else %}
            <!-- ログイン状態ではない場合のメニュー-->
            <li><a href="{% url 'accounts:signup' %}"
                class="text-white">サインアップ</a></li>
            <li><a href="{% url 'accounts:login' %}"
                class="text-white">ログイン</a></li>
            <li><a href="mailto:admin@example.com"
                class="text-white">Email me</a></li>
            {% endif %}
          </ul>
        </div>
      </div>
    </div>
  </div>
  <!-- ナビゲーションバー -->
  <div class="navbar navbar-dark bg-dark shadow-sm">
.................以下省略.................
```

Memo メニューの切り替え

　ここでの編集作業の結果、ログインの有無によっ
てナビゲーションメニューの表示が次のように切り
替わるようになります。

◎デフォルト（ログインしていない状態）
・サインアップ　・ログイン　・Email me

◎ログインした状態
・マイページ　・ログアウト
・パスワードのリセット
・Email me（ここは変わらない）

■ ナビゲーションボタンをログイン/非ログインで切り替える

ナビゲーションボタンは、pictureアプリのタイトル用テンプレートで表示するようになっています。**エディター**で「picture」➡「templates」以下の「picture_title.html」をダブルクリックして編集モードで開き、次の枠で囲んだ箇所を編集しましょう。

▼ベーステンプレートのナビゲーションメニューをログイン/非ログインで切り替える
　（picture/templates/picture_title.html）

※警告を消すため、冒頭に<!doctype html>を追加しています。

サインアップ完了ページに、ログインページへのリンクを設定する

サインアップ完了ページのテンプレート（signup_success.html）では、ログインページへのリンクテキストが配置されています。リンク先として、ログインページへのリンクを設定しましょう。

エクスプローラーで「accounts」➡「templates」以下の「signup_success.html」をダブルクリックして開き、次の枠で囲んだ箇所を編集しましょう。

▼ログインページへのリンクを設定（accounts/templates/signup_success.html）

```
1   <!doctype html>
2   <!-- ベーステンプレートを適用する -->
3   {% extends 'base.html' %}
4   <!-- ヘッダー情報のページタイトルを設定する -->
5   {% block title %}Registration Complete{% endblock %}
6
7   {% block contents %}
8   <!-- Bootstrapのグリッドシステム -->
9   <div class="container">
10    <!-- 行を配置 -->
11    <div class="row">
12      <!-- 列の左右に余白offset-4を入れる
13              列の上下パディングはpy-4 -->
14      <div class="col offset-4 py-4">
15        <h3>登録が完了しました</h3>
16        <!-- ログインページのリンクテキスト -->
17        <p><a href="{% url 'accounts:login' %}">
18            ログインはこちら</a></p>
19      </div>
20    </div>
21  </div>
22  {% endblock %}
```

（吹き出し）サインアップ完了後、ログインページへ誘導します。

※警告を消すため、冒頭に<!doctype html>を追加しています。

完成したログイン／ログアウトの仕組みを試す

　　開発用サーバーを起動し、ブラウザーで「http://127.0.0.1:8000/」にアクセスしましょう。トップページのナビゲーションメニューの**ログイン**をクリック、または**登録済みの方はログイン**ボタンをクリックします。

▼pictureアプリのトップページ

ナビゲーションメニューの**ログイン**

登録済みの方は**ログイン**ボタン

　　ログインページが表示されるので、登録済みのユーザー名とパスワードを入力して、**ログイン**ボタンをクリックしましょう。

▼ログインページ

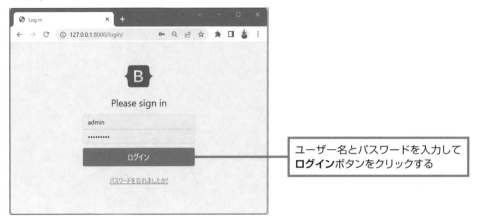

ユーザー名とパスワードを入力して
ログインボタンをクリックする

ログインが完了するとトップページにリダイレクトされます。ログイン済みなので、ナビゲーションメニューとナビゲーションボタンが、ログイン状態のものになっていることが確認できます。

▼ログイン状態のトップページのナビゲーションメニューとナビゲーションボタン

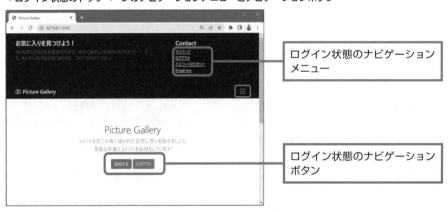

ログイン状態のナビゲーション
メニュー

ログイン状態のナビゲーション
ボタン

▼ログアウトページ

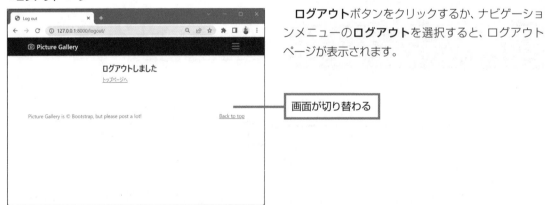

ログアウトボタンをクリックするか、ナビゲーションメニューの**ログアウト**を選択すると、ログアウトページが表示されます。

画面が切り替わる

5.3.5 パスワードリセットの仕組みを作る

登録したユーザーがパスワードをリセットするための仕組みを作ります。

Djangoのビルトイン型パスワードリセットの仕組み

Djangoには、ログイン、ログアウト、パスワード管理のための機能がビルトインで含まれています。その処理は次のようになっています。

●Djangoのパスワードリセットの手順
❶パスワードリセットのリンクから、メールアドレス入力ページを表示
❷登録メールアドレスに、パスワードリセットページのリンクが記載されたメールを送信
❸リンクをクリックされると、パスワードリセットページを表示
❹パスワードのリセットを行い、リセット完了ページを表示

これらの一連の処理は、プロジェクトのURLConf（urls.py）に、次のURLパターンを含めるだけで実装できます。

▼パスワードをリセットする仕組みの実装

```
urlpatterns = [
    path('accounts/', include('django.contrib.auth.urls')),
]
```

上記のdjango.contrib.auth.urlsにはいくつかのURLパターンが記載されていますが、Django管理サイトのテンプレートを使用しているので、管理サイトのトップページへのリンクなどが表示されます。Webアプリを公開することを考えると、これでは不都合なので、独自のURLパターンを作成することにします。

独自のURLパターンをプロジェクトのURLConfに記述する

上述のとおり、django.contrib.auth.urlsを使用せず、独自のURLパターンを作成することにします。URLパターンは、accountsアプリのURLConfではなく、プロジェクトのURLConfに記述することに注意してください。

ビルトインのビュークラスの一部（PasswordResetConfirmView）が、プロジェクトのURLConfを参照するようになっているためです。PasswordResetConfirmViewを呼び出すURLパターンは、プロジェクトのURLConfに書いておかないと、エラー（URLパターンが見つからないエラー）が発生します。そのため、パスワードリセット関連のURLパターンはプロジェクトのURLConfにまとめて記述することにします。

エクスプローラーで「postpic_prj」フォルダー以下の「urls.py」をダブルクリックして編集モードで開き、次の枠で囲んだ箇所を編集しましょう。

▼プロジェクトのURLConfにパスワードリセット関連のURLパターンを追加する (urls.py)

```
from django.contrib import admin
# include追加
from django.urls import path, include
# auth.viewsをインポートしてauth_viewという名前で利用する
from django.contrib.auth import views as auth_views


urlpatterns = [
    path('admin/', admin.site.urls),

    # picture/urls.pyにリダイレクトするURLパターン
    path(", include('picture.urls')),

    # accounts/urlsにリダイレクトするURLパターン
    path(", include('accounts.urls')),

    # パスワードリセットのためのURLパターン
    # PasswordResetConfirmViewがプロジェクトのurls.pyを参照するので、ここに記載
    # パスワードリセット申し込みページ
    path(
        'password_reset/',
        auth_views.PasswordResetView.as_view(
            template_name = "password_reset.html"),
        name ='password_reset'),

    # メール送信完了ページ
    path(
        'password_reset/done/',
        auth_views.PasswordResetDoneView.as_view(
            template_name = "password_reset_sent.html"),
        name ='password_reset_done'),

    # パスワードリセットページ
    path(
        'reset/<uidb64>/<token>',
        auth_views.PasswordResetConfirmView.as_view(
            template_name = "password_reset_form.html"),
        name ='password_reset_confirm'),

    # パスワードリセット完了ページ
    path(
        'reset/done/',
```

> パスワードのリセットに必要な一連のURLパターンを追加します。

```
        auth_views.PasswordResetCompleteView.as_view(
            template_name = "password_reset_done.html"),
        name ='password_reset_complete'),
]
```

● django.contrib.auth.views のインポート

冒頭のインポート文：

```
from django.contrib.auth import views as auth_views
```

は、django.contrib.auth.viewsをインポートして、auth_viewsで参照するためのものです。

● クラス変数template_nam

```
PasswordResetView
PasswordResetDoneView
PasswordResetConfirmView
PasswordResetCompleteView
```

をインスタンス化する際にレンダリングするテンプレートを、template_nameオプションで指定しています。

● path()のnameオプション

path()のnameオプションに設定する名前は、それぞれ定義済みの名前を使用することが必要です。

▼URLパターンのnameの値

URLパターンのnameの値	URL
password_reset	password_reset/
password_reset_done	password_reset/done/
password_reset_confirm	reset/<uidb64>/<token>
password_reset_complete	reset/done/

パスワードリセット申し込みページのテンプレートを作成する

▼「password_reset.html」を作成

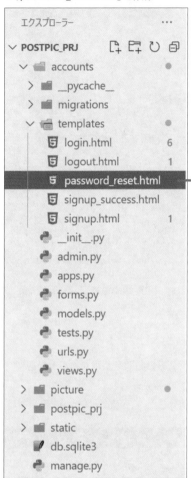

エクスプローラー ・・・

∨ POSTPIC_PRJ
- ∨ accounts
  - > __pycache__
  - > migrations
  - ∨ templates
    - login.html 6
    - logout.html 1
    - password_reset.html
    - signup_success.html
    - signup.html 1
  - __init__.py
  - admin.py
  - apps.py
  - forms.py
  - models.py
  - tests.py
  - urls.py
  - views.py
- > picture
- > postpic_prj
- > static
- db.sqlite3
- manage.py

「accounts」➡「template」以下に
「password_reset.html」を作成する

　パスワードリセットの手順に従って、パスワードリセットの申し込みページのテンプレートから作成しましょう。**エクスプローラー**で「accounts」以下の「templates」フォルダーを右クリックして**新しいファイル**を選択し、「password_reset.html」と入力して Enter キーを押します。

　パスワードリセット申し込みページのテンプレートでは、ベーステンプレートを適用し、{% block contents %}～{% endblock %}の中に、メールアドレスを入力するためのフォームを配置します。送信ボタンを配置し、メールアドレス入力用のインプットボックスとラベルはPasswordResetViewのformの内容をそのまま書き出すようにします。

Memo | Bootstrapのグリッドシステム

　フォームを配置する際に、Bootstrapのグリッドシステムを適用して上下の余白（パディング）を設定するようにしています。<div class="container">でグリッドシステムを適用し、<div class="row">で行要素を設定、<div class="col py-4">で列要素に対して上下のパディングを設定しています。

・Bootstrapの「Grid system（グリッドシステム）」のページ

https://getbootstrap.jp/docs/5.0/layout/grid/

▼パスワードリセット申し込みページのテンプレート（accounts/templates/password_reset.html）

```html
password_reset.html ×

accounts > templates > 🔲 password_reset.html > ...
1  <!doctype html>
2  <!-- ベーステンプレートを適用する-->
3  {% extends 'base.html' %}
4  <!-- ヘッダー情報のページタイトルを設定する-->
5  {% block title %}Reset password{% endblock %}
6
7      {% block contents %}
8      <!-- Bootstrapのグリッドシステム-->
9      <div class="container">
10       <!-- 行を配置 -->
11       <div class="row">
12         <!-- 列の上下パディングはpy-4-->
13         <div class="col py-4">
14           <hr>
15           <h3>パスワードをリセットしますか?</h3>
16           <p>
17             登録済みのメールアドレスを入力してください。
18             パスワードリセットのリンクを記載したメールを
19             すぐにお届けします。
20           </p>
21           <br>
22           <!-- メール送信のためのフォームを配置-->
23           <form action="" method="POST" class="text-center">
24             {% csrf_token %}
25             <!-- formに格納されているインプットボックスとラベルを出力-->
26             {{form}}
27             <!-- 送信ボタン -->
28             <input type="submit" value="メールを受け取る" /><br>
29           </form>
30           <br>
31           <!-- トップページへのリンク-->
32           <a href="{% url 'picture:index' %}">Picture Gallery</a>
33           <hr>
34         </div>
35       </div>
36     </div>
37     {% endblock %}
```

入力する

5

Djangoを用いたWebアプリ開発

Memo | PasswordResetViewの機能

パスワードをリセットするために使われる1回限り有効なリンクを生成し、ユーザーがパスワードをリセットできるようにします。そのリンクはユーザーが登録したメールアドレスに送信されます。

ただし、入力されたメールアドレスがデータベースに存在しない場合、メールは送信されず、またエラーメッセージも表示されません。潜在的な攻撃者への情報漏洩を防ぐための措置です。

パスワードリセットメールを送信するための設定（settings.py）

パスワードリセットページのリンクを記載したメールを送信するための設定を行いましょう。Gmailの2段階認証システムを設定し、アプリ用のパスワードを取得します。

Djangoのメール送信の流れ

メールの送信は、Webサーバーと連携して動作するDjangoのアプリケーションサーバーから送信メールサーバーに依頼することで行われます。

▼メール送信の流れ

Djangoサーバー　➡　送信メールサーバー　➡　メール受信者

Gmailのアカウントを作成して2段階認証プロセスを有効にする

パスワードをリセットするメールを送信できるようにしましょう。ここでは、Gmailのアカウントを作成してメールを送信する方法について紹介します。Gmailには、Webアプリから安全にメールサーバーを利用できる「2段階認証」という仕組みが用意されています。

Gmailは、次のページでGoogleアカウントを作成することで利用できるようになります。
https://www.google.com/intl/ja/gmail/about/

▼Gmailのアカウント作成ページ

アカウントを作成ボタン

Googleアカウントを登録したら、「Googleアカウント」（https://myaccount.google.com/）にアクセスして、2段階認証プロセスの設定を行いましょう。

▼「Googleアカウント」の「セキュリティ」

1 サイドバーの**セキュリティ**をクリックすると、「セキュリティ」のページが表示されます。**2段階認証プロセス**という項目があるので、これをクリックしましょう。

セキュリティをクリック

2段階認証プロセスをクリック

2 **使ってみる**をクリックします。

3 ログインの手順やバックアップ方法について尋ねられるので、画面の指示に従って操作を進めると、**2段階認証プロセスを有効にしますか？**と表示されるので、**有効にする**をクリックします。

▼2段階認証プロセス

使ってみるをクリック

▼2段階認証プロセスを有効にする

有効にするをクリック

▼Googleアカウントの「セキュリティ」

4 再びGoogleアカウントの「セキュリティ」を開きましょう。**2段階認証プロセス**がオンになっていることを確認し、**アプリパスワード**をクリックしましょう。

2段階認証プロセスがオンになっていることを確認

アプリパスワードをクリック

5

Django を用いた Web アプリ開発

▼アプリパスワードの設定

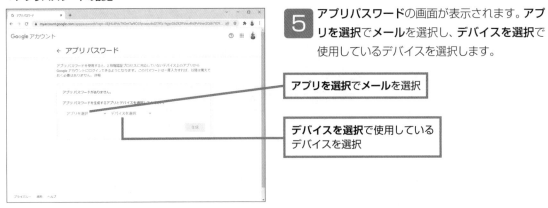

アプリを選択でメールを選択

デバイスを選択で使用している
デバイスを選択

5 アプリパスワードの画面が表示されます。**アプリを選択**でメールを選択し、**デバイスを選択**で使用しているデバイスを選択します。

▼アプリパスワードの生成

生成ボタンをクリック

6 生成ボタンをクリックします。

▼生成されたアプリパスワード

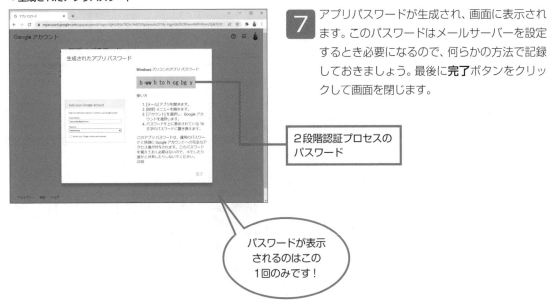

2段階認証プロセスの
パスワード

7 アプリパスワードが生成され、画面に表示されます。このパスワードはメールサーバーを設定するとき必要になるので、何らかの方法で記録しておきましょう。最後に**完了**ボタンをクリックして画面を閉じます。

パスワードが表示
されるのはこの
1回のみです！

メール送信のための設定（settings.py）

メールを送信するための情報を「settings.py」に登録します。「postpic_prj」フォルダーの「settings.py」を編集モードで開き、モジュールの末尾に以下のコードを追加しましょう。Gmailのメールアドレスと2段階認証プロセスのパスワードは、お使いのものを入力してください。

▼Gmailでメール送信するための設定（postpic_prj/settings.py）

```python
# メールの送信元のアドレスとしてGmailのアドレスを設定
DEFAULT_FROM_EMAIL = 'xxxxxx@gmail.com'
# GmailのSMPTサーバー
EMAIL_HOST = 'smtp.gmail.com'
# SMPTサーバーのポート番号
EMAIL_PORT = 587
# Gmailのアドレスを入力
EMAIL_HOST_USER = 'xxxxxx@gmail.com'
# Gmailのアプリ用パスワードを入力
EMAIL_HOST_PASSWORD = 'xxxxxxxxxxxxxxxx'
# SMTPサーバーと通信する際にTLS（セキュア）接続を使う
EMAIL_USE_TLS = True
```

以上の設定で、パスワードリセット申し込みページで入力されたメールアドレス宛に、Gmailの送信メールサーバーからパスワードリセットのためのメールが送信されるようになります。ただし、入力されたメールアドレスと登録済みのメールアドレスの照合は行われます。

メール送信完了ページのテンプレートを作成する（password_reset_sent.html）

パスワードリセットためのメール送信が完了したことを通知するテンプレートを作成します。

❶エクスプローラーで「accounts」以下の「templates」フォルダーを右クリックして**新しいファイル**を選択します。

❷「password_reset_sent.html」と入力して Enter キーを押します。

メール送信完了ページのテンプレートにおいても、ベーステンプレートを適用し、{% block contents %}～{% endblock %}の中に送信完了を伝えるテキストを配置します。

▼メール送信完了ページのテンプレート（accounts/templates/password_reset_sent.html）

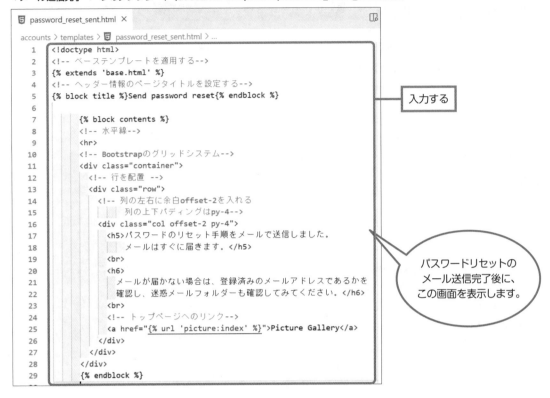

入力する

パスワードリセットの
メール送信完了後に、
この画面を表示します。

パスワードリセットページのテンプレートを作成する（password_reset_form.html）

パスワードリセットためのメールに記載されたリンクをクリックすると表示される、パスワードリセットページのテンプレートを作成しましょう。このテンプレートは、

```
path(
    'reset/<uidb64>/<token>',
    auth_views.PasswordResetConfirmView.as_view(
        template_name = "password_reset_form.html"),
    name ='password_reset_confirm'),
```

のURLパターンでPasswordResetConfirmViewをインスタンス化したときにレンダリングされるテンプレートです。URLの

```
'reset/<uidb64>/<token>'
```

の\<token>の部分に、PasswordResetConfirmViewが自動生成した1回限り有効なリンクが当てはめられます。

「accounts」以下の「templates」フォルダーにテンプレート用のファイルを作成しましょう。

❶**エクスプローラー**で「accounts」以下の「templates」フォルダーを右クリックして**新しいファイル**を選択します。

❷「password_reset_form.html」と入力して Enter キーを押します。

パスワードリセットページのテンプレートは、\<form>タグでフォームを配置し、PasswordResetConfirmViewのformに格納されている内容をそのまま書き出すようにします。**パスワードリセット**ボタンについては、\<input>タグを記述して配置します。

▼パスワードリセットページのテンプレート
（accounts/templates/password_reset_form.html）

```html
1  <!doctype html>
2  <html lang="ja">
3    <head>
4      <meta charset="utf-8">
5      <title>password_reset_form</title>
6      <!-- マージン、パディング、背景色を設定するCSS -->
7      <style>
8        .pad{
9          background-color: lavender;
10         border: solid 2px;
11         padding-top: 30px;
12         padding-bottom: 50px;
13         padding-left: 100px;
14         margin-top: 50px;
15         margin-right: 70px;
16         margin-left: 70px;
17       }
18     </style>
19   </head>
20
21   <body>
22     <div class="pad">
23       <h2>Photo Gallery</h2>
24       <h4>
25         新しいパスワードを2回入力してください。これにより、
26         正しく入力できたことが確認されます。
27       </h4>
28       <br />
29       <!-- フォームを配置-->
30       <form action="" method="POST">
31         {% csrf_token %}
32         <!-- formに格納されている要素をすべてを出力 -->
33         {{form}}
34         <!-- パスワードリセットボタン-->
35         <input type="submit" value="パスワードリセット"/>
36       </form>
37     </div>
38   </body>
39 </html>
```

パスワードリセットメール記載のリンクがクリックされたときに表示する画面です。

入力する

5

Djangoを用いたWebアプリ開発

353

パスワードリセット完了ページのテンプレートを作成する (password_done.html)

パスワードリセットの完了を通知するテンプレートを作成しましょう。

❶**エクスプローラー**で「accounts」以下の「templates」フォルダーを右クリックして**新しいファイル**を選択します。

❷「password_reset_done.html」と入力して Enter キーを押します。

このテンプレートでは、リセット完了を伝えるテキストと、トップページへのリンクテキストを配置します。スタイルの設定は、独自のCSSを定義して行います。

▼パスワードリセット完了ページのテンプレート
(accounts/templates/password_reset_done.html)

```
accounts > templates > password_reset_done.html > ...
1  <!doctype html>
2  <html lang="ja">
3    <head>
4      <meta charset="utf-8">
5      <title>password_reset_form</title>
6      <style>
7        .pad{
8          background-color: lavender;
9          border: solid 2px;
10         padding-top: 30px;
11         padding-bottom: 50px;
12         padding-left: 100px;
13         margin-top: 50px;
14         margin-right: 70px;
15         margin-left: 70px;
16        }
17      </style>
18    </head>
19
20    <body>
21      <div class="pad">
22        <h2>パスワードがリセットされました。</h2>
23        <p>
24          Your Password has been set. You may go ahead and login.
25        </p>
26        <br>
27        <!-- トップページへのリンク-->
28        <a href="{% url 'picture:index' %}">
29          Picture Galleryのトップページへ</a>
30      </div>
31    </body>
32  </html>
```

入力する

ログイン画面とナビゲーションメニューに、パスワードリセットの リンクを設定

ログイン画面とナビゲーションメニュー (ログイン時) に、パスワードリセットページへのリンクを
設定します。

■「login.html」の編集

エクスプローラーで、「accounts」➡「templates」以下のログイン画面のテンプレート「login.
html」をダブルクリックして編集モードで開きましょう。ドキュメントの末尾近くにあるリンクテキ
スト「パスワードを忘れましたか?」のリンク先を設定するhref属性の値を、

```
href="{% url 'password_reset' %}"
```

に書き換えます。

▼パスワードリセットページのリンク先を設定 (accounts/templates/login.html)

```
login.html 6 ●
accounts > templates > login.html > ...
114
115        <!-- パスワードリセットページへのリンクテキスト -->
116        <br><br>
117        <p>
118          <a href="{% url 'password_reset' %}">
119            パスワードを忘れましたか?</a>
120        </p>
121        <!-- ログイン直後のリダイレクト先(トップページ)の
122          URLパターンを設定 -->
123        <input
124          type="hidden"
125          name="next"
126          value="{% url 'picture:index' %}">
127      </form>
128    </main>
129  </body>
130 </html>
```

> href属性の値を、パスワードリセットページへのリンクに書き換える

Onepoint

●パスワードリセットの処理の流れ
パスワードリセットページへのリンクを起点として、パスワードリセットの処理の流れは次のようになります。
「パスワードリセットページへのリンク」➡「パスワードリセット申し込みページの表示」➡「パスワードリセットページのリンクが記載されたメールを送信」➡「リンク先のパスワードリセットページを表示」➡「パスワードリセット完了ページの表示」

■「base.html」の編集

　エクスプローラーで「picture」➡「templates」に格納されているベーステンプレート「base.html」をダブルクリックして編集モードで開きましょう。ナビゲーションメニューの「パスワードのリセット」のリンク先を設定する<a>タグのhref属性の値を

```
href="{% url 'password_reset' %}"
```

に書き換えましょう。

▼（picture/templates/base.html）

リンクテキスト「パスワードのリセット」のhref属性の値を書き換える

パスワードをリセットしてみる

　これまでの作業で、パスワードリセットの機能が実装できました。開発サーバーを起動した状態で「http://127.0.0.1:8000/」にアクセスし、**登録済みの方はログイン**ボタンをクリックするか、ナビゲーションメニューの**ログイン**をクリックしましょう。
　ログイン画面が表示されたら、「パスワードを忘れましたか？」のリンクテキストをクリックします。

▼ログイン画面

クリックする

　パスワードリセット申し込みページが表示されるので、登録済みのメールアドレスを入力して**メールを受け取る**ボタンをクリックします。

▼パスワードリセット申し込みページ

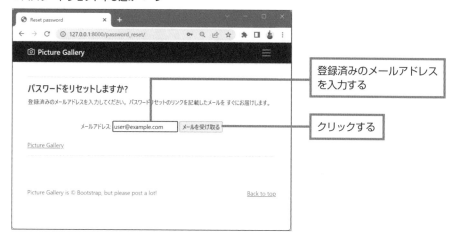

入力する欄には「登録済みのメールアドレスを入力する」、ボタンには「クリックする」の注記がある。

　入力したメールアドレスが登録済みのユーザーのものかどうかチェックされたあと、メールが送信されます。

▼メール送信完了ページ

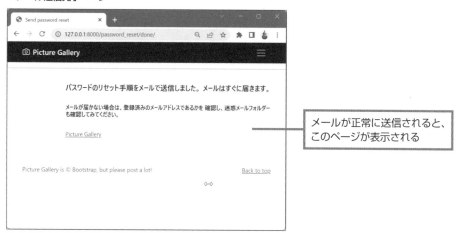

「メールが正常に送信されると、このページが表示される」

　メールボックスに「127.0.0.1:8000 のパスワードリセット」という件名のメールが届きます。メールを開くと、パスワードリセットページのリンクが記載されています。

▼届いたメールを開いたところ

> このメールは 127.0.0.1:8000 で、あなたのアカウントのパスワードリセットが要求されたため、送信されました。
>
> 次のページで新しいパスワードを選んでください:
>
> http://127.0.0.1:8000/reset/Mg/bfayjx-abc57be3a08ad9b2605a985cc0b94858
>
> あなたのユーザー名 (もし忘れていたら): sunny
>
> ご利用ありがとうございました！
>
> 127.0.0.1:8000 チーム

　　リンク先を開くと、パスワードリセットページが表示されます。画面の指示に従って新しいパスワードを2回入力し、**パスワードリセット**ボタンをクリックします。
　　パスワードの更新が行われ、パスワードリセット完了ページが表示されます。

▼パスワードリセットページ

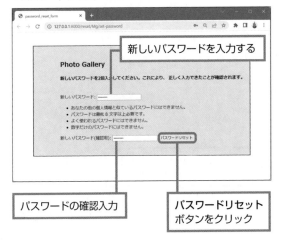

新しいパスワードを入力する

パスワードの確認入力

パスワードリセット
ボタンをクリック

▼パスワードリセット完了ページ

パスワードが更新されると表示
されるページ

pictureアプリに画像投稿機能を実装する

pictureアプリのメイン機能である画像投稿機能を実装します。ログインしたユーザーが投稿ページからコメントと共に画像を投稿し、これをデータベースに保存するまでの一連の処理を作成します。

データベースと連携した画像投稿機能の実装

ログインしたユーザーが投稿ページから画像を投稿するための仕組みを作ります。

•Pillowをインストールする

画像を扱うためのライブラリ「Pillow」をインストールします。

•データベースを操作する「モデル」を作成する

ユーザーが投稿した画像やコメントを管理するデータベースを操作するためのモデルを作成します。

•画像ファイルの保存先を設定する

画像ファイルの保存専用のフォルダーをプロジェクト内に作成します。

•マイグレーションの実行

ユーザーの投稿を保存・管理するデータベースを作成します。

•Django管理サイトにPicturePostとCategoryを登録する

Django管理サイトから、ユーザーの投稿の管理用データベースを扱えるようにします。

•CategorysテーブルとPicture postsテーブルにデータを追加する

作成したデータベースのテーブルに、実際にデータを登録します。

•pictureアプリに画像投稿機能を実装する

投稿ページと投稿完了ページを作成し、ログインしたユーザーが画像を登録するまでの一連の処理を作成します。

5.4.1 Pillowをインストールする

pictureアプリのデータベースでは、画像データ専用のフィールドImageFieldを使用します。ImageFieldは内部で画像処理ライブラリの「**Pillow**（ピロー）」を使用するので、ここでインストールしておくことにしましょう。

pipコマンドで「Pillow」をインストールする

ターミナル（Windowsの場合はPowerShellなど）を起動し、

```
pip install pillow
```

と入力して Enter キーを押します。

▼pipコマンドによる「Pillow」のインストール

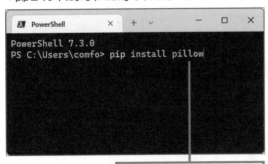

pip install pillow
と入力して Enter キーを押す

▼インストール完了後の画面

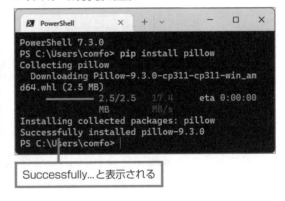

Successfully...と表示される

models.ForeignKey()のon_deleteオプション

models.ForeignKey()のon_deleteオプションの値は、以下の中から選択します。

・models.CASCADE
削除するフィールドに紐付いたフィールドの値もすべて削除します。
・models.PROTECT
関連付けられたフィールドがある場合、その値は削除しません。

・models.SET_NULL
フィールドの値が削除されると、代わりにNULLをセットします。
・models.SET_DEFAULT
削除されたフィールド値の代わりに、デフォルト値が入るようになります。
・models.SET()
削除したときの処理を独自に定義することができます。
・models.DO_NOTHING
何の処理も行いません。

5.4.2　データベースを操作する「モデル」を作成する

投稿されたデータを管理するためのモデル「PicturePost」、投稿する写真のカテゴリを管理するためのモデル「Category」を作成します。

PicturePostクラス、Categoryクラスを定義する（picture/models.py）

エクスプローラーで「picture」フォルダーを展開し、「models.py」をダブルクリックして編集モードで開きましょう。以下、コメントを含めて量が多いですが、PicturePost、Categoryクラスを定義するコードを入力しましょう。

▼モデルとしてPicturePost、Categoryクラスを定義する（picture/models.py）

```python
from django.db import models
# accountsアプリのmodelsモジュールからCustomUserをインポート
from accounts.models import CustomUser


class Category(models.Model):
    """投稿する写真のカテゴリを管理するモデル
    """
    # カテゴリ名のフィールド
    title = models.CharField(
        # フィールドのタイトル
        verbose_name='カテゴリ',
        # 最大文字数20
        max_length=20)

    def __str__(self):
        """オブジェクトを文字列に変換して返す

        Returns:
            str: カテゴリ名
        """
        return self.title


class PicturePost(models.Model):
    """投稿されたデータを管理するモデル
    """
    # CustomUserモデル（のuser_id）とPicturePostモデルを
    # 1対多の関係で結び付ける
```

Djangoを用いたWebアプリ開発

```python
    # CustomUserが親でPicturePostが子の関係となる
    user = models.ForeignKey(
        CustomUser,
        # フィールドのタイトル
        verbose_name='ユーザー',
        # ユーザーを削除する場合はそのユーザーの投稿データもすべて削除する
        on_delete=models.CASCADE
        )
    # Categoryモデル（のtitle）とPicturePostモデルを
    # 1対多の関係で結び付ける
    # Categoryが親でPicturePostが子の関係となる
    category = models.ForeignKey(
        Category,
        # フィールドのタイトル
        verbose_name='カテゴリ',
        # カテゴリに関連付けられた投稿データが存在する場合は
        # そのカテゴリを削除できないようにする
        on_delete=models.PROTECT
        )
    # タイトル用のフィールド
    title = models.CharField(
        # フィールドのタイトル
        verbose_name='タイトル',
        # 最大文字数200
        max_length=200
        )
    # コメント用のフィールド
    comment = models.TextField(
        # フィールドのタイトル
        verbose_name='コメント',
        )
    # イメージのフィールド1
    image1 = models.ImageField(
        # フィールドのタイトル
        verbose_name='イメージ1',
        # MEDIA_ROOT以下のpicturesにファイルを保存
        upload_to = 'pictures'
        )
    # イメージのフィールド2
    image2 = models.ImageField(
        # フィールドのタイトル
        verbose_name='イメージ2',
```

```
        # MEDIA_ROOT以下のpicturesに画像ファイルを保存
        upload_to = 'pictures',
        # フィールド値の設定は必須でない
        blank=True,
        # データベースにnullが保存されることを許容
        null=True
        )
    # 投稿日時のフィールド
    posted_at = models.DateTimeField(
        # フィールドのタイトル
        verbose_name='投稿日時',
        # 日時を自動追加
        auto_now_add=True
        )


    def __str__(self):
        """オブジェクトを文字列に変換して返す

        Returns:
            str: 投稿記事のタイトル
        """
        return self.title
```

5.4.3 画像ファイルの保存先を設定する

Djangoでは、ImageFieldでアップロードされるファイルを「**media ファイル**」と呼び、プロジェクト内の「media」フォルダーで一元管理する仕組みになっています。このため、モデルにImageFieldを設定した場合は、プロジェクト直下に「media」フォルダーを作成し、環境変数MEDIA_ROOTに「media」フォルダーの位置をフルパスで設定することが必要になります。

プロジェクト直下に「media」フォルダーを作成する

プロジェクト最上位の「postpic_prj」フォルダー（エクスプローラー上ではすべて大文字で表示されている）の直下に、「media」フォルダーを作成します。

▼プロジェクト直下に「media」
　フォルダーを作成

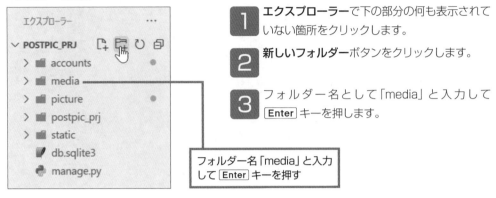

1　エクスプローラーで下の部分の何も表示されていない箇所をクリックします。

2　**新しいフォルダー**ボタンをクリックします。

3　フォルダー名として「media」と入力して[Enter]キーを押します。

フォルダー名「media」と入力
して[Enter]キーを押す

環境変数MEDIA_ROOT、MEDIA_URLを設定する（settings.py）

作成した「media」フォルダーの場所をDjangoに伝えます。**エクスプローラー**で「postpic_prj」フォルダー以下の「settings.py」をダブルクリックして編集モードで開き、環境変数MEDIA_ROOTとMEDIA_URLを定義するコードをモジュールの末尾に追加しましょう。

▼環境変数MEDIA_ROOTとMEDIA_URLの定義 (postpic_prj/settings.py)

```
# mediaフォルダーの場所 (BASE_DIR以下のmedia) を登録
MEDIA_ROOT = os.path.join(BASE_DIR, 'media')


# mediaのURLを登録
MEDIA_URL = '/media/'
```

環境変数MEDIA_ROOTは、画像ファイルなど、メディア関連の静的ファイルの保存先を示すための環境変数です。ここでは、プロジェクトフォルダー直下に作成した「media」フォルダーを指定しました。

環境変数MEDIA_URLでは、「media」フォルダーの相対パスを'/media/'のように設定しました。モデルクラスPicturePostでは、イメージのフィールドを

```
    image1 = models.ImageField(
        verbose_name='イメージ1', upload_to = 'pictures')
```

のように設定しているので、環境変数MEDIA_ROOTの設定に従って、イメージの保存先はプロジェクトフォルダー直下の「media」➡「pictures」以下になります。

5.4.4 マイグレーションの実行

「picture」アプリにデータベースを構築しましょう。

makemigrationsコマンドの実行

プロジェクトの最上位のフォルダー（manage.pyが格納されているフォルダー）に移動した状態のターミナルで、makemigrationsコマンドを実行してマイグレーションファイルを作成します。コマンドの最後に入力するアプリ名は「picture」になります。

▼ターミナルでmakemigrationsコマンドを実行
```
python manage.py makemigrations picture
```

▼makemigrationsコマンドの実行

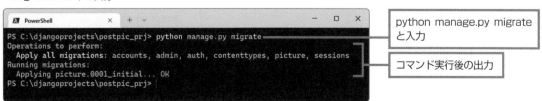

makemigrationsコマンド実行後、「picture」フォルダー以下「migrations」フォルダー内部にマイグレーションファイル「0001_initial.py」が格納されます。

migrateコマンドの実行

続いて、migrateコマンドを実行してデータベースのテーブルを作成します。ターミナルに次のように入力します。

▼ターミナルでmigrateコマンドを実行
```
python manage.py migrate
```

▼migrateコマンドの実行

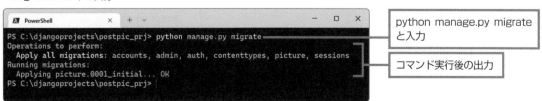

5

Djangoを用いたWebアプリ開発

5.4.5 Django管理サイトにPicturePostとCategoryを登録する

Django管理サイトに、モデルクラスのPicturePostとCategoryを登録しましょう。「管理サイトでレコードの一覧を表示する際に、どのカラムを表示するか」を指定するクラスであるPicturePostAdminとCategoryAdminも一緒に定義します。これらのクラスは、django.contrib.admin.ModelAdminクラスを継承したサブクラスで、

・クラス変数list_displayで、管理サイトのレコード一覧に表示するカラム(フィールド)を、
・クラス変数list_display_linksで、レコード一覧に表示されたカラム名のテキストのリンク先を、

それぞれ指定できます。管理ページのレコード一覧には、デフォルトでmodels.pyで定義したモデルクラス(PicturePost、Category)の __str__()メソッドが返すフィールドのみが表示されるようになっていますが、これらの2つのクラス変数を使って、表示するフィールドやフィールドのタイトルのリンクをコントロールできます。

「admin.py」の編集

エクスプローラーで「picture」フォルダー以下の「admin.py」をダブルクリックして開き、1行目のadminのインポート文だけを残して、次の画面のように入力しましょう。

▼CategoryAdminクラスとPicturePostAdminクラスを定義して管理サイトに登録する (picture/admin.py)

```
picture > 🐍 admin.py > ...
 1    from django.contrib import admin
 2
 3    # CustomUserをインポート
 4    from .models import Category, PicturePost
 5
 6    class CategoryAdmin(admin.ModelAdmin):
 7        """管理ページのレコード一覧に表示するカラムを設定する
 8        """
 9        # レコード一覧にidとtitleを表示
10        list_display = ('id', 'title')
11        # 表示するカラムにリンクを設定
12        list_display_links = ('id', 'title')
13
14    class PicturePostAdmin(admin.ModelAdmin):
15        """管理ページのレコード一覧に表示するカラムを設定する
16        """
17        # レコード一覧にidとtitleを表示
18        list_display = ('id', 'title')
19        # 表示するカラムにリンクを設定
20        list_display_links = ('id', 'title')
21
22    # Django管理サイトにCategory、CategoryAdminを登録
23    admin.site.register(Category, CategoryAdmin)
24
25    # Django管理サイトにPicturePost、PicturePostAdminを登録
26    admin.site.register(PicturePost, PicturePostAdmin)
```

入力する

これで、Django管理サイトでモデルPicturePost、Categoryのテーブルが使えるようになり、それぞれのレコード一覧にはidとtitleが表示されるようになります。

5.4.6 CategorysテーブルとPicture postsテーブルにデータを追加する

Django管理サイトにアクセスして、データベースのテーブルを確認してみましょう。

開発サーバーを起動した状態で、ブラウザーのアクセス欄に「http://127.0.0.1:8000/admin」と入力して、Django管理サイトのログイン画面を表示し、ユーザー名とパスワードを入力して**ログイン**ボタンをクリックしましょう。

Django管理サイトのトップページに「PICTURE」という項目が追加され、「Picture posts」と「Categorys」が表示されています。モデルPicturePostから作成された「Picture posts」テーブル、モデルCategoryから作成された「Categorys」テーブルです。

Categorysテーブルのレコード（カテゴリ名）を追加しよう

「Categorys」テーブルにはまだレコードを登録していないので、ここでいくつか登録しておくことにしましょう。

▼Django管理サイトのトップページ

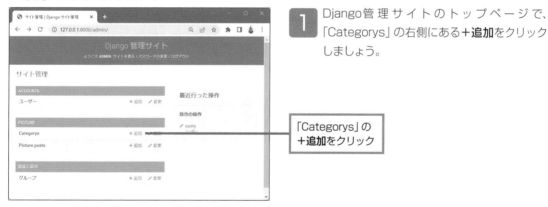

Django管理サイトのトップページで、「Categorys」の右側にある**＋追加**をクリックしましょう。

「Categorys」の**＋追加**をクリック

▼Categorysテーブルの登録ページ

Categorysテーブルの登録ページが表示されます。**カテゴリ**の入力欄にカテゴリ名を入力して、**保存**ボタンをクリックしましょう。

カテゴリ名を入力する

保存ボタンをクリックする

同じように操作して、いくつかのカテゴリ名を登録しましょう。ここでは次のように4つのカテゴリを登録しました。

▼Categorysテーブルにカテゴリ名を登録

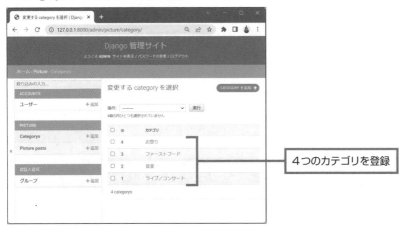

4つのカテゴリを登録

Picture postsテーブルのレコードを追加しよう

「Picture posts」テーブルにレコードを登録しましょう。

▼Django管理サイトのトップページ

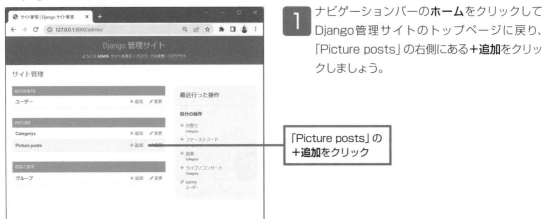

1 ナビゲーションバーの**ホーム**をクリックしてDjango管理サイトのトップページに戻り、「Picture posts」の右側にある**+追加**をクリックしましょう。

「Picture posts」の**+追加**をクリック

画像を投稿するページが表示されます。「Picture posts」テーブルは「Categorys」テーブルおよび「ユーザー」テーブル(CustomUserモデル)と連携しているので、ユーザーとカテゴリが選択できるようになっています。

▼レコードの入力

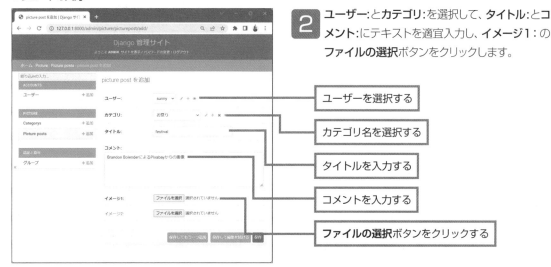

2 ユーザー:とカテゴリ:を選択して、タイトル:とコメント:にテキストを適宜入力し、イメージ1:のファイルの選択ボタンをクリックします。

ユーザーを選択する

カテゴリ名を選択する

タイトルを入力する

コメントを入力する

ファイルの選択ボタンをクリックする

▼[開く]ダイアログ

3 開くダイアログが表示されるので、登録するイメージを選択して開くボタンをクリックしましょう。

▼レコードの保存

4 ファイルの選択ボタンの右横にイメージのファイル名が表示されています。イメージ（画像ファイル）は2枚まで登録できるので、イメージ2:のファイルを選択ボタンをクリックして、イメージをもう1つ登録します。最後に保存ボタンをクリックしてレコードを保存しましょう。

保存ボタンをクリックする

イメージが保存されているか確認する

イメージは、「media」フォルダー以下の「pictures」フォルダーに保存されます。**エクスプローラー**で確認してみましょう。

▼［エクスプローラー］で確認

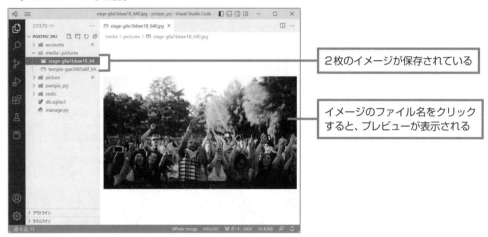

2枚のイメージが保存されている

イメージのファイル名をクリックすると、プレビューが表示される

プロジェクトフォルダー直下の「media」フォルダーに「pictures」フォルダーが作成され、先ほど登録したイメージが保存されているのが確認できます。

Attention

●登録したイメージの削除

Django管理サイトでは、レコードの追加のほかに、編集や削除が行えます。登録したイメージの削除も行えますが、ここで削除されるのは、テーブルに登録されていたファイル名です。テーブルには何も残りませんが、「media/pictures」に格納されているファイル自体は削除されないので注意してください。ファイルが残るのが気になる場合は、手動で削除するようにしてください。

5.4.7 pictureアプリに画像投稿機能を実装する

ログインしたユーザーが画像を投稿するための仕組みを作りましょう。

フォームクラスを作成する

ユーザーが画像を投稿するページでは、pictureアプリのモデルPicturePostと連携して、データベースへの登録を行うようにします。そこで、データベースとの連携に特化したdjango.forms.ModelFormクラスを継承したサブクラスを作成し、連携するモデルとフィールドを登録することにします。

エクスプローラーで「picture」フォルダーを右クリックして**新しいファイル**を選択し、ファイル名に「forms.py」と入力して Enter キーを押します。

作成したモジュールを編集モードで開き、モデルとフィールドを登録するためのクラスを定義しましょう。

▼フォームクラス PicturePostForm (picture/forms.py)

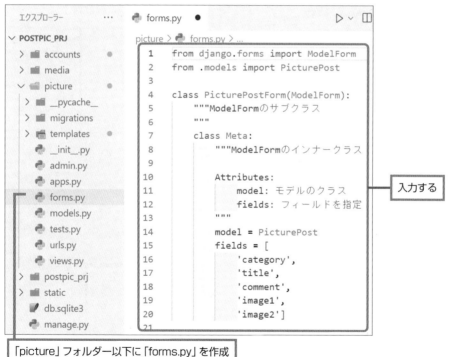

「picture」フォルダー以下に「forms.py」を作成

継承元のスーパークラスModelFormは、インナークラスMetaでモデルとフィールドを指定するようになっているので、これをオーバーライドして、モデルPicturePostとそのフィールドを指定しました。これから作成するビューでこのクラスを読み込めば、写真登録ページのテンプレート（フォーム）で入力されたデータをデータベースに反映できるようになります。

投稿ページを作成してルーティングを設定する

投稿ページのビューとテンプレートを作成し、ルーティングの設定を行いましょう。

■ 投稿ページのビューCreatePictureViewの作成

エクスプローラーで「picture」フォルダー以下の「views.py」をダブルクリックして編集モードで開きましょう。新しいインポート文を追加し、定義済みのIndexViewクラスの下の行にCreatePictureViewクラスの定義コードを入力します。

▼投稿ページのビューCreatePictureViewの追加 (picture/views.py)

```
from django.shortcuts import render
# django.views.genericからTemplateViewをインポート
from django.views.generic import TemplateView
# django.views.genericからCreateViewをインポート
from django.views.generic import CreateView
# django.urlsからreverse_lazyをインポート
from django.urls import reverse_lazy
# formsモジュールからPicturePostFormをインポート
from .forms import PicturePostForm
# method_decoratorをインポート
from django.utils.decorators import method_decorator
# login_requiredをインポート
from django.contrib.auth.decorators import login_required


class IndexView(TemplateView):
    """ トップページのビュー

    """
    # index.htmlをレンダリングする
    template_name ='index.html'


# デコレーターにより、CreatePictureViewへのアクセスはログインユーザーに限定される
# ログイン状態でなければsettings.pyのLOGIN_URLにリダイレクトされる
@method_decorator(login_required, name='dispatch')
class CreatePictureView(CreateView):
    """写真投稿ページのビュー

        PicturePostFormで定義されているモデルとフィールドと連携して
        投稿データをデータベースに登録する

    Attributes:
        form_class: モデルとフィールドが登録されたフォームクラス
```

入力する

入力する

```
            template_name: レンダリングするテンプレート

        success_url: データベースへの登録完了後のリダイレクト先
        """
        # forms.pyのPicturePostFormをフォームクラスとして登録
        form_class = PicturePostForm
        # レンダリングするテンプレート
        template_name = 'post_picture.html'
        # フォームデータ登録完了後のリダイレクト先
        success_url = reverse_lazy('picture:post_done')


        def form_valid(self, form):
            """CreateViewクラスのform_valid()をオーバーライド


            Args:
                form (django.forms.Form): PicturePostFormオブジェクト


            Returns:
                HttpResponseRedirect:
                    スーパークラスのform_valid()の戻り値を返すことで、
                    success_urlで設定されているURLにリダイレクトさせる
            """
            # commit=FalseにしてPOSTされたデータを取得
            postdata = form.save(commit=False)
            # 投稿ユーザーのidを取得してモデルのuserフィールドに格納
            postdata.user = self.request.user
            # 投稿データをデータベースに登録
            postdata.save()
            # 戻り値はスーパークラスのform_valid()の戻り値
            # (HttpResponseRedirect)
            return super().form_valid(form)
```

入力する

■ 投稿ページのURLパターンを登録する

pictureアプリのURLConf（urls.py）を編集します。**エクスプローラー**で「picture」フォルダー以下の「urls.py」をダブルクリックして編集モードで開きましょう。次のように投稿ページのURLパターンを追加してください。

▼投稿ページのURLパターンを追加（picture/urls.py）

```python
from django.urls import path
from . import views

# URLパターンを逆引きできるように名前を付ける
app_name = 'picture'

# URLパターンを登録する変数
# pictureアプリへのアクセスに対して
# viewsモジュールのIndexViewを実行
urlpatterns = [
    path(
        '', views.IndexView.as_view(),
        name='index'),

    # 写真投稿ページへのアクセスに対して
    # viewsモジュールのCreatePictureViewを実行
    path(
        'post/',
        views.CreatePictureView.as_view(),
        name='post'),
]
```

追加する

投稿ページのテンプレートを作成する

投稿ページのテンプレート「post_picture.html」を作成します。**エクスプローラー**で「picture」
➡「templates」フォルダーを右クリックして**新しいファイル**を選択し、ファイル名に「post_
picture.html」と入力して Enter キーを押します。作成したドキュメントを編集モードで開いて、投稿用のフォームを出力するコードを入力しましょう。

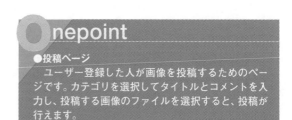

nepoint

●投稿ページ
　ユーザー登録した人が画像を投稿するためのページです。カテゴリを選択してタイトルとコメントを入力し、投稿する画像のファイルを選択すると、投稿が行えます。

▼写真投稿ページのテンプレート（picture/templates/post_picture.html）

```html
post_picture.html  ●

picture > templates >  post_picture.html > ...

 1  <!doctype html>
 2  <!-- ベーステンプレートを適用する -->
 3  {% extends 'base.html' %}
 4  <!-- ヘッダー情報のページタイトルを設定する -->
 5  {% block title %}Post{% endblock %}
 6
 7      {% block contents %}
 8      <!-- Bootstrapのグリッドシステム -->
 9      <br>
10      <div class="container">
11        <!-- 行を配置 -->
12        <div class="row">
13          <!-- 列の左右に余白offset-2を入れる -->
14          <div class="col offset-2">
15            <!-- ファイルをアップロードする場合は
16              enctype="multipart/form-data"が必要 -->
17            <form method="POST"
18                enctype="multipart/form-data">
19              {% csrf_token %}
20              <table>
21              <tr>
22                  <th>カテゴリ</th>
23                  <td>{{ form.category }}</td>
24              </tr>
25              <tr>
26                  <th>タイトル</th>
27                  <td>{{ form.title }}</td>
28              </tr>
29              <tr>
30                  <th>コメント</th>
31                  <td>{{ form.comment }}</td>
32              </tr>
33              <tr>
34                  <th>画像1</th>
35                  <td>{{ form.image1 }}</td>
36              </tr>
37              <tr>
38                  <th>画像2</th>
39                  <td>{{ form.image2 }}</td>
40              </tr>
41              </table>
42              <hr>
43              <button type="submit">投稿する</button>
44            </form>
45          </div>
46        </div>
47      </div>
48      {% endblock %}
```

入力する

投稿完了ページのビューとテンプレートを作成して、URLパターンを追加する

投稿ページのビューCreatePictureViewでは、フォームデータの登録完了後のリダイレクト先として「picture:post_done」を指定しました。このURLで呼び出される投稿完了ページのビューを作成し、URLパターンを登録しましょう。

■ 投稿完了ページのビューPostSuccessViewの作成

投稿完了ページはメッセージを表示するだけなので、テンプレートのレンダリングに特化したdjango.views.generic.TemplateViewを継承したサブクラスPostSuccessViewとして定義しましょう。

エクスプローラーで「picture」以下の「views.py」をダブルクリックして編集モードで開き、モジュールの末尾に次のコードを追加します。

▼投稿完了ページのビューPostSuccessView（picture/views.py）

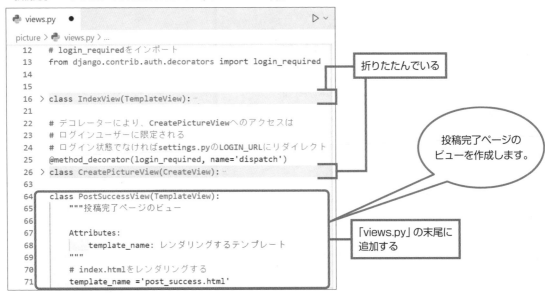

■ 投稿完了ページのテンプレートを作成

投稿完了ページのテンプレートを作成します。**エクスプローラー**で「picture」 ➡ 「templates」を右クリックして**新しいファイル**を選択し、ファイル名に「post_success.html」と入力して Enter キーを押します。作成したドキュメントを編集モードで開き、次のように入力しましょう。

▼投稿完了ページのテンプレート（picture/templates/post_success.html）

```html
post_success.html ×
picture > templates > post_success.html >
1   <!doctype html>
2   <!-- ベーステンプレートを適用する -->
3   {% extends 'base.html' %}
4
5   <!-- ヘッダー情報のページタイトルを設定する -->
6   {% block title %}Post Success{% endblock %}
7
8       {% block contents %}
9       <br><br>
10      <!-- Bootstrapのグリッドシステム -->
11      <div class="container">
12        <!-- 行を配置 -->
13        <div class="row">
14          <!-- 列の左右に余白offset-2を入れる -->
15          <div class="col offset-2">
16            <h4>投稿が完了しました!</h4>
17          </div>
18        </div>
19      </div>
20      {% endblock %}
```

> ベーステンプレートを適用します。

> 入力する

投稿完了ページのURLパターンを登録する

投稿完了ページのURLパターンを登録しましょう。**エクスプローラー**で「picture」以下の「urls.py」をダブルクリックして開き、リストurlpatternsの要素の末尾にコードを追加します。

▼投稿完了ページのURLパターンを登録（picture/urls.py）

```python
urls.py                              ▷ ∨
picture > urls.py > ...
10   urlpatterns = [
11       path(
12           '', views.IndexView.as_view(),
13           name='index'),
14
15       # 写真投稿ページへのアクセスに対して
16       # viewsモジュールのCreatePictureViewを実行
17       path(
18           'post/',
19           views.CreatePictureView.as_view(),
20           name='post'),
21
22       # 投稿完了ページへのアクセスに対して
23       # viewsモジュールのPostSuccessViewを実行
24       path(
25           'post_done/',
26           views.PostSuccessView.as_view(),
27           name='post_done'),
28   ]
```

> 投稿完了ページへのリダイレクトがあると、PostSuccessViewで投稿完了ページをレンダリングします。

> 追加する

ナビゲーションボタンに投稿ページのリンクを追加する

ページのタイトル部分を表示するテンプレート「picture_title.html」では、投稿ページを表示するためのナビゲーションボタンを配置していますが、リンク先はまだ設定されていません。**エクスプローラー**で「picture」➡「templates」以下の「picture_title.html」をダブルクリックして編集モードで開き、「投稿する」ボタンの＜a＞タグのhref属性の値を

```
href="{% url 'picture:post' %}"
```

に書き換えましょう。

▼ナビゲーションボタンのリンク先（写真投稿ページ）を設定（picture/templates/picture_title.html）

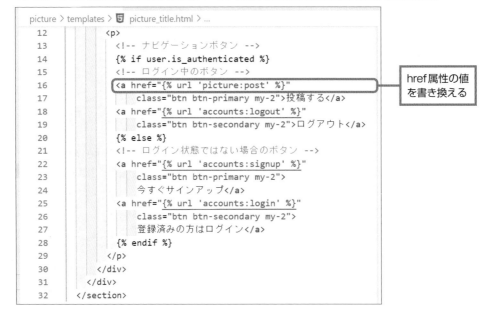

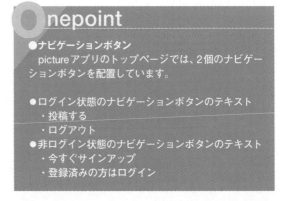

Onepoint

●**ナビゲーションボタン**
　pictureアプリのトップページでは、2個のナビゲーションボタンを配置しています。

●**ログイン状態のナビゲーションボタンのテキスト**
　・投稿する
　・ログアウト
●**非ログイン状態のナビゲーションボタンのテキスト**
　・今すぐサインアップ
　・登録済みの方はログイン

完成した投稿ページから投稿してみる

開発用サーバーを起動し、ブラウザーで「http://127.0.0.1:8000/」にアクセスし、ユーザー名とパスワードを入力してログインします。トップページに**投稿する**ボタンが現れるので、これをクリックすると、投稿ページが表示されます。

1 カテゴリを選択します。

2 **タイトル**と**コメント**の欄に入力します。

3 **画像1**（必要であれば**画像2**も）の**ファイルを選択**ボタンをクリックして任意のイメージを選択します。

4 **投稿する**ボタンをクリックします。

▼投稿ページ (http://127.0.0.1:8000/post/)

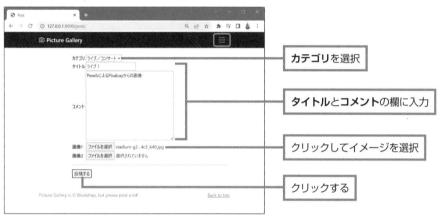

カテゴリを選択

タイトルと**コメント**の欄に入力

クリックしてイメージを選択

クリックする

投稿が完了すると、次のように投稿完了ページが表示されました！

▼投稿完了ページ

投稿が完了すると
画面が遷移する

トップページに投稿画像を一覧表示する

pictureアプリのトップページとして、ユーザーが投稿した画像を一覧で表示する仕組みを作ります。

投稿画像の一覧を表示するトップページの作成

pictureアプリのトップページとして、ページネーションの仕組みを実装したページを作成します。

・投稿画像を一覧表示するテンプレートを編集する
・ページネーションの仕組みをトップページに組み込む
・「media」フォルダーのURLパターンを設定する

▼pictureアプリのトップページ

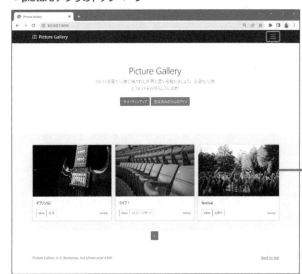

トップページをレンダリングするビュー（IndexView）でモデルを経由して投稿記事のすべてのレコードを取得し、テンプレート（picture_list.html）で一覧表示する

5.5.1　投稿画像を一覧表示する仕組みを作る

　　現在、トップページのビュー（IndexView）は、TemplateViewクラスを継承していますが、Djangoにはデータベーステーブルのレコードを一覧表示する機能を備えたdjango.views.generic.ListViewクラスが用意されているので、これを継承するように変更しましょう。Picture postsテーブルのすべてのレコードはListViewクラスが抽出しますが、次のようにクラス変数querysetにクエリを登録して、投稿日時の降順で並べ替えることにします。

▼モデルPicturePostにobjects.order_by()を実行して、投稿日時の降順で並べ替え

```
queryset = PicturePost.objects.order_by('-posted_at')
```

　　エクスプローラーで「picture」以下の「views.py」をダブルクリックして編集モードで開きましょう。インポート文を追加して、IndexViewクラスを編集します。

▼IndexView（picture/views.py）

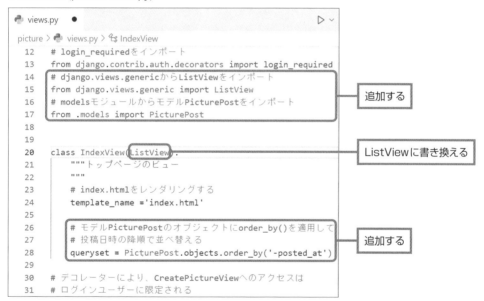

```python
# login_requiredをインポート
from django.contrib.auth.decorators import login_required
# django.views.genericからListViewをインポート
from django.views.generic import ListView
# modelsモジュールからモデルPicturePostをインポート
from .models import PicturePost


class IndexView(ListView):
    """トップページのビュー
    """
    # index.htmlをレンダリングする
    template_name ='index.html'

    # モデルPicturePostのオブジェクトにorder_by()を適用して
    # 投稿日時の降順で並べ替える
    queryset = PicturePost.objects.order_by('-posted_at')

# デコレーターにより、CreatePictureViewへのアクセスは
# ログインユーザーに限定される
```

「追加する」「ListViewに書き換える」「追加する」

投稿画像を一覧表示するテンプレートを編集する

　　投稿画像を一覧表示するテンプレート「picture_list.html」は、現状では次の画面のように、1つの投稿画像が表示されるようになっています。

▼投稿画像を一覧表示するテンプレート（picture/templates/picture_list.html）

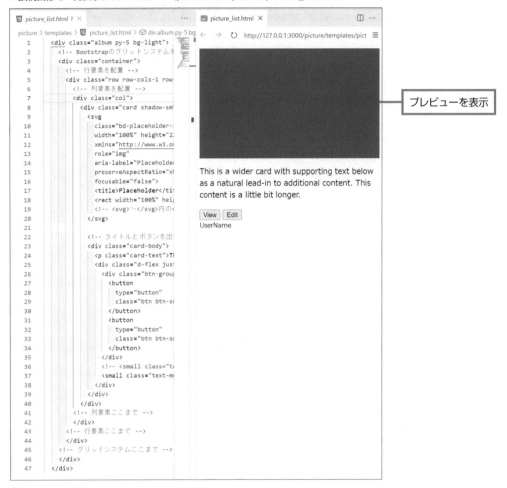

プレビューを表示

以下は、テンプレートを編集するときのポイントです。

❶ {% for record in object_list %} の埋め込み

IndexViewで取得したPicture postsテーブルのすべてのレコードは、Contextの辞書（dict）に格納されていて、キーobject_listで参照できます。forループでレコードを1件ずつ取り出します。

❷ <svg>〜</svg> タグを画像表示用の <img> タグに変更

❸ <img> タグにsrc属性を追加

❷の<img>タグにsrc属性を

`<img src="{{ record.image1.url }}" ...`

のように追加して、イメージのURLを設定します。イメージのURLは、

`"{{ record.<フィールド名>.url }}"`

でドキュメント上に書き出せます。フィールドimage1を指定して、2枚登録できるイメージのうち1枚目のイメージを出力するようにします。

❹**投稿のタイトルを出力する{{record.title}}の埋め込み**

投稿写真のタイトルを出力する<p class="card-text">タグの要素を

```
{{record.title}}
```

に書き換えて、titleフィールドを出力するようにします。

❺**{{record.category.title}}で投稿写真のカテゴリを出力**

投稿写真のカテゴリを表示する<button>～</button>の要素を

```
{{record.category.title}}
```

に書き換えて、カテゴリを出力するようにします。

❻**{{record.user.username}}で投稿したユーザー名を出力**

<small>～</small>タグの要素を

```
{{record.user.username}}
```

に書き換えて、投稿したユーザー名を出力するようにします。

❼**{% endfor %}の埋め込み**

❶のforループの終了タグとして

```
{% endfor %}
```

を埋め込みます。

▼編集後のpicture_list.html

```
<div class="album py-5 bg-light">
  <!-- Bootstrapのグリッドシステムを適用 -->
  <div class="container">
    <!-- 行要素を配置 -->
    <div class="row row-cols-1 row-cols-sm-2 row-cols-md-3 g-3">
      <!-- レコードが格納されたobject_listから
           1行ずつrecordに取り出す-->
      {% for record in object_list %}        ❶追加する
      <!-- 列要素を配置 -->
      <div class="col">
        <div class="card shadow-sm">
          <!-- svgタグをimgに変更
               src属性を追加して1枚目のイメージのURLを設定 -->
          <img
            src="{{ record.image1.url }}"      ❷～❸imgに書き換えて
                                               src属性を追加
            class="bd-placeholder-img card-img-top"
            width="100%" height="225"
            xmlns="http://www.w3.org/2000/svg"
            role="img"
            aria-label="Placeholder: Thumbnail"
            preserveAspectRatio="xMidYMid slice"
            focusable="false">
            <title>Placeholder</title>
            <rect width="100%" height="100%" fill="#55595c"/>
```

```
                    <!-- タイトルとボタンを出力するブロック -->
            <div class="card-body">
              <p class="card-text">
                <!-- titleフィールドを出力 -->
                {{record.title}}
              </p>
              <div class="d-flex justify-content-between align-items-center">
                <div class="btn-group">
                  <!-- 詳細ページを表示するボタン -->
                  <button
                    type="button"
                    class="btn btn-sm btn-outline-secondary">View
                  </button>
                  <!-- カテゴリを表示するボタン -->
                  <button
                    type="button"
                    class="btn btn-sm btn-outline-secondary">
                    {{record.category.title}}
                  </button>
                </div>
                <!-- 投稿したユーザー名を出力 -->
                <small class="text-muted">
                  {{record.user.username}}
                </small>
              </div>
            </div>
          </div>
        <!-- 列要素ここまで -->
        </div>
        <!-- forブロック終了 -->
        {% endfor %}
      <!-- 行要素ここまで -->
      </div>
    <!-- グリッドシステムここまで -->
    </div>
  </div>
```

❹書き換える

❺書き換える

❻書き換える

❼追加する

5.5.2　ページネーションの仕組みをトップページに組み込む

　表示する画像が多くなったときのために、ページネーションの機能を組み込んだテンプレートを作成します。

▼［エクスプローラー］

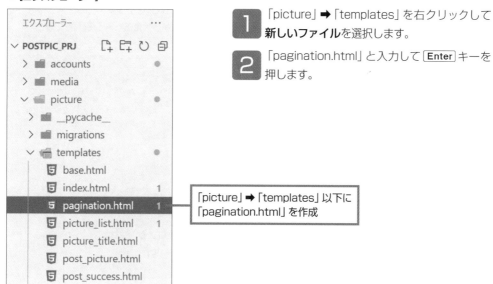

1 「picture」➡「templates」を右クリックして**新しいファイル**を選択します。

2 「pagination.html」と入力して Enter キーを押します。

「picture」➡「templates」以下に「pagination.html」を作成

　作成した「pagination.html」を編集モードで開いて、次のように入力しましょう。

▼ページネーションのテンプレート (picture/templates/pagination.html)

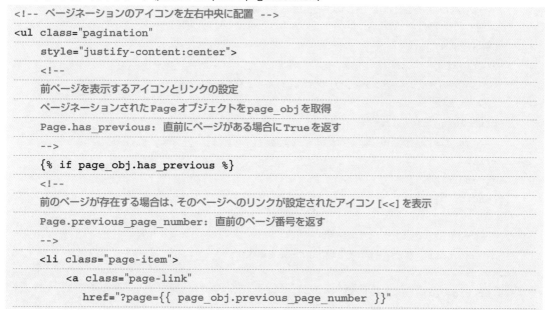

```
<!-- ページネーションのアイコンを左右中央に配置 -->
<ul class="pagination"
    style="justify-content:center">
    <!--
    前ページを表示するアイコンとリンクの設定
    ページネーションされたPageオブジェクトをpage_objを取得
    Page.has_previous: 直前にページがある場合にTrueを返す
    -->
    {% if page_obj.has_previous %}
    <!--
    前のページが存在する場合は、そのページへのリンクが設定されたアイコン[<<]を表示
    Page.previous_page_number: 直前のページ番号を返す
    -->
    <li class="page-item">
        <a class="page-link"
            href="?page={{ page_obj.previous_page_number }}"
```

```
                aria-label="Previous">
            <span aria-hidden="true">&laquo;</span>
        </a>
    </li>
    {% endif %}
    <!--
      すべてのページについてページ番号のアイコンを表示
      paginator.page_range: [1, 2, 3, 4] のように1から始まるページ番号を返す
      page_obj.paginator.page_rangeとして取得
      ブロックパラメーターnumに順次取り出される
    -->
    {% for num in page_obj.paginator.page_range %}
      <!--
        各ページのアイコンを出力
        Page.number: 引き渡されたページのページ番号を返す
      -->
      {% if page_obj.number == num %}
        <!--
          処理中のページ番号が、引き渡されたページのページ番号と一致する場合は、
          ページ番号のアイコン（アクティブ状態）を表示（リンクは設定しない）
        -->
        <li class="page-item active">
            <span class="page-link">{{ num }}</span>
        </li>
        <!--
          ページ番号が、引き渡されたページのページ番号と一致しない場合
        -->
        {% else %}
        <!--
          ページ番号のアイコン（アクティブ状態ではない）にリンクを設定して表示
        -->
        <li class="page-item">
            <a class="page-link" href="?page={{ num }}">{{ num }}</a>
        </li>
        {% endif %}
    {% endfor %}
    <!--
      次ページへのリンクを示すアイコンの表示
      Page.has_next: 次のページがある場合にTrueを返す
    -->
    {% if page_obj.has_next %}
      <!--
```

```
次ページが存在する場合は、リンクを設定したアイコン [>>] を表示
Page.next_page_number: 次のページ番号を返す
-->
<li class="page-item">
    <a
      class="page-link"
      href="?page={{ page_obj.next_page_number }}"
      aria-label="Next">
        <span aria-hidden="true">&raquo;</span>
    </a>
</li>
{% endif %}
</ul>
```

トップページのテンプレートにページネーションを組み込む

▼トップページのテンプレートにページネーションを組み込む
（picture/templates/index.html）

```
picture > templates > 🔲 index.html
1  <!-- ベーステンプレートを適用する -->
2  {% extends 'base.html' %}
3  <!-- ヘッダー情報のページタイトルを設定する -->
4  {% block title %}Picture Gallery{% endblock %}
5
6    {% block contents %}
7
8    <!-- タイトルテンプレートの組み込み -->
9    {% include "picture_title.html" %}
10
11   <!-- 投稿一覧テンプレートの組み込み -->
12   {% include "picture_list.html" %}
13
14   <!-- ページネーションの組み込み -->
15   {% include "pagination.html" %}
16
17   {% endblock %}
```

追加する

トップページのテンプレートに、ページネーションのテンプレート「pagination.html」を組み込みましょう。**エクスプローラー**で「picture」➡「templates」以下の「index.html」をダブルクリックして編集モードで開き、左の画面のようにコードを追加します。

IndexViewに1ページあたりの表示件数を登録する

エクスプローラーで「picture」➡「views.py」をダブルクリックして編集モードで開きましょう。トップページのビューIndexViewに、1ページあたりの表示件数を9件に設定するための

```
paginate_by = 9
```

を追加します。

▼1ページあたりの表示件数を設定（picture/views.py）

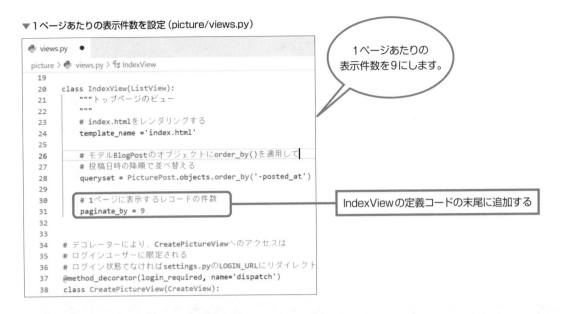

1ページあたりの
表示件数を9にします。

IndexViewの定義コードの末尾に追加する

5.5.3 「media」フォルダーのURLパターンを設定する

投稿された画像は、プロジェクトの「media」以下の「pictures」フォルダーに格納されています。現状では、「media」フォルダーのURLパターンは設定していないので、

```
http://<ホスト名>/media
```

にアクセスがあると、HTTP404エラー（ページが存在しない）が発生してしまいます。

プロジェクトのURLConf（postpic_prj/urls.py）を編集モードで開いて、次のように「media」フォルダーのためのURLパターンを追加しましょう。

▼プロジェクトのURLConf（postpic_prj/urls.py）

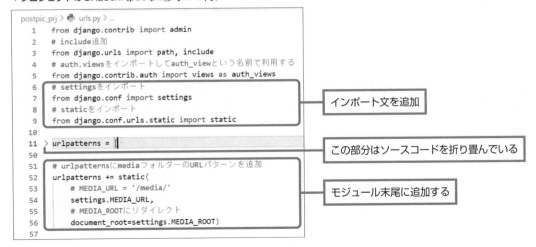

インポート文を追加

この部分はソースコードを折り畳んでいる

モジュール末尾に追加する

django.conf.urlsモジュールのstatic()関数は、静的ファイルのURLパターンを設定します。第1引数の

```
settings.MEDIA_URL
```

は、settings.pyで設定されている「MEDIA_URL = '/media/'」です。第2引数の

```
document_root=settings.MEDIA_ROOT
```

は、「MEDIA_ROOT = os.path.join(BASE_DIR, 'media')」を示しています。これで、/media/へのアクセスは「media」フォルダーにリダイレクトされることになります。

この設定は開発サーバー向けです。本番運用ではこのURLパターンは削除し、代わりにWebサーバー側で「media」フォルダーへの振り分けを行うように設定します。

pictureアプリのトップページを確認する

開発サーバーを起動して、「http://127.0.0.1:8000」にアクセスしてみましょう。

▼pictureアプリのトップページ

投稿画像の一覧

ページネーション
（投稿が3件だけなで1ページのみ）

投稿がまだ3件しかありませんが、一覧で表示されていることが確認できます。ページネーションも正常に動作しています。

投稿写真の一覧には、それぞれの写真ごとにカテゴリが表示されるボタンが配置されています。この
ボタンをクリックすると、該当のカテゴリの投稿写真が一覧で表示される、という仕組みを作ります。

カテゴリごとの投稿画像一覧を
表示する

カテゴリページ (カテゴリ別の一覧ページ) を表示する流れは、次のようになります。

❶投稿写真の一覧で、それぞれの写真に表示されるカテゴリのボタンがクリックされたタイミングで、カ
テゴリページのURLを生成します。対象のレコードからカテゴリのid (CategorysテーブルのidのID)
を取得して、URLの中に組み入れます。

❷❶のURLにマッチングしたURLパターンを実行して、指定のビューにカテゴリのidを渡します。

❸URLパターンから呼び出されたビューは、そのid値を使ってデータベースへのクエリを実行し、カテゴ
リに属する投稿写真を集めたカテゴリページをレンダリングします。

▼pictureアプリのトップページ

カテゴリのボタンをクリックする

▼カテゴリページ

対象のカテゴリの画像
のみが表示される

5.6.1　投稿画像ごとのボタンにカテゴリページのリンクを埋め込む

　投稿画像の一覧を表示するテンプレート（picture_list.html）には、各画像ごとに2個のボタンが配置されており、そのうちの1個のボタンにはカテゴリ名が表示されるようになっています。このボタンをクリックしたタイミングで、カテゴリページを表示することにしましょう。

「picture_list.html」の編集

　エクスプローラーで「picture」➡「templates」以下の「picture_list.html」をダブルクリックして編集モードで開きましょう。2つの<button>タグのうち、カテゴリを表示するボタンに、onclick属性を

```
onclick="location.href='{% url 'picture:picture_cat' category=record.category.id %}'"
```

のように記述して、カテゴリページのURLを設定します。

▼カテゴリボタンのリンク先を設定（picture/templates/picture_list.html）

```
33        <div class="btn-group">
34          <!-- 詳細ページを表示するボタン -->
35          <button
36            type="button"
37            class="btn btn-sm btn-outline-secondary">View
38          </button>
39          <!-- カテゴリを表示するボタン -->
40          <button
41 onclick="location.href='{% url 'picture:picture_cat' category=record.category.id %}'"
42            type="button"
43            class="btn btn-sm btn-outline-secondary">
44            {{record.category.title}}
45          </button>
46        </div>
47        <!-- 投稿したユーザー名を出力 -->
48        <a href="{% url 'picture:user_list' user=record.user.id %}">
49          <small class="text-muted">
50            {{record.user.username}}
51          </small>
52        </a>
53      </div>
```

> コードが長いのでインデントを入れずに記述しています。

> onclick属性を追加する

```
"location.href='{% url 'picture:picture_cat' category=record.category.id %}'"
```

では、テンプレートタグ url を使ってリンク先の URL を生成しています。

```
'picture:picture_cat'
```

は、urls.py の picture で定義されている URL パターン picture_cat を参照します。このあとで定義する picture_cat の URL は、

```
picture/<int:category>
```

のようになります。最後の

```
category=record.category.id
```

は、クリックされたレコードのカテゴリの id を取得するためのものです。record.category.id で、PicturePost モデルの category フィールドに紐付けられている、Category モデルの id（Categorys テーブルの id カラム）の値が参照されます。この結果、

```
/picture/5
```

のような URL（5 は Category モデルの id 値）が生成されます。

Onepoint

●カテゴリページ

　ここで作成している picture アプリでは、画像を投稿する際に4つのカテゴリ（ライブ／コンサート、音楽、ファーストフード、お祭り）から1つを選ぶようにしています。カテゴリページは、各カテゴリごとの投稿画像を一覧で表示するページです。

▼「ファーストフード」カテゴリのページ

> カテゴリごとに投稿画像がまとめられます。

5.6.2　カテゴリページのURLパターンを作成する

カテゴリページのURLパターンを作成します。

「picture/urls.py」の編集

　エクスプローラーで「picture」以下の「urls.py」をダブルクリックして編集モードで開き、次のようにURLパターンを追加しましょう。

▼カテゴリページのURLパターンを作成（picture/urls.py）

```
 7    # URLパターンを登録する変数
 8    # pictureアプリへのアクセスに対して
 9    # viewsモジュールのIndexViewを実行
10    urlpatterns = [
11 >      path( ~
14
15        # 写真投稿ページへのアクセスに対して
16        # viewsモジュールのCreatePictureViewを実行
17 >      path( ~
21
22        # 投稿完了ページへのアクセスに対して
23        # viewsモジュールのPostSuccessViewを実行
24 >      path( ~
28
29        # カテゴリページ
30        # picture/<Categorysテーブルのid値>にマッチング
31        # <int:category>は辞書{category: id値(int)}として
32        # CategoryViewに渡される
33        path(
34            'picture/<int:category>',
35            views.CategoryView.as_view(),
36            name = 'picture_cat'),
37    ]
```

> カテゴリページの
> URLパターンを
> 追加します。

> 追加する

　マッチングさせるURLは、

```
'picture/<int:category>'
```

のようにしています。

```
<int:category>
```

の部分は、リクエストされたURLが/picture/5の場合、5にマッチングします。

　同時にこの部分は、

```
{'category': 5}
```

のような辞書（dict）を生成し、呼び出し先のビューCategoryViewに引き渡す処理までを行います。categoryキーにCategoryモデルのid値が格納されているので、ビューCategoryViewでは、このid値を使ってデータベースへのクエリを実行し、対象のカテゴリのレコードを抽出することになります。

5.6.3　カテゴリページのビューCategoryViewを作成する

カテゴリページのテンプレートをレンダリングするビューCategoryViewを作成しましょう。

「picture/views.py」でCategoryViewを定義する

エクスプローラーで「picture」以下の「views.py」をダブルクリックして編集モードで開き、次のようにCategoryViewの定義コードを追加します。

▼カテゴリページのビューCategoryViewを定義（picture/views.py）

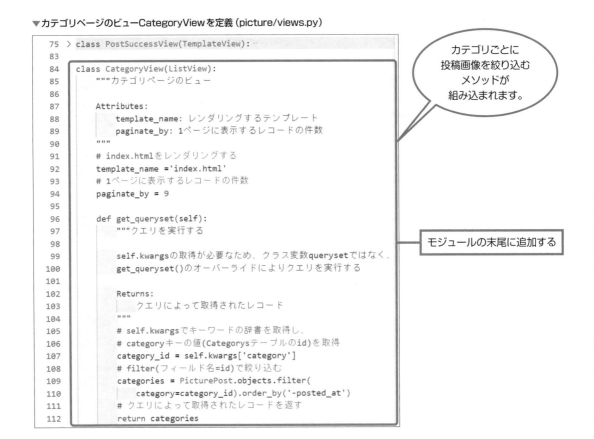

```python
 75 > class PostSuccessView(TemplateView): …
 83
 84   class CategoryView(ListView):
 85       """カテゴリページのビュー
 86
 87       Attributes:
 88           template_name: レンダリングするテンプレート
 89           paginate_by: 1ページに表示するレコードの件数
 90       """
 91       # index.htmlをレンダリングする
 92       template_name ='index.html'
 93       # 1ページに表示するレコードの件数
 94       paginate_by = 9
 95
 96       def get_queryset(self):
 97           """クエリを実行する
 98
 99           self.kwargsの取得が必要なため、クラス変数querysetではなく、
100           get_queryset()のオーバーライドによりクエリを実行する
101
102           Returns:
103               クエリによって取得されたレコード
104           """
105           # self.kwargsでキーワードの辞書を取得し、
106           # categoryキーの値(Categorysテーブルのid)を取得
107           category_id = self.kwargs['category']
108           # filter(フィールド名=id)で絞り込む
109           categories = PicturePost.objects.filter(
110               category=category_id).order_by('-posted_at')
111           # クエリによって取得されたレコードを返す
112           return categories
```

> カテゴリごとに投稿画像を絞り込むメソッドが組み込まれます。

> モジュールの末尾に追加する

テンプレートは、トップページのテンプレート「index.html」がそのまま使えるので、これを流用することにしました。ページネーションが組み込まれているので、

```
paginate_by = 9
```

と記述しています。ここでのポイントは、データベースへのクエリ（要求）を行うget_queryset()メソッドです。このメソッドは、ListViewクラスの内部で実行され、クラス変数querysetに登録されたクエリを実行します。通常はオーバーライドする必要のないメソッドですが、今回は、クラス変数querysetにクエリを登録する方法では対処できないので、オーバーライドすることにしました。

　get_queryset()メソッドはインスタンスメソッドなので、

```python
def get_queryset(self):
```

のようにselfパラメーターで自分自身のオブジェクトを取得します。CategoryViewでオーバーライドしたときは、CategoryViewオブジェクトが取得されます。このとき、

```python
self.kwargs
```

のようにインスタンス変数kwargs（スーパークラスのdjango.views.generic.base.Viewクラスで定義されています）を指定すると、URLパターンで実行したas_view()メソッドから

```python
{category: id値(int)}
```

の辞書（dict）が取得できます。そこで、

```python
category_id = self.kwargs['category']
```

とすることで、categoryキーのid値を直接、取り出して、

```python
categories = PicturePost.objects.filter(
    category=category_id).order_by('-posted_at')
```

のようにクエリを実行します。

```python
filter(category=category_id)
```

とすることで、「categoryフィールドがcategory_idとなっているレコード」だけが抽出されるので、最後に

```python
order_by('-posted_at')
```

を実行して並べ替えを行い、これを結果として返します。

　レコードはContextオブジェクトのobject_listキーの値として格納されるので、投稿画像の一覧を表示するテンプレート「picture_list.html」において、object_listキーからレコードを順次取り出してタイトルやイメージを出力できます。

特定のユーザーが投稿した写真を一覧で表示するページを用意しましょう。投稿画像の一覧には、それぞれの画像ごとに投稿したユーザー名が表示されます。ユーザー名のテキストにリンクを設定し、該当のユーザーの投稿一覧を表示するようにします。

ユーザーごとの専用ページを用意する

ユーザーの投稿一覧ページを表示する流れは、前節のカテゴリページと同じです。

❶投稿写真の一覧で、それぞれの写真に表示されるユーザー名がクリックされたタイミングで、ユーザーの投稿一覧ページのURLを生成します。対象のレコードからユーザーのid（ユーザーテーブルのid値）を取得して、URLの中に組み入れます。

❷❶のURLにマッチングしたURLパターンを実行して、指定のビューにユーザーのidを渡します。

❸URLパターンから呼び出されたビューは、そのid値を使ってデータベースへのクエリを実行し、対象のユーザーの投稿写真を集めた一覧ページをレンダリングします。

▼ユーザー名のリンクテキストをクリックする（トップページ）

▼ユーザーの投稿写真が一覧表示される（ユーザーの投稿一覧ページ）

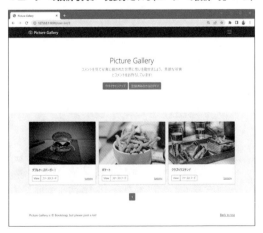

5.7.1　ユーザー名にそのユーザーの投稿一覧ページのリンクを埋め込む

投稿された画像の一覧を表示するテンプレート（picture_list.html）では、各画像ごとに投稿したユーザー名を表示するようになっています。ユーザーの投稿一覧ページは、このユーザー名をクリックしたタイミングで表示することにしましょう。

投稿一覧のテンプレート「picture_list.html」の編集

エクスプローラーで「picture」➡「templates」以下の「picture_list.html」をダブルクリックして編集モードで開きましょう。ユーザー名を出力する＜small＞〜＜/small＞タグを＜a＞タグで囲んで、リンク先のURLを

```
<a href="{% url 'picture:user_list' user=record.user.id %}">
```

のように設定します。

▼ユーザー名のリンク先を設定（picture/templates/picture_list.html）

```
🔲 picture_list.html 1 ●

🔲 picture_list.html > 📄 div.album.py-5.bg-light > 📄 div.container > 📄 div.row.row-cols-1.row-cols-sm-2.row-col

39                        <!-- カテゴリを表示するボタン -->
40                        <button
41      onclick="location.href='{% url 'picture:picture_cat' category=record.category
42                          type="button"
43                          class="btn btn-sm btn-outline-secondary">
44                          {{record.category.title}}
45                        </button>
46                      </div>
47                      <!-- 投稿したユーザー名を出力 -->
48                      <a href="{% url 'picture:user_list' user=record.user.id %}">
49                        <small class="text-muted">
50                          {{record.user.username}}
51                        </small>
52                      </a>
53                    </div>
54                  </div>
55                </div>
56              <!-- 列要素ここまで -->
57              </div>
58              <!-- for ブロック終了 -->
59              {% endfor %}
60            <!-- 行要素ここまで -->
61            </div>
```

ユーザー名を出力する＜small＞〜＜/small＞タグを
＜a＞タグで囲んで、リンク先のURLを設定する

<a>タグの href属性では、

```
href="{% url 'picture:user_list' user=record.user.id %}"
```

のように、テンプレートタグurlを使ってリンク先のURLを生成しています。

```
'picture:user_list'
```

は、urls.pyのpictureで定義されているURLパターンuser_listを参照します。このあとで定義するuser_listのURLは、

```
user-list/<int:user>
```

のようになります。最後の

```
user=record.user.id
```

は、クリックされたレコードからユーザーのidを取得するためのものです。record.user.idで、PicturePostモデルのuserフィールドに紐付けられている、Userモデルのid（ユーザーテーブルのidカラム）の値が参照されます。この結果、

```
/user-list/3
```

のようなURL（3はUserモデルのid値）が生成されます。

5.7.2 ユーザーの投稿一覧ページのURLパターンを作成する

ユーザーの投稿一覧ページのURLパターンを作成します。

「picture/urls.py」の編集

エクスプローラーで「picture」以下の「urls.py」をダブルクリックして編集モードで開き、リストurlpatternsの末尾の要素として、ユーザーの投稿一覧ページのURLパターン

```
path(
    'user-list/<int:user>', views.UserView.as_view(), name = 'user_list'),
```

を追加しましょう。

▼ユーザーの投稿一覧ページのURLパターンを追加（picture/urls.py）

```
urls.py                                              ▷ ∨

picture >  urls.py > ...
    7    # URLパターンを登録する変数
    8    # pictureアプリへのアクセスに対して
    9    # viewsモジュールのIndexViewを実行
   10    urlpatterns = [
   11  >      path(⋯

   14
   15        # 写真投稿ページへのアクセスに対して
   16        # viewsモジュールのCreatePictureViewを実行
   17  >      path(⋯

   21
   22        # 投稿完了ページへのアクセスに対して
   23        # viewsモジュールのPostSuccessViewを実行
   24  >      path(⋯

   28
   29        # カテゴリページ
   30        # picture/<Categorysテーブルのid値>にマッチング
   31        # <int:category>は辞書{category: id値(int)}として
   32        # CategoryViewに渡される
   33  >      path(⋯

   37
   38        # ユーザーの投稿一覧ページ
   39        # picture/<ユーザーテーブルのid値>にマッチング
   40        # <int:user>は辞書{user: id値(int)}として
   41        # UserViewに渡される
   42        path(
   43            'user-list/<int:user>',
   44            views.UserView.as_view(),
   45            name = 'user_list'),
   46    ]
```

> 投稿画像のユーザー名をクリックすると、このURLパターンが参照されます。

> 追加する

マッチングさせるURLは、

```
'user-list/<int:user>'
```

のようにしています。<int:user>の部分は、リクエストされたURLが/user-list/3の場合、3にマッチングします。同時にこの部分は、

```
{'user': 3}
```

のような辞書（dict）を生成し、呼び出し先のビューUserViewに引き渡す処理までを行います。userキーにUserモデルのid値が格納されているので、ビューUserViewでは、このid値を使ってデータベースへのクエリを実行し、対象のカテゴリのレコードを抽出することになります。

5.7.3　ユーザーの投稿一覧のビューUserViewを作成する

ユーザーの投稿一覧ページのテンプレートをレンダリングするUserViewを作成しましょう。

「picture/views.py」の編集

　エクスプローラーで「picture」以下の「views.py」をダブルクリックして、編集モードで開きましょう。モジュールの末尾に、UserViewの定義コードを追加します。

▼ユーザーの投稿一覧のビューUserViewを定義（picture/views.py）

```
 84 > class CategoryView(ListView): ⌐                    ソースコードを
113                                                         折り畳んでいる
114   class UserView(ListView):
115       """ユーザーの投稿一覧ページのビュー
116
117       Attributes:
118           template_name: レンダリングするテンプレート
119           paginate_by: 1ページに表示するレコードの件数
120       """
121       # index.htmlをレンダリングする
122       template_name ='index.html'
123       # 1ページに表示するレコードの件数
124       paginate_by = 9
125
126       def get_queryset(self):
127           """クエリを実行する
128
129           self.kwargsの取得が必要なため、クラス変数querysetではなく    モジュールの末尾に、
130           get_queryset()のオーバーライドによりクエリを実行する       UserViewの定義コー
131                                                                   ドを追加する
132           Returns:
133               クエリによって取得されたレコード
134           """
135           # self.kwargsでキーワードの辞書を取得し、
136           # userキーの値(ユーザーテーブルのid)を取得
137           user_id = self.kwargs['user']
138           # filter(フィールド名=id)で絞り込む
139           user_list = PicturePost.objects.filter(
140               user=user_id).order_by('-posted_at')
141           # クエリによって取得されたレコードを返す
142           return user_list
```

ユーザーごとに投稿画像を
絞り込むメソッドが
組み込まれます。

　ユーザーの投稿一覧においても、トップページのテンプレート「index.html」を使うことにしました。ページネーションが組み込まれているので、

```
paginate_by = 9
```

の記述も同じです。前節のカテゴリページと同じように、ポイントはget_queryset()メソッドです。通常はオーバーライドする必要のないメソッドですが、ユーザーのid値を取得する必要があるので次のようにオーバーライドしています。
　get_queryset()メソッドは、

```
def get_queryset(self):
```

のようにselfパラメーターで自分自身のオブジェクト（UserViewオブジェクト）を取得します。このとき、**self.kwargs**のようにインスタンス変数kwargsを指定すると、URLパターンで実行したas_view()メソッドから

```
{user: id値(int)}
```

の辞書（dict）が取得できます。そこで、

```
user_id = self.kwargs['user']
```

としてuserキーのid値を取り出して、

```
user_list = PicturePost.objects.filter(
            user=user_id).order_by('-posted_at')
```

のようにクエリを実行します。

```
filter(user=user_id)
```

で、「userフィールドがuser_idとなっているレコード」だけが抽出されるので、最後に

```
order_by('-posted_at')
```

を実行して並べ替えを行い、この順番で画像を表示します。

Section

5.8

投稿画像の詳細ページを用意する

Level ★ ★ ★　　Keyword　詳細ページ

投稿画像の詳細ページを用意しましょう。投稿画像の一覧には、それぞれの写真ごとに [View] ボタンが表示されます。このボタンに詳細ページへのリンクを設定し、投稿された写真とタイトル、コメント、投稿された日時を表示するようにしましょう。

投稿画像を 1 件ずつ表示するページの作成

投稿画像の一覧を表示するテンプレート (picture_list.html) では、各画像ごとに **View** ボタンを配置しています。詳細ページは、このボタンをクリックしたタイミングで表示することにしましょう。

▼[View] ボタンをクリックする (トップページ)

▼詳細ページが表示される

402

5.8.1 投稿画像の一覧に表示される［View］ボタンに、詳細ページのリンクを埋め込む

投稿写真の一覧を表示するテンプレート（picture_list.html）では、画像ごとに**View**ボタンを配置しています。詳細ページは、このボタンをクリックしたタイミングで表示するようにします。

「picture/templates/picture_list.html」の編集

エクスプローラーで「picture」➡「templates」以下の「picture_list.html」をダブルクリックして編集モードで開きましょう。**View**ボタンを表示する＜button＞タグに、onclick属性を

```
onclick="location.href='{% url 'picture:picture_detail' record.pk %}'"
```

のように追加して、リンク先のURLを指定します。

▼詳細ページのリンク先を設定 (picture/templates/picture_list.html)

```
🔲 picture_list.html 1 ●
div.album.py-5.bg-light › ⬦ div.container › ⬦ div.row.row-cols-1.row-cols-sm-2.row-cols-md-3.g-3 › ⬦ div.col › ⬦ div.card
26          <!-- タイトルとボタンを出力するブロック -->
27          <div class="card-body">
28            <p class="card-text">
29              <!-- titleフィールドを出力 -->
30              {{record.title}}
31            </p>
32            <div class="d-flex justify-content-between align-items-center">
33              <div class="btn-group">
34                <!-- 詳細ページを表示するボタン -->
35                <button
36  onclick="location.href='{% url 'picture:picture_detail' record.pk %}'"
37                  type="button"
38                  class="btn btn-sm btn-outline-secondary">View
39                </button>
40                <!-- カテゴリを表示するボタン -->
41                <button
42  onclick="location.href='{% url 'picture:picture_cat' category=record.category.id %}'"
43                  type="button"
44                  class="btn btn-sm btn-outline-secondary">
45                  {{record.category.title}}
46                </button>
47              </div>
48              <!-- 投稿したユーザー名を出力 -->
49              <a href="{% url 'picture:user_list' user=record.user.id %}">
50                <small class="text-muted">
51                  {{record.user.username}}
52                </small>
53              </a>
54            </div>
55          </div>
```

Viewボタンを表示する＜button＞タグにonclick属性を追加する

　　　<button>タグに設定したonclick属性では、テンプレートタグurlを使ってリンク先のURLを生成しています。

```
'picture: picture_detail'
```

は、urls.pyのpictureで定義されているURLパターンpicture_detailを参照します。
　このあとで定義するpicture_detailのURLは、

```
picture-detail/<int:pk>
```

のようになります。最後の

```
record.pk
```

は、クリックされたレコードの主キーを取得するためのものです。PicturePostモデルのidフィールドの値が参照されるので、結果として、

```
/ picture-detail/9
```

のようなURL（9はPicturePostモデルのid値）が生成されます。

5.8.2　詳細ページのURLパターンを作成する

　　　詳細ページのURLパターンを作成します。

「picture/urls.py」の編集

　　　エクスプローラーで「picture」以下の「urls.py」をダブルクリックして編集モードで開きましょう。リストurlpatternsの要素の末尾に、

```
path('picture-detail/<int:pk>',
     views.DetailView.as_view(),
     name = 'picture_detail'),
```

を追加します。

▼詳細ページのURLパターンを追加（picture/urls.py）

マッチングさせるURLは、

```
'picture-detail/<int:pk>'
```

です。<int:pk>の部分は、リクエストされたURLが「/picture-detail/9」の場合、9にマッチングします。同時にこの部分は、

```
{'pk': 5}
```

のような辞書（dict）を生成し、呼び出し先のビューDetailViewに引き渡す処理までを行います。

5.8.3　詳細ページのビューDetailViewを作成する

詳細ページのテンプレートをレンダリングするビューDetailViewを作成しましょう。

「picture/views.py」の編集

エクスプローラーで「picture」以下の「views.py」をダブルクリックして、編集モードで開きましょう。

下の画面のように、DetailViewの定義コードをモジュールの末尾に追加します。DetailViewは、django.views.generic.DetailViewのサブクラスなので、冒頭にインポート文：

```
from django.views.generic import DetailView
```

を加えることに注意してください。
DetailViewの定義コードは次のようになります。

```
class DetailView(DetailView):
    template_name ='detail.html'
    model = PicturePost
```

レンダリングするテンプレートは、詳細ページ専用のテンプレート「detail.html」です。

▼詳細ページのビューDetailViewを定義（picture/views.py）

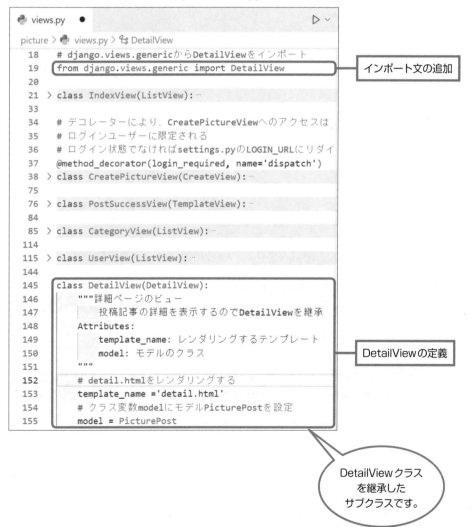

5.8.4　詳細ページのテンプレートを作成する

詳細ページのテンプレート「detail.html」を作成しましょう。**エクスプローラー**で「picture」以下の「templates」フォルダーを右クリックして**新しいファイル**を選択します。ファイル名に「detail.html」と入力して Enter キーを押します。

▼「templates」フォルダー以下に「detail.html」を作成

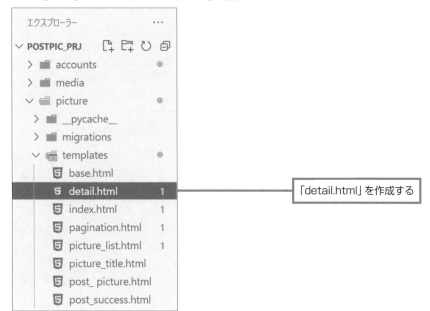

「detail.html」を作成する

「detail.html」のソースコード

詳細ページのテンプレートでは、ベーステンプレートを適用してナビゲーションバーとフッターを表示するようにします。

コンテンツがページの真ん中に配置されるように、Bootstrapのグリッドシステムを利用します。行要素として<div class="row">を配置し、列要素では<div class="col offset-3">のように列の左右に余白を入れるCSSクラスoffset-3を適用しました。

PicturePostモデルを通じて抽出された各フィールドのデータは、objectを通じて取得できるので、{{ }}で囲むことで、title、comment、posted_atのデータを出力します。

イメージは、<img>タグのsrc属性に"{{ object.image1.url }}"のようにリンクを設定することで、画面に表示します。2枚目のイメージが登録されている場合があるので、

```
{% if object.image2 %}
```

で存在を確認してから、<img>タグで出力するようにします。

▼詳細ページのテンプレート（picture/templates/detail.html）

```
detail.html 1 ●
picture > templates > detail.html > ...
1   <!-- ベーステンプレートを適用する-->
2   {% extends 'base.html' %}
3   <!-- ヘッダー情報のページタイトルを設定する-->
4   {% block title %}Picture Detail{% endblock %}
5
6       {% block contents %}
7       <!-- Bootstrapのグリッドシステム-->
8       <br>
9       <div class="container">
10        <!-- 行を配置 -->
11        <div class="row">
12          <!-- 列の左右に余白offset-3を入れる-->
13          <div class="col offset-3">
14            <!-- タイトル -->
15            <h2>{{object.title}}</h2>
16            <!-- コメント -->
17            <p>{{object.comment}}</p>
18            <br>
19            <!-- 投稿日時 -->
20            <p>{{object.posted_at}}に投稿</p>
21            <!-- 1枚目の写真 -->
22            <p><img src="{{ object.image1.url }}"></p>
23            <!-- 2枚目の写真が投稿されていたら表示する-->
24            {% if object.image2 %}
25              <p><img src="{{ object.image2.url }}"></p>
26            {% endif %}
27          </div>
28        </div>
29      </div>
30      {% endblock %}
```

入力する

nepoint

●詳細ページ

詳細ページでは、選択された投稿画像1件だけを表示するので、画像が大きく表示されます。また、投稿時に入力されたタイトルやコメント、投稿日時も表示されます。

▼詳細ページの例

投稿1件ごとに
表示されます。

5.9 ログイン中のユーザーのための「マイページ」を用意する

Level ★ ★ ★ | Keyword | マイページ

ログイン中のユーザーのための「マイページ」を用意しましょう。構造的にユーザーの投稿写真を一覧表示するページと同じですが、ページタイトルは表示しないで、投稿画像の表示領域を大きくして、ログイン中のユーザー名と投稿件数を見せてあげるようにしたいと思います。

 ここがポイント!

マイページの作成

ベーステンプレート (base.html) で配置しているナビゲーションメニューでは、ログイン中のユーザーに対して、メニューアイテム「マイページ」を表示するようにしています。このメニューアイテムのリンク先として、マイページのURLを設定します。

▼マイページ

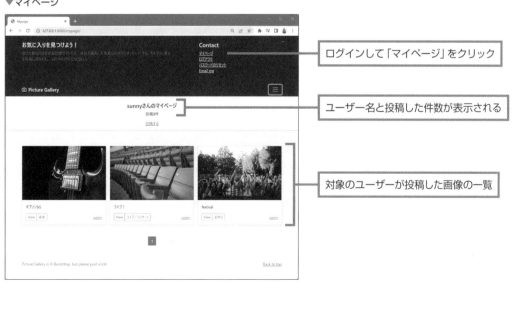

ログインして「マイページ」をクリック

ユーザー名と投稿した件数が表示される

対象のユーザーが投稿した画像の一覧

5.9.1 ナビゲーションメニューにマイページのリンクを設定する

ベーステンプレート（picture/templates/base.html）で配置しているナビゲーションメニューでは、ログイン中のユーザーに対して、メニューアイテム「マイページ」を表示するようにしています。リンク先として、マイページのURLを設定しましょう。

「base.html」の編集

エクスプローラーで「picture」➡「templates」以下の「base.html」をダブルクリックして編集モードで開きましょう。ログイン中のメニューアイテム「マイページ」の<a>タグのhref属性を

```
href="{% url 'picture:mypage' %}"
```

のように記述します。

▼ユーザー名のリンク先を設定（templates/base.html）

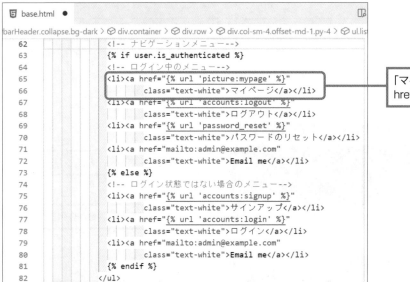

「マイページ」の<a>タグのhref属性を入力する

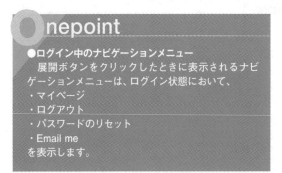

●ログイン中のナビゲーションメニュー
展開ボタンをクリックしたときに表示されるナビゲーションメニューは、ログイン状態において、
・マイページ
・ログアウト
・パスワードのリセット
・Email me
を表示します。

5.9.2　マイページのURLパターンを作成する

マイページのURLパターンを作成します。

pictureアプリの「urls.py」を編集する

エクスプローラーで「picture」以下の「urls.py」をダブルクリックして編集モードで開きましょう。URLパターンを登録するリストurlpatternsの要素として、

```
path('mypage/', views.MypageView.as_view(), name = 'mypage'),
```

を追加します。

▼マイページのURLパターンを作成 (picture/urls.py)

```
urls.py ●                                        ▷ ∨
picture > urls.py > ...
  47        # 詳細ページ
  48        # picture-detail/<Picture postsテーブルのid値>
  49        # にマッチング
  50        # <int:pk>は辞書{pk: id値(int)}として
  51        # DetailViewに渡される
  52        path(
  53            'picture-detail/<int:pk>',
  54            views.DetailView.as_view(),
  55            name = 'picture_detail'),
  56
  57        # マイページ
  58        # mypage/へのアクセスはMypageViewを実行
  59        path(
  60            'mypage/',
  61            views.MypageView.as_view(),
  62            name = 'mypage'),
  63    ]
```

リストurlpatternsの末尾に追加する

5

Djangoを用いたWebアプリ開発

nepoint

●MypageView

　マイページのURLパターンでは、ビューMypage Viewを実行します。MypageViewでは、ログイン中のユーザーの投稿画像をデータベースから抽出し、マイページのテンプレートに反映させる処理を行います。

5.9.3　マイページのビューMypageViewを作成する

マイページをレンダリングするビューMypageViewを作成しましょう。

pictureアプリの「views.py」を編集する

エクスプローラーで「picture」以下の「views.py」をダブルクリックして編集モードで開きましょう。モジュールの末尾にMypageViewの定義コードを入力します。

▼マイページのビューMypageViewを定義（picture/views.py）

MypageViewに渡されるHttpRequest（WSGIRequest）は、ユーザーがログインした場合にHttpRequest.userにユーザー名が格納されます。そこで、get_queryset()メソッドをオーバーライドして、get_queryset(self)で取得した自分自身のMypageViewオブジェクトから、

```
self.request.user
```

のように記述すると、ログイン中のユーザー名を取得できます。これを利用して

```
queryset = PicturePost.objects.filter(
    user=self.request.user).order_by('-posted_at')
```

とすれば、PicturePostモデルからログイン中のユーザーのレコードを抽出できます。

　抽出されたレコードは、Contextオブジェクトのobject_listキーの値として格納されるので、マイページのテンプレートにおいて、object_listキーからレコードを順次取り出してタイトルやイメージを出力するようにします。

5.9.4　マイページのテンプレートを作成する

　マイページのテンプレート用のドキュメントを作成しましょう。**エクスプローラー**で「picture」以下の「templates」フォルダーを右クリックして**新しいファイル**を選択し、ファイル名に「mypage.html」と入力して[Enter]キーを押します。

▼[エクスプローラー]

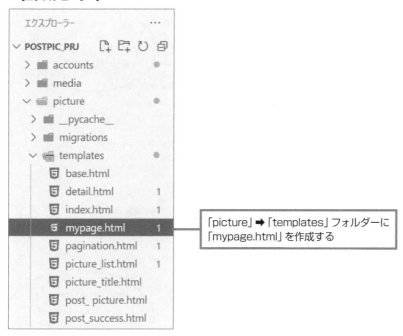

「picture」➡「templates」フォルダーに「mypage.html」を作成する

マイページのテンプレート「mypage.html」にコードを入力する

マイページのテンプレート「mypage.html」を編集モードで開いて、下の画面のように入力しましょう。ベーステンプレートを適用し、コンテンツの部分にユーザー名や投稿件数を表示するブロックを配置します。さらに、投稿画像を一覧表示するテンプレートおよびページネーションのテンプレートを組み込みます。

ユーザーがログイン中かどうかを

```
{% if user.is_authenticated %}
```

でチェックし、ログイン中であれば、

```
<h4>{{user.username}}さんのマイページ</h4>
```

でユーザー名を表示します。投稿件数については、

```
{% if object_list.count == 0 %}
```

でチェックして、投稿が0件の場合とそうでない場合とで、それぞれメッセージを表示します。

▼マイページのテンプレート (picture/templates/mypage.html)

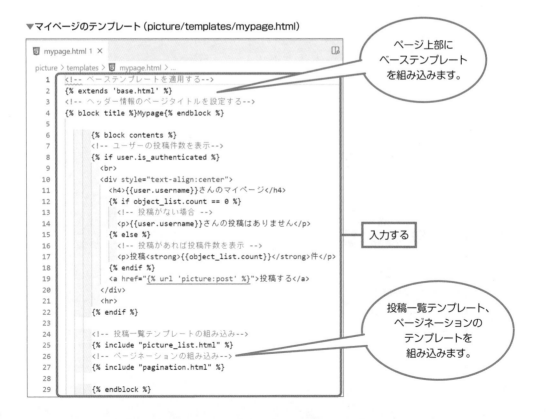

ページ上部にベーステンプレートを組み込みます。

入力する

投稿一覧テンプレート、ページネーションのテンプレートを組み込みます。

5.9.5　投稿画像の削除機能を実装する

　　画像を投稿したユーザーが、過去の投稿を削除できるようにしましょう。投稿画像を削除する処理の流れは次のようになります。

・ログイン中のユーザーが自分の投稿写真の詳細ページを表示したとき、投稿を削除するためのボタンを表示する。
・削除用のボタンがクリックされると確認ページを表示し、あらためて削除ボタンがクリックされるとビューの処理で対象の投稿データをテーブルから削除する。
・削除完了後は「マイページ」にリダイレクトする。

▼ログイン中のユーザーが自分の投稿写真の詳細ページを表示

削除するボタンをクリックする

▼削除確認ページ

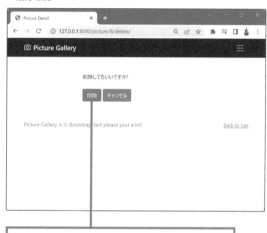

削除ボタンをクリックすると、投稿が削除される

ログイン中のユーザーの詳細ページに［削除する］ボタンを表示する

　　ログイン中のユーザーが「自分が投稿した写真の詳細ページ」を表示したとき、対象の投稿を削除するための**削除する**ボタンが表示されるようにしましょう。

■ ユーザーの詳細ページに［削除する］ボタンを表示する仕組み

　　ログイン中のユーザー名は、リクエストオブジェクトのuser（HttpRequest.user）に格納されています。ログイン中のユーザーの詳細ページでは、対象の画像を投稿したユーザー名をobject.userで取得することができます。

そこで、

```
{% if request.user == object.user %}
```

として、ログイン中のユーザー名と画像を投稿したユーザー名が一致したときに、**削除する**ボタンを表示します。

　HTTPのPOSTを実行する<form method="POST">を配置し、<a>タグでボタンを表示します。

```
class="btn btn-primary my-2"
```

はBootstrapのCSSクラス名で、これを<a>タグに適用すると青色のボタンが表示されます。リンク先のURLは、

```
href="{% url 'picture:picture_delete' object.pk %}"
```

として、pictureアプリのURLパターンpicture_deleteに

```
object.pk
```

でレコードの主キー (id) の値を追加するようにしています。このあと設定するURLパターンpicture_deleteは、

```
picture/<int:pk>/delete/
```

とするので、<int:pk>の部分にobject.pkで取得したid値が入り、

```
picture/10/delete/
```

のようなURLが生成されます。

■「detail.html」の編集

　エクスプローラーで「picture」➡「templates」以下の「detail.html」をダブルクリックして編集モードで開き、次の画面のコードを追加します。

▼詳細ページのテンプレート (picture/templates/detail.html)

```
detail.html 1 ×

picture > templates > detail.html > ...
 6        {% block contents %}
 7        <!-- Bootstrapのグリッドシステム-->
 8        <br>
 9        <div class="container">
10          <!-- 行を配置 -->
11          <div class="row">
12            <!-- 列の左右に余白offset-3を入れる-->
13            <div class="col offset-3">
14              <!-- タイトル -->
15              <h2>{{object.title}}</h2>
16              <!-- コメント -->
17              <p>{{object.comment}}</p>
18              <br>
19              <!-- 投稿日時 -->
20              <p>{{object.posted_at}}に投稿</p>
21              <!-- 1枚目の写真 -->
22              <p><img src="{{ object.image1.url }}"></p>
23              <!-- 2枚目の写真が投稿されていたら表示する-->
24              {% if object.image2 %}
25                <p><img src="{{ object.image2.url }}"></p>
26              {% endif %}
27
28              <!-- 表示中の画像がログイン中のユーザーのものであれば
29                   削除ボタンを表示-->
30              {% if request.user == object.user %}
31              <form method="POST">
32              <!-- リンク先のURL
33                   picture/<Picture postsテーブルのid値>/delete/-->
34              <a href="{% url 'picture:picture_delete' object.pk %}"
35                 class="btn btn-primary my-2">削除する</a>
36              {% endif %}
37              </form>
38            </div>
39          </div>
40        </div>
41        {% endblock %}
```

> 削除ボタンをクリックすると、削除ページのURLパターンが参照されます。

> この部分に、削除ボタンを表示するコードを入力する

削除ページのURLパターンを作成する

▼削除ページのURLパターンを追加 (picture/urls.py)

```
picture > urls.py > ...
57        # マイページ
58        # mypage/へのアクセスはMypageViewを実行
59        path(
60            'mypage/',
61            views.MypageView.as_view(),
62            name = 'mypage'),
63
64        # 投稿写真の削除
65        # picture/<Picture postsテーブルのid値>/delete/
66        # にマッチング
67        # <int:pk>は辞書{pk: id値(int)}として
68        # DetailViewに渡される
69        path(
70            'picture/<int:pk>/delete/',
71            views.PictureDeleteView.as_view(),
72            name = 'picture_delete'),
73
```

　エディターで「picture」以下の「urls.py」をダブルクリックして編集モードで開き、削除ページのURLパターンを、リストurlpatternsの要素として追加しましょう。

> リストurlpatternsの要素の末尾に、削除ページのURLパターンを追加する

URLは、

```
'picture/<int:pk>/delete/'
```

としましたので、詳細ページの**削除する**ボタンのリンク先の

```
picture/10/delete/
```

のように、レコードのid値を含んだURLがリクエストされたときにマッチングします。このときに実行されるビューPictureDeleteViewを、このあと作成します。

削除ページのビューPictureDeleteViewを作成する

Djangoには、データベースのレコードを削除することに特化したdjango.views.generic.edit.DeleteViewクラスが用意されています。このクラスを継承したサブクラスを作成すれば、データベースのレコードを削除する機能を持つビューを作ることができます。

エクスプローラーで「picture」以下の「views.py」をダブルクリックして編集モードで開いて、DeleteViewを継承したPictureDeleteViewクラスの定義コードを入力しましょう。

▼モジュールの冒頭にDeleteViewのインポート文を追加 (picture/views.py)

```
views.py ×
picture > 🐍 views.py > 🏷 IndexView
1    from django.shortcuts import render
2    # django.views.genericからTemplateViewをインポート
3    from django.views.generic import TemplateView
4    # django.views.genericからCreateViewをインポート
5    from django.views.generic import CreateView
6    # django.urlsからreverse_lazyをインポート
7    from django.urls import reverse_lazy
8    # formsモジュールからPicturePostFormをインポート
9    from .forms import PicturePostForm
10   # method_decoratorをインポート
11   from django.utils.decorators import method_decorator
12   # login_requiredをインポート
13   from django.contrib.auth.decorators import login_required
14   # django.views.genericからListViewをインポート
15   from django.views.generic import ListView
16   # modelsモジュールからモデルPicturePostをインポート
17   from .models import PicturePost
18   # django.views.genericからDetailViewをインポート
19   from django.views.generic import DetailView
20   # django.views.genericからDeleteViewをインポート
21   from django.views.generic import DeleteView
22
```

DeleteViewのインポート文を追加する

▼ビューPictureDeleteViewを定義 (picture/views.py)

```
picture > 🐍 views.py > 🏷 IndexView
189  class PictureDeleteView(DeleteView):
190      """レコードの削除を行うビュー
191
192      Attributes:
193          model: モデル
194          template_name: レンダリングするテンプレート
195          paginate_by: 1ページに表示するレコードの件数
196          success_url: 削除完了後のリダイレクト先のURL
197      """
198      # 操作の対象はPicturePostモデル
199      model = PicturePost
200      # picture_delete.htmlをレンダリングする
201      template_name ='picture_delete.html'
202      # 処理完了後にマイページにリダイレクト
203      success_url = reverse_lazy('picture:mypage')
204
205      def delete(self, request, *args, **kwargs):
206          """レコードの削除を行う
207
208          Args:
209              request (WSGIRequest(HttpRequest)):
210              args(dict)
211              kwargs(dict):
212                  キーワード付きの辞書
213                  {'pk': 21}のようにレコードのidが渡される
214          Returns:
215              HttpResponseRedirect(success_url):
216                  戻り値を返してsuccess_urlにリダイレクト
217          """
218          # スーパークラスのdelete()を実行
219          return super().delete(request, *args, **kwargs)
```

モジュールの末尾にPictureDeleteViewの定義コードを追加する

■ django.views.generic.edit.DeletionMixinのdelete() メソッドについて

DeleteViewのスーパークラスdjango.views.generic.edit.DeletionMixinのdelete()メソッドは、データベースのレコードを削除します。このメソッドは、django.views.generic.editモジュールのDeletionMixinクラス内で次のように定義されています。

▼ django.views.generic.edit.DeletionMixin.delete() メソッドの定義

```
def delete(self, request, *args, **kwargs):
    self.object = self.get_object()
    success_url = self.get_success_url()
    self.object.delete()
    return HttpResponseRedirect(success_url)
```

PictureDeleteViewの内部で、

```
def delete(self, request, *args, **kwargs):
    return super().delete(request, *args, **kwargs)
```

のようにオーバーライドしていますが、スーパークラスのdelete()をそのまま実行するだけです。

削除ページのテンプレートを作成する

▼［エクスプローラー］

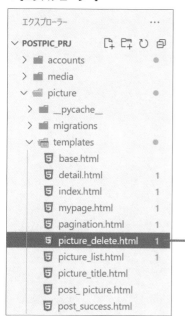

削除ページのテンプレート用のドキュメントを作成しましょう。**エクスプローラー**で「picture」以下の「templates」フォルダーを右クリックして**新しいファイル**を選択し、ファイル名に「picture_delete.html」と入力して Enter キーを押します。

「picture」➡「templates」フォルダーに「picture_delete.html」を作成する

■ 削除ページのテンプレート「picture_delete.html」にコードを入力する

削除ページのテンプレートは、ログイン中のユーザーの詳細ページにおいて、**削除する**ボタンがクリックされたときに表示するものです。ベーステンプレートを適用し、コンテンツの部分でメッセージ「削除してもいいですか？」を表示し、その下に投稿画像の削除を実行する**削除**ボタンと、削除をやめるための**キャンセル**ボタンを配置します。

削除ページのテンプレート「picture_delete.html」を編集モードで開いて、次のように入力しましょう。

▼削除ページのテンプレート (picture/templates/picture_delete.html)

```
picture_delete.html 1 ×
picture > templates > picture_delete.html > ...
 1  <!-- ベーステンプレートを適用する -->
 2  {% extends 'base.html' %}
 3  <!-- ヘッダー情報のページタイトルを設定する -->
 4  {% block title %}Picture Detail{% endblock %}
 5
 6      {% block contents %}
 7      <!-- Bootstrapのグリッドシステム -->
 8      <br>
 9      <div class="container">
10        <!-- 行を配置 -->
11        <div class="row">
12          <!-- 列の左右に余白offset-3を入れる -->
13          <div class="col offset-3">
14            <form method="POST">
15              <br>
16              <p>削除してもいいですか?</p>
17              {% csrf_token %}
18              <button class="btn btn-primary my-2"
19                      type="submit">削除</button>
20              <a href="{% url 'picture:picture_detail' object.pk %}"
21                 class="btn btn-secondary my-2">キャンセル</a>
22            </form>
23          </div>
24        </div>
25      </div>
26      {% endblock %}
```

以上でWebアプリの開発は完了です。お疲れさまでした。

Perfect Master Series
Visual Studio Code

Chapter 6

VSCodeから
Git、GitHubを使う

Gitをインストールして、VSCodeから使えるようにします。後半では、GitHubと連携する方法
について紹介します。

Section

6.1 Git

Level ★ ★ ★　**Keyword**　ローカルリポジトリ　リモートリポジトリ　ブランチ　変更エリア
ステージエリア　コミット

バージョン管理システムのGit（ギット）をインストールすると、VSCodeから連携して使うことができます。ここでは、VSCodeからGitを利用して、開発を効率化する方法について見ていきます。

ここが
ポイント！

Gitをインストールしてコミットの仕組みを理解しよう

　　VSCodeは標準でGitに対応しているので、Gitをインストールするだけで、VSCode上からGitを操作できるようになります。

　　ここでは、「ローカルリポジトリを作成してコミットする」というGitの基本操作について紹介します。

▼ローカルリポジトリ作成直後の［ソース管理］ビュー

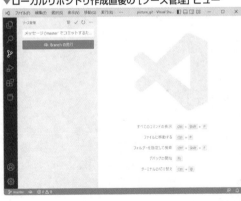

▼［タイムライン］に記録されたコミット履歴

タイムライン

6.1.1　Git（ギット）とは

VSCodeは、バージョン管理システムの**Git**（ギット）に標準で対応しています。Git本体は別途でインストールする必要があるものの、インストールさえ終われば、VSCodeからGitを使えるようになります。

Gitの特徴

Gitは、プログラムのソースコードの変更履歴を記録・追跡するためのソースコード管理ツールです。Gitが世に出た理由として、次のようなことがいわれています。

●ファイルの編集履歴による混乱

ソースファイルを編集前の状態に戻したくなることも少なくありませんが、ファイルをいったん保存して閉じてしまうと、それ以前の状態には戻せなくなります。そこで、編集前のファイル名にバージョン番号や日付を追加して、別途で保存しておく、といった方法がとられます。

しかしながら、ファイルを編集するたびに元の状態を別のファイル名で保存するのは手間がかかるうえに、編集した順序（履歴）もわかりにくく、混乱のもとになります。

●チーム作業における混乱

複数人のチームで開発する場合、共有しているファイルを複数の人が同時に編集してしまうことがあります。この場合、先に編集した人の変更内容は、直後に編集した人の変更内容で上書きされて消えてしまいます。

また、どの開発者がどのような変更をしたのかわかりにくく、混乱してしまいがちです。

🔲 ローカルリポジトリ

ファイルの編集（変更）履歴を管理するのがGitの「**ローカルリポジトリ**」という仕組みです。ローカルリポジトリの実体は、PC内の任意の場所に作成された普通のフォルダーです。ただし、Gitで任意のフォルダーを指定してローカルリポジトリを作成すると、変更履歴を保存するための隠しフォルダーが内部に作成されます。

▼ローカルリポジトリ

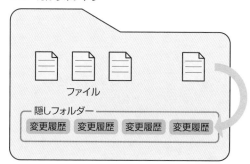

コミットすることで
変更履歴が記録される

6

VSCode から Git、GitHubを使う

変更履歴を隠しフォルダー内に記録する操作のことを「**コミット**」と呼びます。ファイルを編集（変更）するたびにコミットを行うことで、その都度、変更された内容が変更履歴として記録される仕組みです。なお、隠しフォルダー内の変更履歴のことも「コミット」と呼びます。

■ リモートリポジトリ

従来は、サーバー上にある1つのフォルダーを複数の開発者で共有するスタイルが主流でした。しかし、先述のとおり、編集内容を保存するタイミングによっては他の人のものに上書きされるなど、整合性を維持するのが大変でした。

Gitの最大の特徴は、「**分散型**」といわれるように、自分のPCにすべての変更履歴を含む完全なフォルダーの複製を置いておけることです。すなわち、ネットワーク上に共有型のリポジトリ（**リモートリポジトリ**）を作成し、チームのメンバーのローカルリポジトリと同期をとる形になっているのです。リモートリポジトリは、GitHubを利用して作成されます。

▼ローカルリポジトリとリモートリポジトリ

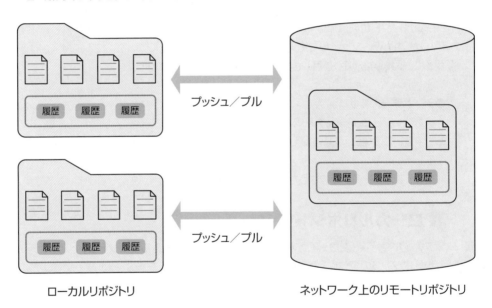

ローカルリポジトリ　　　　　　　　　　ネットワーク上のリモートリポジトリ

開発チームなどで共通のリポジトリとして、サーバー上にリモートリポジトリを配置し、このリモートリポジトリを各メンバーのPCにコピーして、ローカルリポジトリを作成します。この操作を「**クローン**」と呼びます。

ローカルリポジトリとリモートリポジトリは、

・ローカルリポジトリからリモートリポジトリへのアップロードを行う「**プッシュ**」
・リモートリポジトリからローカルリポジトリへのダウンロードを行う「**プル**」

によって、それぞれの内容を同期できます。

ブランチ

Gitの特徴の最後に、「**ブランチ**」について説明します。ブランチとは、変更履歴の流れを分岐させる仕組みのことで、あるファイルに対して行ったAという変更の履歴と、同じファイルに対して行ったBという変更の履歴を別々に記録することができます。ブランチには名前を付けて管理できるので、例えばアプリに新しい機能を実装するためのブランチを作っておけば、開発がうまくいかなかった場合に、ブランチごと破棄することができます。反対に、開発がうまくいった場合は、本流のブランチに統合します。この操作を「**マージ**」と呼びます。

ブランチは、リポジトリを作成したときにデフォルトのものが作成されます。「main」とか「master」という名前が付けられることが多いのですが、これを本流のブランチとして、そこから枝分かれする支流のブランチを作るというイメージです。

▼ブランチ

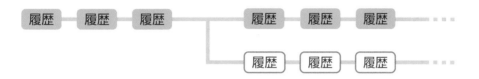

新しいブランチを作って変更履歴を分岐

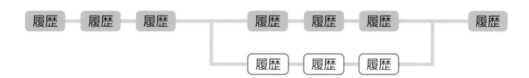

うまくいった場合はデフォルトブランチに統合（マージ）する

ブランチはGitでよく使われる機能です。プログラムの規模が大きい場合はもちろん、複数人のチームで開発する場合は、同時に複数のブランチが作られることもあります。

Gitでできること

これまでの説明を踏まえて、Gitで何ができるのかをまとめると、次のようになります。

●ファイルの変更履歴が管理できる

ファイルの変更履歴を管理できるので、ファイル名をその都度変更して保存する必要がありません。また、複数人で開発する場合は、変更日や変更内容に加えて、変更したユーザー名も記録されます。

●過去のファイルに戻せる

　ファイルを編集していて、「やっぱり以前の状態に戻したい」という場合は、変更履歴を遡って任意の時点のファイルに戻せます。

●チームで整合性をとりながら開発できる

　ローカルリポジトリとリモートリポジトリの間で、プッシュ／プルの仕組みを使ってファイルの整合性を保ちつつ、開発を進めることができます。

VSCodeの[ソース管理]ビューでできること

　VSCodeの**ソース管理**ビューには、GitとGitHubを利用するための機能として、次のものが搭載されています。

●Git関連の機能

・ローカルリポジトリの作成
・コミット
・リモートリポジトリへのプッシュ／プル
・変更箇所の確認
・ブランチの作成と切り替え
・コンフリクトの解決
・差分表示
・タイムラインの確認

●GitHub関連の機能

・リモートリポジトリからのクローン作成
・プルリクエスト
など

6.1.2 Gitのインストール

Gitをインストールすることで、VSCodeからGitの機能が使えるようになります。

Gitをインストールする

Gitのサイトからダウンロードを行います。

1 「Git」（https://git-scm.com/）のページにアクセスし、**Downloads**をクリックします。

2 **Downloads**の項目で、使用しているOSのリンクをクリックします。

▼Gitのトップページ

Downloadsをクリックする

▼Gitのダウンロードページ

使用しているOSのリンクをクリックする

▼Gitのダウンロード

3 Windowsの場合は**Standalone Installer**で**64-bit Git for Windows Setup**をクリックします。macOSの場合は、対象のインストーラーをクリックしてください。

Windowsの場合は**64-bit Git for Windows Setup**をクリックする

4 ダウンロードされたファイルをダブルクリックしてインストーラーを起動し、**Install** ボタンをクリックすると、インストールが開始されます。

5 インストールが終了したら、**Finish** ボタンをクリックしてインストーラーを終了しましょう。

▼Gitのインストーラー

Installボタンをクリックする

▼インストーラーの終了

Finishボタンをクリックする

Gitのユーザー名を登録する

Gitをインストールしたら、ユーザー名の登録を行いましょう。Gitのインストールフォルダー「Git」の中に「**Git Bash**」があるので、これを起動しましょう。「Git Bash」は、Gitの操作を行うためのコマンドラインツールです。

ユーザー名の登録

Git Bashを起動し、

```
git config --global user.name "ユーザー名"
```

と入力して Enter キーを押します。"ユーザー名"のところに任意のユーザー名を入力してください。

▼Git Bashでユーザー名を登録する

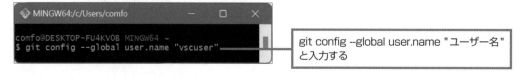

git config --global user.name "ユーザー名"
と入力する

■ メールアドレスを登録する

メールアドレスも登録しておきましょう。

```
git config --global user.email "メールアドレス"
```

のように入力して [Enter] キーを押します。"メールアドレス"のところにお使いのメールアドレスを入力してください。

▼メールアドレスの登録

git config --global user.email "メールアドレス"
と入力する

6.1.3　ローカルリポジトリの作成

ローカルリポジトリを作成しましょう。あらかじめ任意の場所にフォルダーを作成しておき、これをVSCodeで開いたあと、ローカルリポジトリを作成するための操作を行います。ローカルリポジトリの作成はいたって簡単で、**ソース管理**ビューの**リポジトリの初期化**ボタンをクリックするだけです。

任意のフォルダーを開いてローカルリポジトリの初期化処理を行う

PC内の任意の場所に、ローカルリポジトリとして使用するフォルダーを作成します。本書では、Cドライブの「djangoprojects」フォルダー以下に「picture_git」というフォルダーを作成しました。フォルダーを作成したら、VSCodeで開きましょう。

▼作成したフォルダーをVSCodeで開く

フォルダーを開く
（VSCodeの仕様上、最上位のフォルダー名はすべて大文字で表示される）

アクティビティバーの**ソース管理**ボタンをクリックすると、**ソース管理**ビューが表示されます。**リポジトリを初期化する**ボタンをクリックすると、ローカルリポジトリが作成（フォルダーがローカルリポジトリとして設定）されます。

ローカルリポジトリが作成されると、**ソース管理**ビューの表示が切り替わり、メッセージの入力欄および**Branchの発行**ボタンが配置された状態になります。

▼ローカルリポジトリの作成

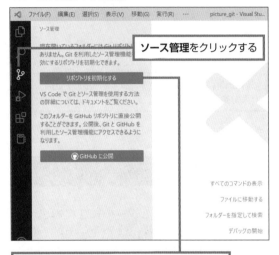

▼ローカルリポジトリ作成後

リポジトリを初期化するボタンをクリックする

ローカルリポジトリ作成直後の**ソース管理**ビュー

ローカルリポジトリの隠しフォルダーを確認する

ローカルリポジトリに作成される隠しフォルダーを確認してみます。Windowsの場合、フォルダーを開いて**表示**ボタンをクリックし、**表示➡隠しファイル**を選択してチェックが付いた状態にすると、次の画面のように「.git」という名前の隠しフォルダーが確認できます。

▼フォルダー内部に作成された隠しフォルダー

「.git」という名前の隠しフォルダーが作成されている

フォルダーを開いてみると、内部に様々なファイルが格納されていることが確認できます。ただし、Gitの設定ファイルなので開いたりしないように注意してください。

6.1.4　ファイルを作成してコミットする

　ファイルの変更履歴を記録することを「**コミット**」と呼びます。ここでは、ローカルリポジトリが設定されたフォルダーにファイルを作成し、コミットしてみることにします。

　コミットを行うための基本的な手順は次のようになります。

・ファイルを編集して保存する。
・変更したファイルを「ステージ」に登録する。
・✓**コミット**ボタンをクリックしてコミットする。

　ファイルを編集して保存の操作を行うと、**ソース管理**ビューの「変更」という項目にファイルが登録されます。そこから「ステージ」へファイルを登録することで、コミットが行えます。ファイルの変更内容をいきなりコミットするのではなく、「ステージ」という前段階を挟んでからコミットするのがポイントです。

新規にファイルを作成してコミットする

　前項で作成した「picture_git」フォルダーをVSCodeで開き、**エクスプローラー**の**新しいファイル**ボタンをクリックします。ファイル名に「login.html」と入力して Enter キーを押します。

▼新規ファイルの作成

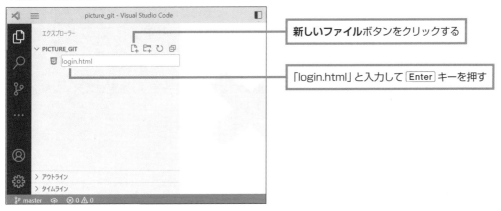

■ 作成（または編集）したファイルを「変更」エリアに登録する

　HTMLのドキュメントを作成した状態ですが、ここでコミットの操作を進めてみましょう。Gitでは、ファイルの内容を変更（編集）したときだけでなく、新規にファイルを作成した場合も、コミットの対象として「変更」というエリアに対象のファイルが登録されます。

　これがどういうことなのか、**アクティビティバー**の**ソース管理**ボタンをクリックし、**ソース管理**ビューを表示して確認しましょう。

▼ [ソース管理] ビュー

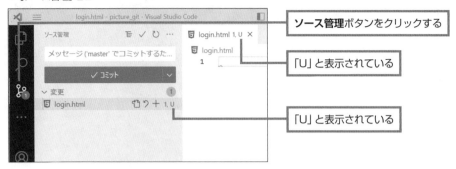

ソース管理ボタンをクリックする

「U」と表示されている

「U」と表示されている

画面を見ると、「変更」と表示されているところ (「変更」エリアと呼ぶことにします) に、先ほど作成したばかりの「login.html」が表示されています。Gitを使用している場合、新規のファイルを作成したり、既存のファイルを編集 (内容を変更) して保存の操作を行うと、対象のファイルがコミットの対象として「変更」エリアに登録されます。

エディターのタブや**ソース管理**ビューに表示されているファイル名を見ると、「U」という文字が表示されています。これは「Untracked (未追跡)」の頭文字で、「ファイルを新規に作成したものの、まだコミットしていないのでGitの管理下にない」ことを示しています。「U」をはじめとする「ファイルの状態を示す文字」について、「【Memo】ファイルの状態を示す文字」にまとめてあるので、ご参照ください。

■ 「変更」エリアのファイルを 「ステージ」エリアに移動させる

変更したファイルをコミットするには、ファイルをコミットの対象とするための「変更をステージ」という操作を行う必要があります。この操作を行うと、変更のあったファイルがコミットの候補として、「ステージされている変更」と表示されているところ (「ステージ」エリアと呼ぶことにします) に移動し、ステージへの登録 (ステージング) が完了したことになります。

ソース管理ビューで、ファイル名「login.html」の右側に表示されている**変更をステージボタン**をクリックします。

▼ [変更をステージ] の実行

変更をステージボタンをクリックする

「変更」エリアに表示されていたファイル名が「ステージされている変更」 (「ステージ」エリア) に移動します。これでステージへの登録が行われたことになります。

▼ [変更をステージ] の実行後の画面

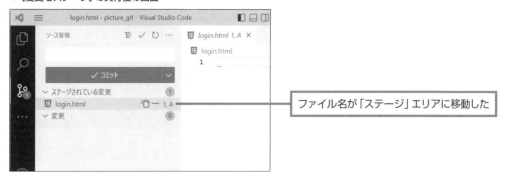

ファイル名が「ステージ」エリアに移動した

■ 「ステージ」エリアのファイルをコミットする

コミットする準備が整ったので、コミットの内容を表すメッセージを入力してコミットします。

1 **ソース管理**ビューの最上段にある入力欄に、ファイルの変更内容を表すメッセージを入力します。これはファイルの変更履歴と共に記録されるので、わかりやすい簡潔な文にしましょう。

2 **✓コミット**ボタンをクリックしましょう。

3 コミットが完了すると、**ソース管理**ビューに表示されていた「変更」エリアや「ステージ」エリアが消えて、ファイル変更前の状態に戻ります。

▼コミットの実行

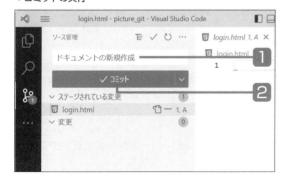

▼コミット完了後の [ソース管理] ビュー

▼ [エクスプローラー] の「タイムライン」

4 アクティビティバーの**エクスプローラー**ボタンをクリックします。

5 **エクスプローラー**の「タイムライン」を展開すると、コミットしたファイル名、コメント、Gitのユーザー名、コミットしてからの経過時間が表示されます。

6

VSCodeからGit、GitHubを使う

433

6.1.5　ファイルを編集してコミットする

　　前項では、「login.html」を作成した直後にコミットしました。ドキュメントにはまだ何も入力されていないので、HTMLの骨格の部分を記述して、再度コミットしてみることにします。

ドキュメントに入力してコミットする

　　VSCodeの標準搭載の拡張機能「Emmet」を使って、HTMLの基本コード（ひな形）を入力し、コミットします。

1 「login.html」を編集モードで開いた状態で、ドキュメント冒頭に「!」と入力して Enter キーを押します。

2 ドキュメントの基本コードが入力されます。

3 **ファイル**メニューをクリックして**保存**を選択します。

▼ドキュメントの基本コードを入力

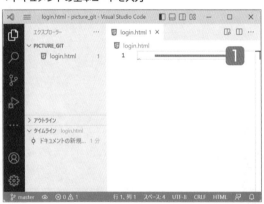

▼ファイルの保存

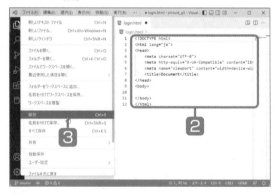

▼ [変更をステージ] の実行

4 アクティビティバーの**ソース管理**ボタンをクリックします。

5 ソース管理ビューの「変更」エリアに「login.html」が表示されているので、右横にある**変更をステージ**ボタンをクリックします。

▼コミットの実行

⑥ 「ステージされている変更」（「ステージ」エリア）に「login.html」が移動し、「M」（変更されたファイル）の表示が付きます。

⑦ ファイルの変更内容を入力します。

⑧ ✓**コミット**ボタンをクリックします。

▼ ［エクスプローラー］の「タイムライン」

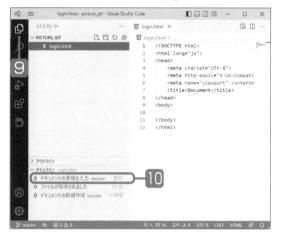

⑨ アクティビティバーの**エクスプローラー**ボタンをクリックします。

⑩ 「タイムライン」にコミットの内容が表示されていることが確認できます。

6

VSCodeからGit、GitHubを使う

Onepoint

●「ファイルが保存されました」
　「タイムライン」には、コミットを行う直前のファイルを保存した操作についても、「ファイルが保存されました」と表示されています。

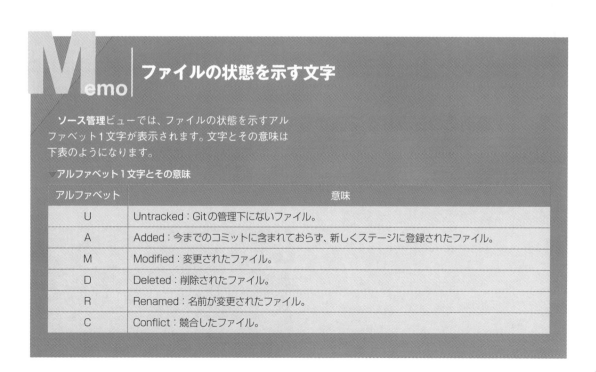

Memo | ファイルの状態を示す文字

　ソース管理ビューでは、ファイルの状態を示すアルファベット1文字が表示されます。文字とその意味は下表のようになります。

▼アルファベット1文字とその意味

アルファベット	意味
U	Untracked：Gitの管理下にないファイル。
A	Added：今までのコミットに含まれておらず、新しくステージに登録されたファイル。
M	Modified：変更されたファイル。
D	Deleted：削除されたファイル。
R	Renamed：名前が変更されたファイル。
C	Conflict：競合したファイル。

6.1.6 変更履歴を確認する

「タイムライン」に表示されている変更履歴をクリックすると、対象のファイルが開いて、変更された箇所を確認することができます。

3回目のコミットを行って変更履歴を確認する

これまで使用している「login.html」を開いて編集します。今回は、<head>タグの要素を編集してから、ファイルを保存しました。**ソース管理**ビューを開き、**変更をステージ**ボタン田をクリックして「ステージ」エリアにファイルを登録したあと、変更内容を表すメッセージを入力して✓**コミット**ボタンをクリックします。

▼3回目のコミット

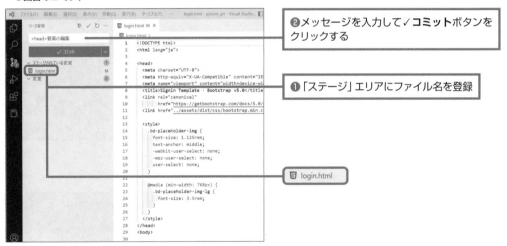

❷メッセージを入力して✓**コミット**ボタンをクリックする

❶「ステージ」エリアにファイル名を登録

直前のコミットを確認する（差分表示）

「タイムライン」に表示されている変更履歴をクリックすると、その時点までに行ったコミットにおける変更前と変更後の差分が表示され、変更箇所を確認することができます。ここでは、直前に行ったコミットについて確認してみることにします。

Attention

●「タイムライン」の表示
「タイムライン」には、アクティブな状態のエディターで開かれているファイルの変更履歴（コミットの履歴）が表示されます。タイムラインで履歴を確認するためには、対象のファイルをあらかじめエディターで開いておく必要があります。

1 エクスプローラーの「タイムライン」で、変更履歴をクリックします。ここでは、直前にコミットした「<head>要素の編集」をクリックします。

2 変更前と変更後の差分を表示するプレビュー画面が開きます。

▼ [エクスプローラー] の「タイムライン」

▼変更内容の差分表示

緑色の部分が変更された箇所です。変更された箇所のうち書き換えられた箇所については、書き換え前のコードが赤色の背景で表示されています。行番号としては、左側の列に変更前のファイルの行番号、右側の列に変更後のファイルの行番号が表示されています。変更後の行番号では、追加された行の番号の右横には「+」が表示され、新たに追加された行だとわかるようになっています。このように差分表示では、書き換え後のファイルをもとにして、変更内容が1つの画面で表示されます。

履歴を遡って差分を表示する

「タイムライン」に表示されている変更履歴には、それぞれの時点での変更内容が記録されているため、初期の段階まで遡って差分を確認することができます。

1 エクスプローラーの「タイムライン」で任意の変更履歴をクリックします。ここでは、「ドキュメントの骨格を入力」をクリックします。

2 選択したコミット時の差分を表示するプレビュー画面が開きます。

▼ [エクスプローラー] の「タイムライン」

▼変更内容の差分表示

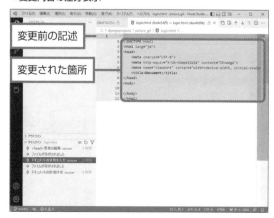

6.1.7 コミット前に変更箇所を確認する

差分表示については、コミット前の「変更」エリアにあるファイルや「ステージ」エリアにあるファイルに対しても行うことができます。前回コミットしたときからどこがどのように変わったのか、コミットする前に確認できるので便利です。また、ファイルを誤って上書き保存したかどうかの確認にも有効です。

「変更」エリアにあるファイルの差分表示

次図は、「login.html」を編集し、ファイルを保存した直後の**ソース管理**ビューの画面です。

▼ファイルを編集して保存した直後の [ソース管理] ビュー

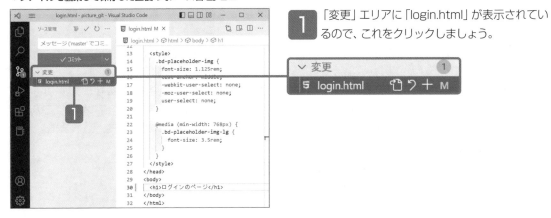

1 「変更」エリアに「login.html」が表示されているので、これをクリックしましょう。

差分を表示する画面が開いて、前回のコミット時のファイルと今回の変更箇所の差分が表示されます。表示されているソースコードは、今回の変更後に保存されたファイルのもので、変更前のコードが赤色の部分になり、変更後のコードが緑色の部分になります。

▼「変更」エリアにあるファイルの差分表示

変更前のコード

変更後のコード

「ステージ」エリアにあるファイルの差分表示

変更をステージボタン⊞をクリックして「ステージ」エリアに移動したファイルに対しても、差分表示が行えます。次図は、「login.html」を「ステージ」エリアに移動した直後の**ソース管理**ビューの画面です。

▼ファイルを「ステージ」エリアに移動した直後の
［ソース管理］ビュー

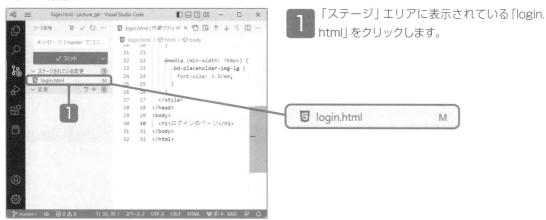

1 「ステージ」エリアに表示されている「login.html」をクリックします。

差分を表示する画面が開いて、前回のコミット時のファイルと「ステージ」エリアのファイルとの差分が表示されます。

▼「ステージ」エリアにあるファイルの差分表示

ピンク色の箇所が前回のコミット時のものです。

コミット時のファイルと「ステージ」エリアのファイルとの差分が表示される

6.1.8 コミット前の変更を破棄する

ファイルを間違って編集したにもかかわらず、ファイルを保存してしまった場合でも、コミット前であれば変更前の状態に戻すことができます。

■ 変更を破棄する

「login.html」の<title>タグのテキストを書き換えてから、ファイルを保存した——という前提で解説を進めます。コミットはまだ行っていないので、**ソース管理**ビューの「変更」エリアにファイルが表示されています。

1 「変更」エリアに表示されているファイル名の右側の**変更を破棄**ボタンをクリックします。

2 確認を求めるダイアログが表示されるので、**変更を破棄**ボタンをクリックします。

▼[変更を破棄]を実行

▼確認を求めるダイアログ

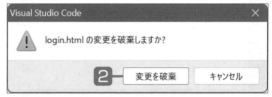

誤って書き換えてしまった箇所

▼変更を破棄したあとの画面

3 変更が破棄され、ファイルの内容が変更前の状態に戻ります。

```
<meta charset="UTF-8">
<meta http-equiv="X-UA-Compatible" content="IE=edge">
<meta name="viewport" content="width=device-width, initial-scale=1.0">
<title>Signin Template · Bootstrap v5.0</title>
<link rel="canonical"
      href="https://getbootstrap.com/docs/5.0/examples/sign-in/">
<link href="../assets/dist/css/bootstrap.min.css" rel="stylesheet">
```

■■「ステージ」エリアから削除して変更を破棄する

「変更」エリアのファイルに対して**変更をステージ**ボタン⊞をクリックして「ステージ」エリアに登録した場合でも、変更を破棄することができます。

▼変更のステージング解除

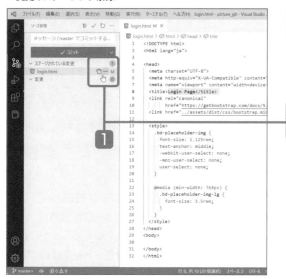

1 「ステージされている変更」に表示されているファイル名の右横の**変更のステージング解除**ボタン⊟をクリックします。

▼変更を破棄

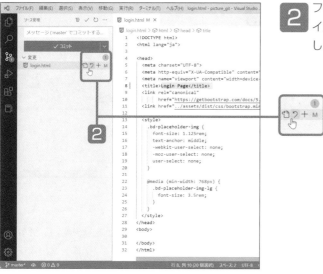

2 ファイルが「変更」エリアに移動するので、ファイル名の右横の**変更を破棄**ボタン↩をクリックします。

このあと、確認を求めるダイアログの**変更を破棄**ボタンをクリックすれば、変更が破棄され、ファイルの内容が変更前の状態に戻ります。

6

VSCodeからGit、GitHubを使う

6.1.9 前回のコミットを取り消す

すでにコミットした変更を取り消す方法を紹介します。この方法でコミットを取り消した場合、コミットがタイムラインから破棄されると共に、対象のコミットにおける変更内容も破棄されるので、コミット直前の状態（1つ前のコミット時の状態）まで戻すことができます。

前回のコミットを元に戻す

ソース管理ビューのメニューで**コミット➡前回のコミットを元に戻す**を選択すると、直前に行ったコミットを取り消して、コミット前の状態まで戻すことができます。

対象のファイルを**エディター**で開いていれば、直接、前回のコミットを取り消す操作を行えますが、ここではコミット前の状態に戻ることが確認できるように、タイムラインからコミット時の差分を表示したうえでコミットの取り消しを行ってみます。

1 エクスプローラーの「タイムライン」で、直前に行ったコミットをクリックして、コミット前後の差分表示の画面を開きます。

2 アクティビティバーの**ソース管理**ボタンをクリックして**ソース管理**ビューに表示を切り替えます。上部の⋯をクリックしてメニューを表示し、**コミット➡前回のコミットを元に戻す**を選択します。

▼コミット前後の差分表示

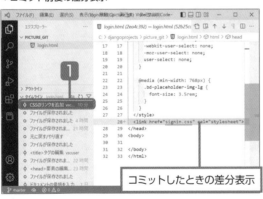

コミットしたときの差分表示

▼［前回のコミットを元に戻す］の実行

前回のコミットが取り消され、対象のファイル名が「ステージ」エリアに表示されます。この時点でコミットは取り消されていますが、ファイルの変更は取り消されていませんので、操作を進めます。

3 「ステージ」エリアに表示されているファイル名の右横の**変更のステージング解除**ボタンをクリックします。

4 対象のファイル名が「変更」エリアに移動します。「変更」エリアから破棄すれば、ファイルの内容がコミット前の状態に戻ります。ファイル名の右横の**変更を破棄**ボタンをクリックしましょう。

▼「ステージ」の取り消し

▼「変更」エリアから破棄する

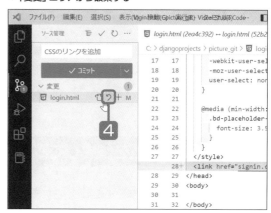

▼変更の破棄を確認するダイアログ

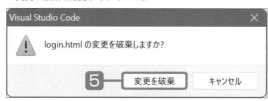

6

5 変更の破棄を確認するダイアログが表示されるので、**変更を破棄**ボタンをクリックします。

再び**エクスプローラー**を表示します。「タイムライン」から前回のコミットが削除されています。さらに、**エディター**で開いている「login.html」を差分表示の画面と並べてみると、取り消したコミットで行われていたソースコードの追加がなくなり、コミット前の状態に戻っていることが確認できます。なお、差分表示の画面は取り消したコミットのものなので、画面を閉じると再表示することはできません。

▼コミットを取り消し、ファイルをコミット前の状態に戻した

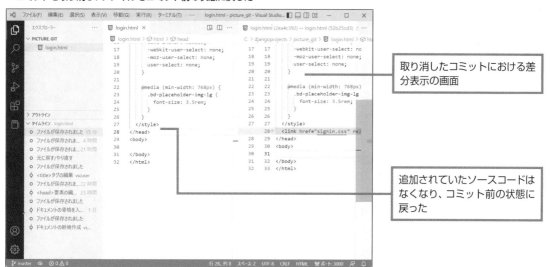

6.1.10 複数の変更をまとめてコミットする

これまでは、1つのファイルを対象としたコミットについて見てきましたが、プログラムを開発する場合は、複数のソースファイルを用意し、同時並行で編集することが多いのではないでしょうか。

もちろん、Gitは複数ファイルのコミットにも対応しています。

新たにファイルを作成して既存のファイルと共にコミットする

エクスプローラーを表示し、これまで使用している「picture_git」フォルダー以下に、CSSファイル「signin.css」を作成します。CSSのコードを入力し、**ファイル**メニューの**保存**を選択してファイルを上書き保存します。この時点で「signin.css」が「変更」エリアに追加されます。ここで入力したソースコードは、Bootstrapのサンプル「sign-in」に格納されている「signin.css」のものです。

▼「signin.css」を作成してコード入力後、保存する

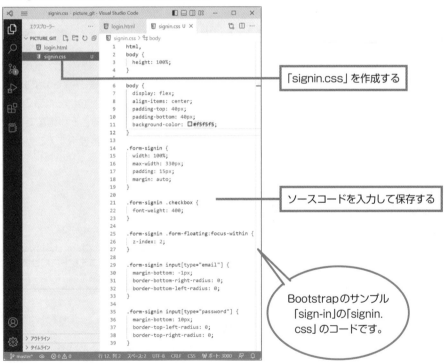

次に、すでに何度かコミットを行っている「login.html」を編集します。今回はCSSファイルへのリンクを設定するコードを追加しました。ファイルを保存して**ソース管理**ビューを表示してみましょう。「変更」ステージに「login.html」と「signin.css」が表示されています。

では、この2つのファイルをまとめて「ステージ」エリアに移動します。

1 「変更」をポイントすると右側に**すべての変更をステージボタン⊞**が表示されるので、これをクリックします。ファイルごとに表示されているボタンではなく、「変更」に表示されているボタンをクリックするのがポイントです。

2 2つのファイルが「ステージ」エリアに移動しました。これでコミットの準備は完了です。コメントを「CSSの追加とリンクの設定」と入力して✓**コミット**ボタンをクリックしましょう。

▼ [すべての変更をステージ] を実行

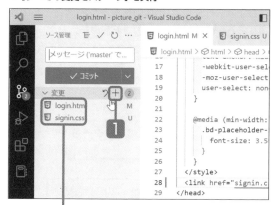

変更した2つのファイルが「変更」エリアに表示されている

▼コミットの実行

これで、2つのファイルの変更がまとめてコミットされました。次に、「タイムライン」の変更履歴で、変更された内容を確認してみることにします。

複数ファイルのコミット内容を確認する

コミットされた内容を確認します。「login.html」を開いている**エディター**をアクティブな状態 (前面に表示) にして、**エクスプローラー**を表示しましょう。

「タイムライン」に、先ほどコミットした「CSSの追加とリンクの設定」が表示されています。このタイムラインは、現在、画面がアクティブになっている「login.html」のものなので、クリックすると「login.html」の差分表示の画面が開きます。

▼差分表示の画面を開く ([エクスプローラー])

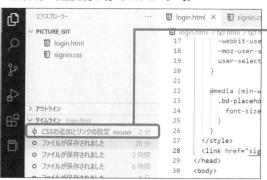

コミットした「CSSの追加とリンクの設定」をクリックする

「login.html」の差分表示の画面が開きました (次ページ上の画面)。緑色の部分が新たに追加したコードです。では、差分表示の画面をいったん閉じて、「signin.css」を開いている**エディター**をアクティブにしましょう。

▼「login.html」の差分表示の画面

「login.html」の差分表示の画面が開いた

「タイムライン」に「signin.css」の変更履歴が表示されます。CSSファイルの作成とソースコードの追加を行ったので、2つの変更履歴が表示されています。ここは、コミットした「CSSの追加とリンクの設定」をクリックしてみましょう。

▼ CSSファイルの差分表示の画面を開く（[エクスプローラー]）

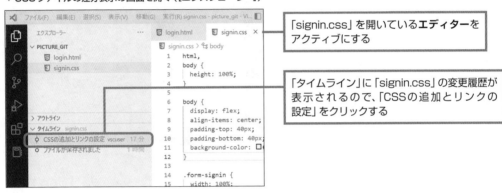

「signin.css」を開いているエディターをアクティブにする

「タイムライン」に「signin.css」の変更履歴が表示されるので、「CSSの追加とリンクの設定」をクリックする

「signin.css」の差分表示の画面が開きました。これは、「login.html」の変更と一緒にコミットしたときの内容です。緑色の部分がそのときに追加したコードです。

▼「signin.css」の差分表示の画面

「signin.css」の差分表示の画面が開いた

このように、複数のファイルの変更をまとめてコミットした場合は、対象のファイルを開いているエディターをアクティブにしてから、「タイムライン」の変更履歴をクリックするのがポイントです。そうすることで、各ファイルの差分表示の画面を開き、内容を確認することができます。

6.2 ブランチの作成

Level ★ ★ ★ | Keyword | ブランチ　ブランチのマージ　コンフリクト

Gitのコミット履歴は、「ブランチ」という仕組みで管理されています。ローカルリポジトリにはデフォルトで「master」ブランチが作成され、コミット履歴が記録されますが、状況に応じてmasterブランチから枝分かれする別のブランチを作成することができます。

ここがポイント！ 新規のブランチを作成してコミットする

デフォルトのブランチとは別に、新規のブランチを作成すると、例えば新機能の追加などの付加的な開発工程を独自に管理することができます。新規に作成したブランチでコミットを行い、開発が完了した時点でデフォルトブランチに統合（マージ）するという流れになります。ここでは、次の項目について解説します。

- ブランチを作成してコミット履歴を枝分かれさせる
- ブランチにおける差分表示
- ブランチをマージする
- ブランチの状況をグラフィカルに表現する「Git History」の導入
- Gitの操作を快適にするGitLensを導入する
- コンフリクトの解決

▼Git Historyでコミット履歴をグラフィカルに表示

2つのブランチのコミット履歴を表すグラフ

6.2.1 ブランチを作成してコミット履歴を枝分かれさせる

　Gitには、「タイムライン」に表示されるコミットの履歴を枝分かれさせる「**ブランチ**」という機能が搭載されています。アプリを開発する場合は、「アプリ本体の開発と並行して追加機能の実装が行われる」など、本流（メイン）の開発と並行して支流となる開発工程が進められることがよくあります。チームで開発している場合は、担当ごとに同時並行的に開発が進められるのが常です。

　こうした場合に、1つの流れでコミットを続けていると、どこかでバグが発生したときに原因を突き止めるのが非常に困難です。そこで用いられるのが、「ブランチ」です。

▼ブランチの仕組み

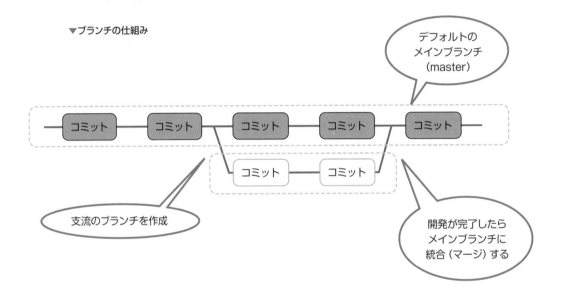

　VSCodeの**ソース管理**ビューの**リポジトリを初期化する**ボタンをクリックしてローカルリポジトリを作成すると、デフォルトで「master」という名前のブランチが作成されています。これまでコミットしていたのはmasterブランチに対してのものでした。

　masterブランチは、開発全体を通してメインとなるブランチなので、アプリが常に安定して動作するように維持していきます。新機能の追加、あるいはバグフィックスなどの作業は、メインブランチから別のブランチを派生させて、そこで行うようにします。派生させたブランチにおける開発がうまくいかないようなら、ブランチごと削除すれば、メインブランチの開発過程に影響を与えずに済みます。

　一方、支流のブランチでの開発に問題がなければ、完了した時点でメインブランチに統合します。これを「**マージ**」と呼び、マージによって支流のブランチの開発過程をメインブランチに反映させることができます。マージした時点で支流のブランチはなくなりますが、以降、枝分かれさせるべき別の作業が発生した場合は、改めて支流のブランチを作成して開発を進めます。

ブランチを作成する

　ここでの例では、「picture_git」フォルダーに「login.html」とイメージファイル「bootstrap-logo.svg」が配置され、コミットを含む変更履歴が「タイムライン」に表示されています。なお、**ステータスバー**の左端にブランチ名の「master」が表示されています。

▼「タイムライン」の変更履歴

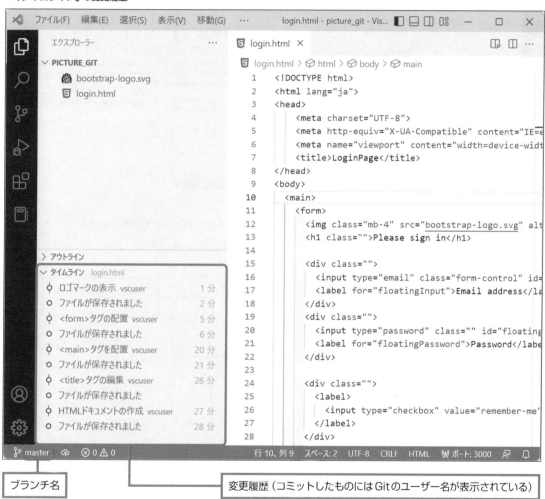

ブランチ名

変更履歴（コミットしたものにはGitのユーザー名が表示されている）

　現在の「master」ブランチから新規のブランチを作成しましょう。その前に1つ、注意事項があります。ブランチを作成する際は、「変更」エリアにある変更をすべてコミットしておきましょう。変更が残った状態でブランチを作成すると、コミットしていない変更が失われることがあるためです。

　では新規のブランチを作成しましょう。**ソース管理**ビューを表示し、… をクリックしてメニューを開き、**ブランチ➡ブランチの作成**を選択します。

6

VSCodeからGit、GitHubを使う

449

▼ [ソース管理] ビューのメニュー

ブランチ名の入力欄が表示されるので、「setting-css」と入力して Enter キーを押します。

▼ブランチ名の入力

新しいブランチが作成され、そのブランチに移動します。**ステータスバー**には新しく作成したブランチ「setting-css」が表示されています。

▼ブランチ作成後の画面

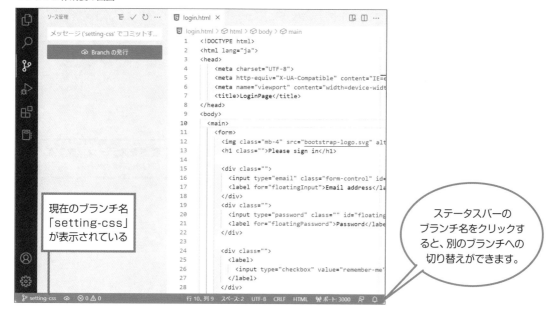

現在のブランチ名
「setting-css」
が表示されている

ステータスバーの
ブランチ名をクリックす
ると、別のブランチへの
切り替えができます。

新しいブランチにコミットする

　新しく作成したブランチにコミットしてみます。ここでは、CSSファイル「signin.css」を作成し、スタイルを定義したあと、コミットします。

　エクスプローラーで**新しいファイル**をクリックして「signin.css」を作成します。CSSのソースコードを入力し、ファイルを保存します。ここで入力しているのは、前節でも利用した、Bootstrapのサンプル「sign-in」に納められている「signin.css」のソースコードです。

▼「signin.css」を作成してソースコードを入力

「signin.css」を作成

ソースコードを入力
して保存する

　　ソース管理ビューを表示すると、「変更」エリアに「signin.css」が表示されていることが確認でき
ます。変更をステージボタン⊞をクリックして、「ステージ」エリアに移動しましょう。

▼ ［ソース管理］ビュー

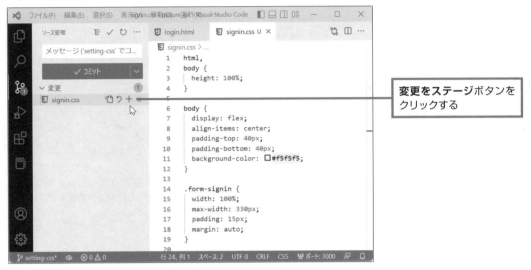

変更をステージボタンを
クリックする

　　メッセージを「CSSの作成」と入力し、✓コミットボタンをクリックしてコミットします。

▼新規のブランチにコミットする

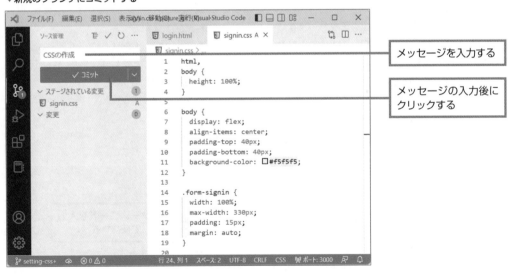

メッセージを入力する

メッセージの入力後に
クリックする

　　エクスプローラーを表示すると、「タイムライン」に「setting-css」ブランチの変更履歴が表示さ
れていることが確認できます。ファイル作成時に自動で追加された「ファイルが保存されました」、お
よびコミットの履歴として「CSSの作成」が表示されています。

▼「タイムライン」で新規ブランチの変更履歴を確認

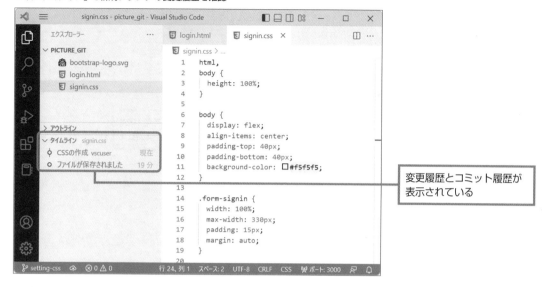

変更履歴とコミット履歴が
表示されている

ブランチの切り替え

現在のブランチからデフォルトブランチの「master」に切り替えてみましょう。

1 別のブランチに切り替えるには、**ソース管理**ビューのメニューから**チェックアウト先**を選択します。

2 切り替え先（チェックアウト先）のブランチ名を入力するテキストボックスが表示されるので、ブランチ名（master）を入力して Enter キーを押します。下の入力候補に目的のブランチ名が表示されていれば、これを選択してもOKです。

▼［ソース管理］ビューのメニュー

▼チェックアウト先のブランチ名の入力

切り替え先の
ブランチ名を
入力する

目的のブランチ名が候補にあれば、
これを選択してもOK

「master」ブランチに切り替えたところで、**エクスプローラー**を表示してみます。「setting-css」ブランチにおいて作成したCSSファイルがありません。

▼「master」ブランチにおける［エクスプローラー］

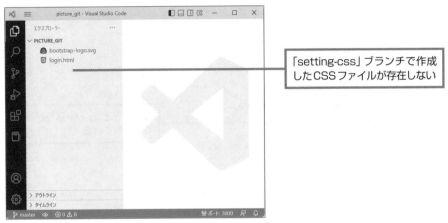

「setting-css」ブランチで作成したCSSファイルが存在しない

「setting-css」ブランチにおいて作成したファイルなので、「master」ブランチには反映されません。各ブランチはそれぞれの状態を保持している、ということが確認できます。

「タイムライン」に「master」ブランチの変更履歴が表示されないこともありますが、これはファイルが開かれていないことが原因です。任意のファイルを**エディター**で開くと、「タイムライン」に変更履歴が表示されます。

Gitの優れた点として、**エクスプローラー**上の表示は、実際のフォルダーの内容と連動していることです。「master」ブランチの状態で、開発用のフォルダー「picture_git」を直接、開いてみると、**エクスプローラー**の表示と同じく、CSSファイル「signin.css」が存在しません。

▼開発用のフォルダー「picture_git」を開いたところ

「setting-css」ブランチで作成したCSSファイルが存在しない

Git側の処理で、フォルダー内はブランチの状態を反映したものになります。実際のフォルダーの中身がそのまま**エクスプローラー**に表示されていたというわけです。もちろん、ブランチを「setting-css」に切り替えれば、「signin.css」がフォルダー内に出現します。このように、チェックアウト先のブランチに応じて、実際のフォルダーの中身がコントロールされています。

6.2.2　ブランチにおける差分表示

各ブランチでは、「タイムライン」の変更履歴を選択することで、変更された箇所を確認することができます。

変更履歴から変更前と変更後の差分を表示する

CSSの設定を行う「setting-css」ブランチの変更履歴を確認してみましょう。「login.html」を開くと、**エクスプローラー**の「タイムライン」に、このファイルに関する変更履歴が表示されます。デフォルトブランチ「master」の履歴も一緒に表示されるので少しわかりにくいですが、最上位に「HTMLにCSSの設定を追加」というコミット履歴があります。これは「setting-css」ブランチでコミットしたものなので、直接クリックしてみます。

▼コミット履歴から差分表示を行う

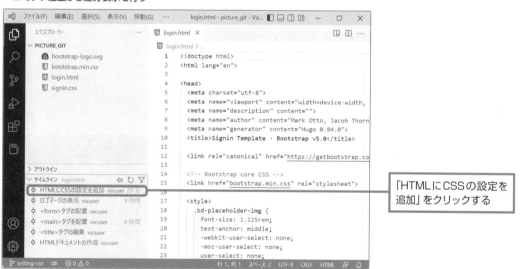

「HTMLにCSSの設定を追加」のコミットでは、デフォルトブランチから引き継いだ状態の「login.html」に対してCSS関連のコードを追加しました。画面を見ると、デフォルトブランチに対して変更・追加したコードが緑色で表示され、変更前のコードが赤色で表示されています。

▼コミット時の差分表示

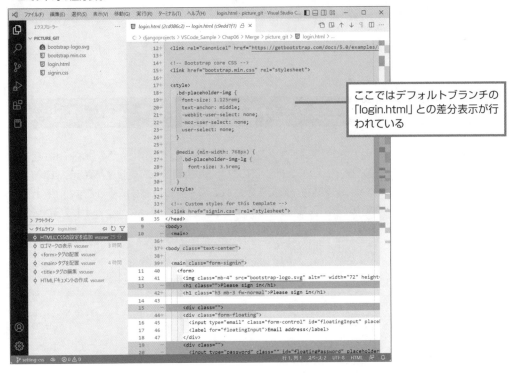

ここではデフォルトブランチの「login.html」との差分表示が行われている

6.2.3　ブランチをマージする

「setting-css」ブランチにおいてCSSに関する編集を進めたところ、スタイルが適用されたことでページの見栄えが整いました。

▼「setting-css」ブランチにおける「login.html」をプレビューしたところ

CSSの設定が完了した

「setting-css」ブランチではこれ以上やることがないので、デフォルトブランチ「master」にマージして成果を反映させることにします。

「setting-css」ブランチをデフォルトブランチにマージする

　ブランチのマージは、マージ先のブランチ（取り込む方の「master」ブランチ）をアクティブ（有効な状態）にしてから、取り込みを行うブランチ（ここでは「setting-css」）を指定して行います。

　現在のブランチは「setting-css」ですので、「master」ブランチに切り替えましょう。**ソース管理**ビューのメニューを表示して、**チェックアウト先**を選択します。

▼［ソース管理］ビューのメニュー

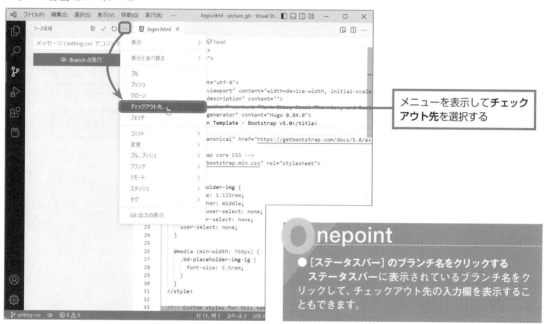

メニューを表示して**チェックアウト先**を選択する

nepoint

● ［ステータスバー］のブランチ名をクリックする
　ステータスバーに表示されているブランチ名をクリックして、チェックアウト先の入力欄を表示することもできます。

　ブランチ名（master）を入力して Enter キーを押します。

▼チェックアウト先のブランチ名の入力

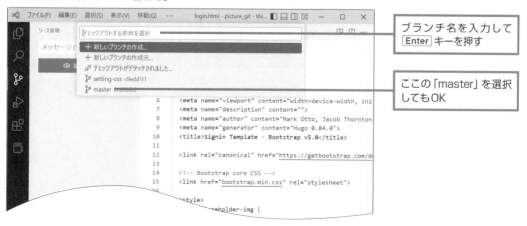

ブランチ名を入力して Enter キーを押す

ここの「master」を選択してもOK

ブランチが「master」に切り替わり、「login.html」の内容もこのブランチのものに切り替わっています。プレビューを表示してみると、CSSが適用されていない状態です。**ソース管理**ビューのメニューを表示して**ブランチ➡ブランチをマージ**を選択します。

▼ [ソース管理] ビューのメニュー

> メニューを表示して
> **ブランチ➡ブランチ**
> **をマージ**を選択する

マージするブランチの入力欄が表示されます。入力候補として「setting-css」が表示されているので、これを選択します。

▼ マージするブランチの指定

> 「setting-css」を選択する

　マージが完了し、デフォルトブランチ「master」に「setting-css」が統合されました。**エクスプ**
ローラーを表示すると、「setting-css」ブランチで作成したCSSファイルが表示されています。
「login.html」の内容も更新され、プレビュー画面ではCSSが適用されていることがわかります。

▼マージ完了後

「setting-css」ブランチで作成した
CSSファイルが表示されている

マージしたことでCSSが
適用された

Attention

●ブランチをマージするとき

　マージを実行する場合、ブランチ間の整合性がと
れていないと「コンフリクト（変更内容の衝突）」が
発生します。マージする側とマージされる側で同じ
ファイルを変更し、双方でコミットした場合が該当
します。

　このため、ブランチをマージするときは、このブ
ランチを作成したあとに他方のブランチで同じファ
イルが変更されていないことを確認してから行うよ
うにしてください。なお、コンフリクトが発生した
場合の解消方法は、このあとの項目で紹介していま
す。

6.2.4 ブランチの状況をグラフィカルに表現する 「Git History」の導入

エクスプローラーの「タイムライン」には各ブランチの変更履歴が表示されますが、リポジトリの履歴としてまとめられているので、ブランチごとの履歴を確認しづらいのが難点です。また、**エクスプローラー**で選択中のファイルに対しての履歴なので、少々不便さを感じるところでもあります。基本的な機能は申し分ないので、ここは拡張機能を導入して機能を強化することにしましょう。

「**Git History**」は、専用の画面でブランチの履歴を表示する拡張機能です。ブランチごとの履歴のほか、すべてのブランチをまとめて表示することもできるので、「どの時点でブランチが作成されたのか」あるいは「どこでマージされたのか」がひと目でわかるようになっています。

拡張機能「Git History」をインストールする

拡張機能「Git History」をインストールします。

1 VSCodeの**拡張機能**ビューを表示して、入力欄に「Git History」と入力します。

2 候補の一覧から「Git History」を選択します。

3 **インストール**ボタンをクリックします。

▼ Git Historyのインストール

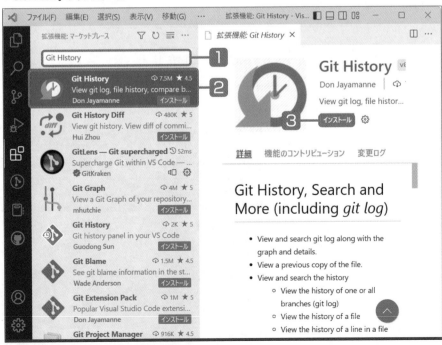

Git Historyを使ってブランチのコミット履歴を表示する

「Git History」をインストールしたあと、ローカルリポジトリの作成からコミット、ブランチの作成やマージなどの操作を行うと、「Git History」というビューでコミットやマージの履歴を見ることができます。

「Git History」が有効な状態にあると、**ソース管理**ビューに**Git: View History**ボタンが表示されます。このボタンをクリックすると「Git History」ビューが開きます。

▼「Git History」ビュー

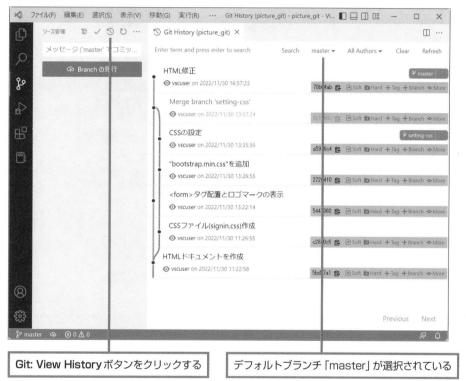

Git: View Historyボタンをクリックする　　　デフォルトブランチ「master」が選択されている

Onepoint

図の説明にもありますが、「Git History」ビュー上部の左から2番目のドロップダウンメニューで「master」が選択されており、デフォルトブランチに関するコミット履歴が表示されています。垂直に伸びたオレンジのラインが「master」ブランチのもの、右側に分岐している赤色のラインが「setting-css」ブランチのものです。「setting-css」ブランチがどの時点で作成されたのか、あるいは、どの時点で「master」ブランチにマージされたのか、がひと目でわかります。

■ コミットの内容を確認する

「Git History」ビューに表示されている任意のコミット（またはマージ）をクリックすると、ビューの下側に画面が開いて、変更があったファイルの一覧が表示されます。

▼コミットの内容を表示したところ

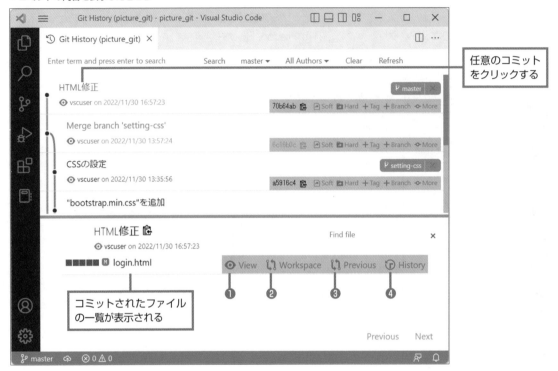

選択したコミットでは「login.html」のみを変更したので、一覧にはこのファイル名だけが表示されています。上図中の❶〜❹のように、ファイル名の右横には4つのボタンが並んでいます。

❶ View ボタン

コミットしたときのファイルがプレビューモードで開きます。

❷ Workspace ボタン

ワークスペースに保存されているソースコードと、現在のソースコードの差分を表示します。多くの場合、**View** ボタンをクリックしたときとほぼ同じ画面になりますが、マージの失敗を回避するための修正を行った場合などは、そのときの修正箇所の差分が表示されます。

❸ Previous ボタン

コミットやマージを行った際のファイルについて、コミット前との差分表示の画面を開きます。

❹ History ボタン

「File History」ビューが開いて、ファイルのコミット履歴が表示されます。

▼ [History] ボタンをクリックして「File History」ビューを表示したところ

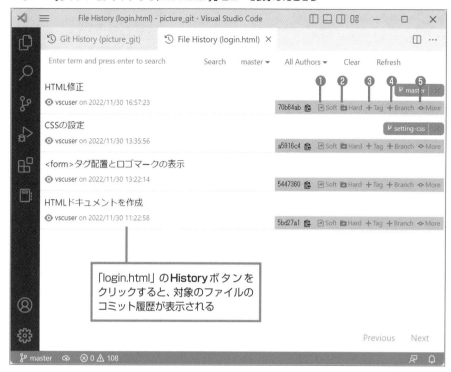

それぞれのコミットの右側に、Gitのコマンドを実行するための5つのボタンが並んでいます。

❶ Soft

resetコマンドの「reset --soft」を実行します。HEAD（コミット履歴）のみが削除されます。コミット自体は残るので、使用する機会は少ないと思います。

❷ Hard

resetコマンドの「reset --hard」を実行します。HEAD（コミット履歴）、インデックス（「ステージ」エリアへの登録）、ワーキングツリー（ファイルの状態）をリセットし、コミットのすべての内容を削除します。間違ってコミットしてしまい、元に戻したいときに有効なコマンドです。

❸ Tag

タグ（コミットを参照しやすくする目的で、わかりやすい名前を付けるための仕組み）を設定します。

❹ Branch

対象のコミットの時点で、新しいブランチを作成します。

❺ More

チェックアウトなどの他のコマンドのリストが表示されます。

他のブランチのコミット履歴を見る

「Git History」ビューの上部には、ブランチを切り替えるためのドロップダウンメニューが配置されていて、他のブランチの表示に切り替えることができます。次の画面は、「setting-css」ブランチの表示に切り替えたところです。

▼「Git History」ビューの表示を「setting-css」ブランチに切り替えたところ

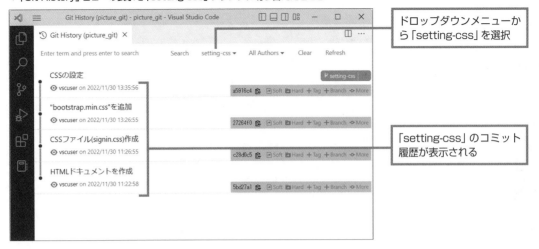

ここでは「master」ブランチで操作していますが、支流の「setting-css」ブランチで操作している場合は、ドロップダウンメニューから「All BRANCHES」を選択すると、「master」を含めたすべてのブランチのコミット履歴を1つの画面で見ることができます。つまり、「master」ブランチで見た画面と同じものが見られます。

［エクスプローラー］上からファイルのコミット履歴を見る

「Git History」が有効な状態では、**エクスプローラー**上のファイルを右クリックしたときに**Git: View File History**という項目が表示されます。

1 ここでは、「login.html」を右クリックして**Git: View File History**を選択してみます。

2 「File History」ビューが開いて、ファイルのコミット履歴が表示されます。この画面は、「Git History」ビューでコミット履歴からファイルの一覧を表示した際に現れる**History**ボタンをクリックしたときと同じ画面です。

▼［エクスプローラー］でファイルを右クリックしたときのメニュー

▼「File History」ビュー

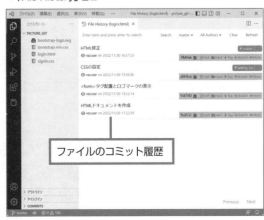

6.2.5　Gitの操作を快適にするGitLensを導入する

　VSCodeでGitをもっと便利かつ快適に使えるようにしてくれる、「**GitLens**」という拡張機能があります。標準搭載の機能は扱いやすく、操作上、特に問題はないのですが、ブランチを分岐させた場合、「タイムライン」に表示されるコミット履歴がどのブランチのものかわかりにくかったり、コミットの履歴が確認できないなど、少々不便に感じる面もあります。

　「GitLens」は、**ソース管理**ビューを大幅に強化することで、ブランチの管理を快適にしてくれる拡張機能です。「Git History」が「コミット履歴をビジュアル化すること」に特化しているのに対し、「GitLens」は、誰がこのコードを書いたのか、このコミットは誰により行われたのか、コードはどのように変わっていったのか、など「ファイル単体の履歴を簡単に参照すること」に特化しています。もちろん、ファイルごとのコミット履歴をビジュアル化する機能も搭載されています。

拡張機能「GitLens」をインストールする

　拡張機能「GitLens」をインストールします。

1 VSCodeの**拡張機能**ビューを表示して、入力欄に「GitLens」と入力します。

2 候補の一覧から「GitLens」を選択します。

3 **インストール**ボタンをクリックします。

▼GitLensのインストール

［エディター］で使える便利機能

次の画面は、「GitLens」を有効にした状態で、任意のファイルを**エディター**で開いたところです。**エディター**上部に**Open Changes with Previous Revision**ボタン があるので、これをクリックします。

▼［エディター］上部に表示されるボタン

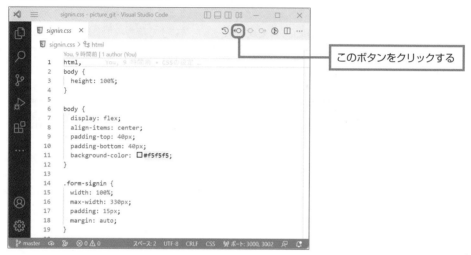

前回コミットしたときとの差分が表示されます。もう一度**Open Changes with Previous Revision**ボタンをクリックすると、その1つ前（古い方）のコミット時の差分が表示されます。一方、**Open Changes with Next Revision**ボタン をクリックすると、反対にその1つあと（新しい方）のコミット時の差分表示に戻ります。

▼コミット時の差分表示

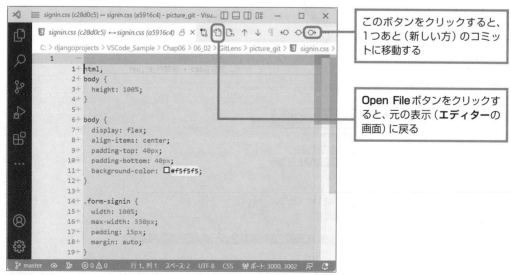

Show Revision Commitボタンをクリックして**Open in Commit Graph**を選択します。

▼コミットグラフの表示

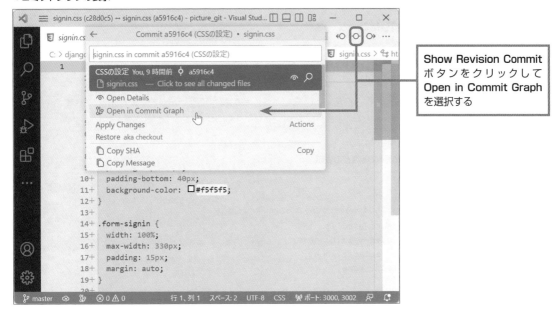

「Commit Graph」ビューが開いて、差分を表示中のコミットについて、コミット履歴における位置
が示されます。

▼「Commit Graph」ビュー

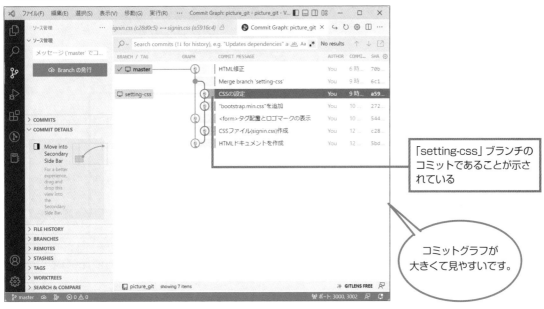

■ ［エディター］上のホバー表示

ファイルを**エディター**で開いて、任意のコードの右端にカーソルを置くと、

・ソースコードを記述したユーザー名
・コミットされた時刻
・コミット名

が薄いグレーの文字で表示されます。さらに、グレーの文字の部分をマウスでポイントすると、詳しい内容がポップアップ（ホバー）します。

▼ ［エディター］におけるソースコードの記述者などの表示

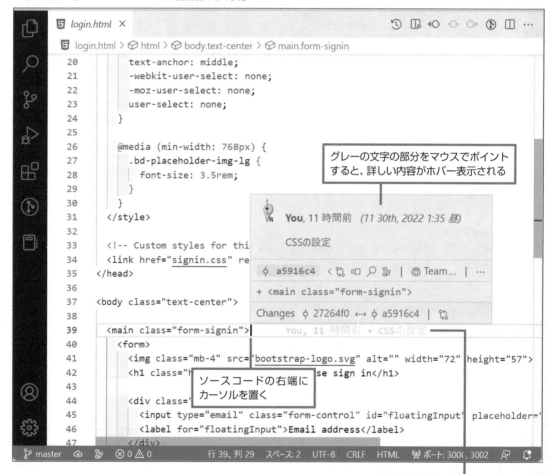

　ホバー表示の中の**Open Changes**ボタン🔁をクリックすると、前回コミット時との差分表示の画面が開きます。**Open in Commit Graph**ボタン🔁をクリックすると、「Commit Graph」ビューが開きます。

▼グレー文字をポイントすると現れるホバー表示

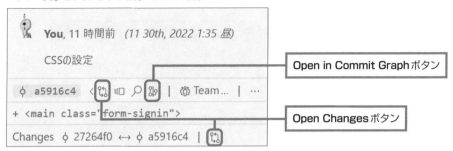

[ソース管理] ビューに表示されるパネルの機能

　「GitLens」が有効な状態では、**ソース管理**ビューの下側領域に、**COMMITS**、**COMMIT DETAILS**、**FILE HISTORY**、**BRANCHES**、**REMOTES**、**STASHES**、**TAGS**、**WORKTREES**、**SEARCH & COMPARE**の9つのパネル (アコーディオンパネル) が表示されます。

▼[ソース管理] ビューに表示されるGitLensのパネル

パネル名	機能
COMMITS	リポジトリのすべてのコミット履歴が表示されます。
COMMIT DETAILS	コミットの詳細情報が表示されます。
FILE HISTORY	現在開いているファイルのコミット履歴が表示されます。「タイムライン」とは異なり、すべてのブランチのコミットが表示されます。
BRANCHES	ブランチごとのコミット履歴が表示されます。
REMOTES	REMOTEのブランチを探索・管理することができます。
STASHES	スタッシュ (変更を一時的に退避させる機能) の一覧が表示されます。
TAGS	タグ (コミットに付けた付加情報) の一覧が表示されます。
WORKTREES	ワークツリー (コミット前の作業領域) の作成や管理が行えます。
SEARCH & COMPARE	コミットをキーワード検索できます。

■ [COMMITS] パネルですべてのコミット履歴を見る

COMMITSパネルを展開すると、マージを含むすべてのコミット履歴が表示されます。表示されているファイル名をクリックすると、コミット時の差分を表示する画面が開きます。

▼ [COMMITS] パネル

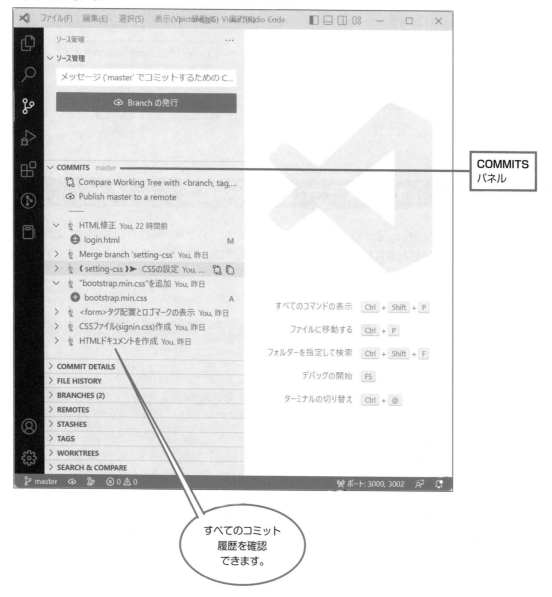

■ [FILE HISTORY] パネルでファイルの履歴を見る

　FILE HISTORYパネルには、現在開いているファイルに対して行われた、すべてのブランチにおけるコミットの履歴が表示されます。

▼ [FILE HISTORY] パネル

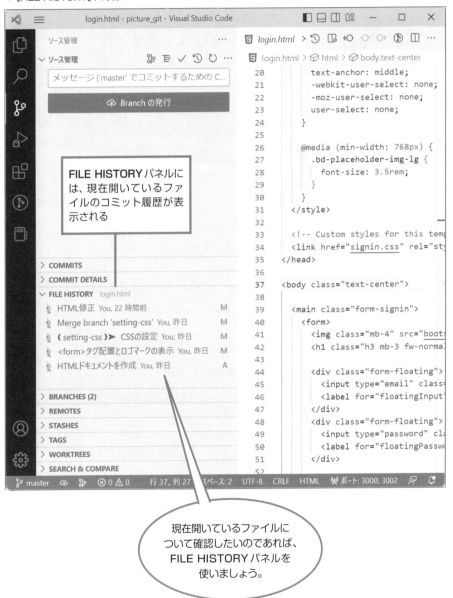

▊ [FILE HISTORY] パネルからファイルの差分を表示

FILE HISTORYパネルにおいて、履歴に表示されている任意のコミットをクリックすると、表示中のファイルの差分を表示する画面が開きます。

▼ [FILE HISTORY] パネル

次ページの図は、FILE HISTORYパネルから差分表示の画面を開いたところです。画面のタブバーに表示されているOpen Fileボタンをクリックすると、元の画面（エディター）に戻ります。

▼ [FILE HISTORY] パネルから差分表示の画面を開いたところ

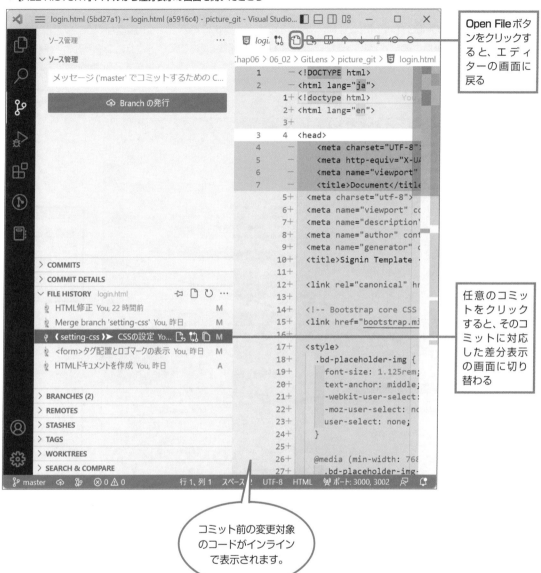

Open Fileボタ
ンをクリックす
ると、エディ
ターの画面に
戻る

任意のコミッ
トをクリック
すると、そのコ
ミットに対応
した差分表示
の画面に切り
替わる

コミット前の変更対象
のコードがインライン
で表示されます。

■ [BRANCHES] パネルでブランチごとの履歴を見る

BRANCHESパネルには、リポジトリに作成されたすべてのコミット履歴がブランチ別に表示されます。履歴に表示されている任意のコミットを展開すると、コミットされたファイルが一覧で表示されます。さらに、ファイル名をクリックすると、コミット時の差分を表示する画面が開きます。

▼ [BRANCHES] パネル

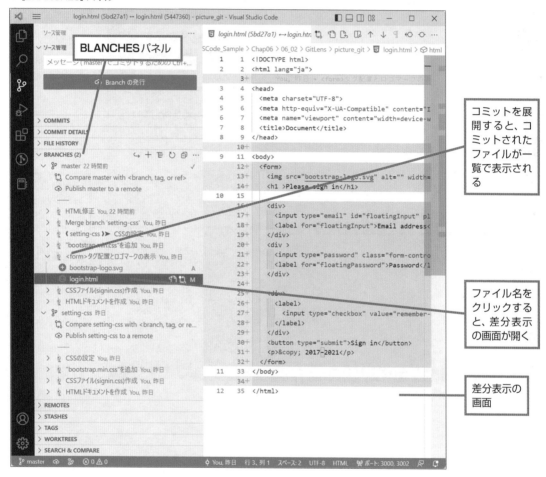

BRANCHESパネルの**Create Branch**ボタン⊞をクリックすると、新たなブランチを作成できます。

▼ [BRANCHES] パネルから新しいブランチを作成する

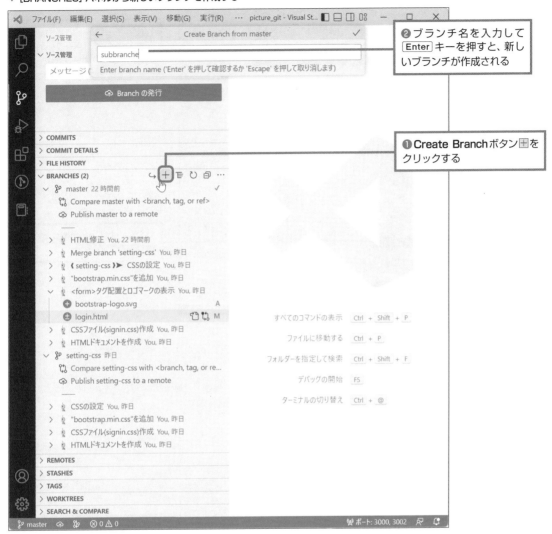

❷ブランチ名を入力して[Enter]キーを押すと、新しいブランチが作成される

❶Create Branchボタン田をクリックする

VSCodeからGit、GitHubを使う

[SEARCH & COMPARE] パネルでコミットを検索する

コミットの数が増えると、それに比例してコミット履歴も増えるので、履歴の中から探し出すのも大変です。目的のコミットをなかなか探し出せずに困った場合は、SEARCH & COMPAREパネルを使いましょう。検索キーワードを入力すれば、該当するコミットが一覧で抽出されます。

▼［SEARCH & COMPARE］パネル

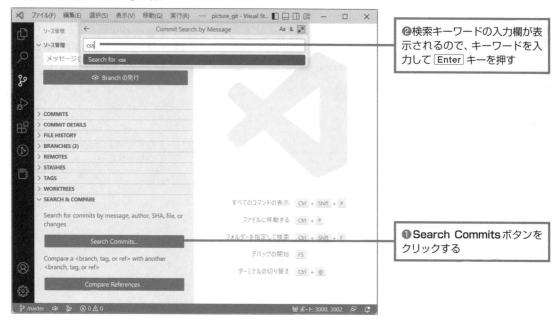

❷検索キーワードの入力欄が表示されるので、キーワードを入力して Enter キーを押す

❶Search Commitsボタンをクリックする

キーワードにマッチするコミットメッセージが検索され、該当するコミット履歴が表示されます。

▼コミットの検索結果

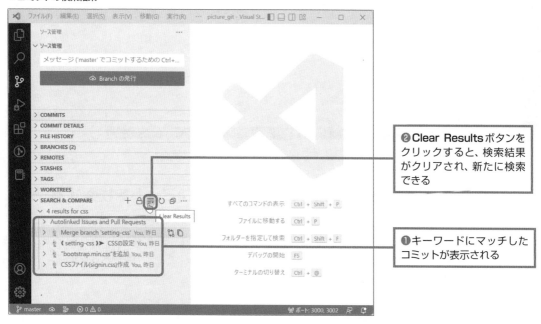

❷Clear Resultsボタンをクリックすると、検索結果がクリアされ、新たに検索できる

❶キーワードにマッチしたコミットが表示される

検索結果はコミットの履歴なので、展開してファイルの一覧を表示できます。検索結果をクリアして新たに検索を行う場合は、**Clear Results** ボタンをクリックします。

6.2.6 コンフリクトの解決

　マージを実行する場合、ブランチ間の整合性がとれていないと「**コンフリクト**（衝突）」が発生します。顕著な例として、マージする側（デフォルトブランチなど）とマージされる側（新しく作成したブランチ）で同じファイルを変更し、双方でコミットした場合があります。

マージにおいてコンフリクトが発生した例

　次図は、コンフリクトが発生したマージが存在するコミット履歴を「Git History」でグラフにしたものです。

▼コンフリクトが発生したマージが存在するコミットグラフ

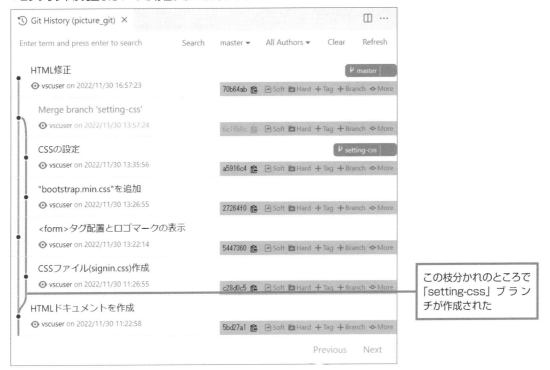

この枝分かれのところで「setting-css」ブランチが作成された

　グラフでは、デフォルトブランチ「master」と、あとから追加したブランチ「setting-css」のコミット履歴が表示されています。「master」ブランチで「HTMLドキュメントを作成」がコミットされたあとに「setting-css」ブランチが作成されているのがわかります。「setting-css」ブランチはCSSに特化した作業を行うのが目的なので、CSSファイルの作成・編集に加え、HTMLドキュメントにもCSSを適用するための編集を行います。実際、「CSSの設定」のコミットでは、「login.html」が編集（変更）されています。

▼コミット「CSSの設定」において変更されたファイル

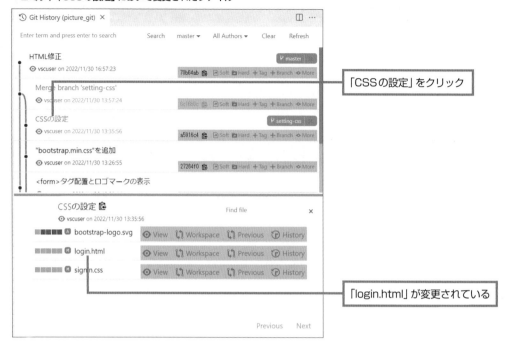

一方、「master」ブランチにおいても、コミット「<form>タグ配置とロゴマークの表示」において「login.html」の変更が行われています。

▼コミット「<form>タグ配置とロゴマークの表示」において変更されたファイル

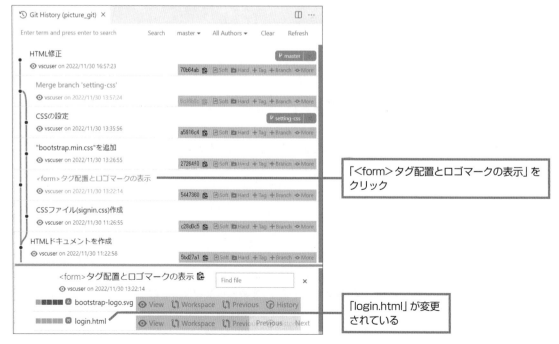

「login.html」は、どちらかのブランチのみで変更すべきところ、双方のブランチで変更してしまっています。このままマージすると、コンフリクトが発生するのは必至です。この例では、コミットグラフの上の方に表示されている「Merge branch 'setting-css'」においてコンフリクトが発生しましたので、そのときの状況について紹介したいと思います。

コンフリクトを解消する

次図は、コンフリクトが発生したマージの履歴です。

▼マージしたときの履歴

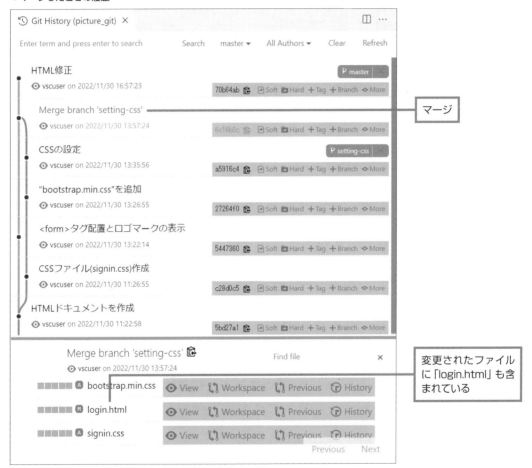

この画面ではマージが完了していますが、マージの操作を行った際には次図のようにコンフリクトが発生しており、その解消の作業が必要だったのです。

▼コンフリクト発生時の画面

❷マージエディターが開く

❸ここでは「setting-css」ブランチの**受信中を適用する**のリンクをクリックしている

❹**マージの完了**ボタンをクリックすると結果が表示される

❶**出力**パネルの**マージエディターで解決**ボタンをクリック

　コンフリクトが発生したため、マージの処理が停止し、**ソース管理**ビューの「変更のマージ」エリアに問題の「login.html」が表示されています。一方、問題のない2つのファイルは「ステージされている変更」に表示されています。このときの作業手順は次のようになります。

❶**出力**パネルが開いてマージの状況が出力されると共に、パネル上に**マージエディターで解決**ボタンが表示されています。これは、コンフリクトの原因となったファイルを修正するためのエディターを表示するボタンなので、クリックします。

❷**マージエディター**が開き、左側に「setting-css」ブランチのコード、右側に「master」ブランチのコードがブロック単位で表示されます。表示されるのは問題が生じている箇所です。

❸それぞれのブロックの上部に、そのブロックのコードを適用するのか、それとも双方のコードを取り込むのかを選択するリンクテキストが表示されます。マージされる側の「setting-css」ブランチには**受信中を適用する**、**組み合わせを承諾する**が表示され、「master」ブランチには**現在のマシンを適用する**、**組み合わせを承諾する**が表示されています。ここでは「setting-css」ブランチのものを適用したいので、**受信中を適用する**のリンクをクリックします。

❹**マージの完了**ボタンをクリックすると、結果を示すパネルが開きます。ここでは解決ができなかったのでエラーになっています。

　コンフリクトが解消できていません。ここでは「setting-css」ブランチのソースコードをすべて適用したいので、**マージエディター**で「setting-css」側のメニューを表示して、**すべての変更を左から受け入れる**を選択しました。これで、「setting-css」ブランチのソースコードが「master」ブランチの「login.html」に取り込まれます。

▼「setting-css」ブランチのソースコードを「master」ブランチの「login.html」に取り込む

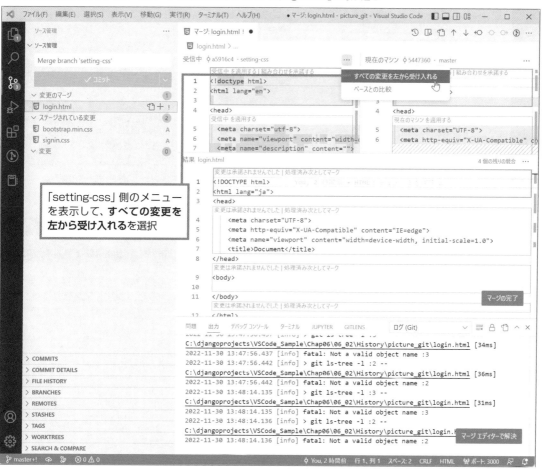

　今度はうまく行ったので、「変更のマージ」エリアに表示されている「login.html」をクリックして、プレビューモードで開きました。**マージエディター**で作業した際のコメントが入っているので、不要であればこの時点で削除しておきます。

　「変更のマージ」エリアの「login.html」の＋をクリックして、「ステージ」エリアに移動します。

▼「login.html」を「ステージ」エリアに移動する

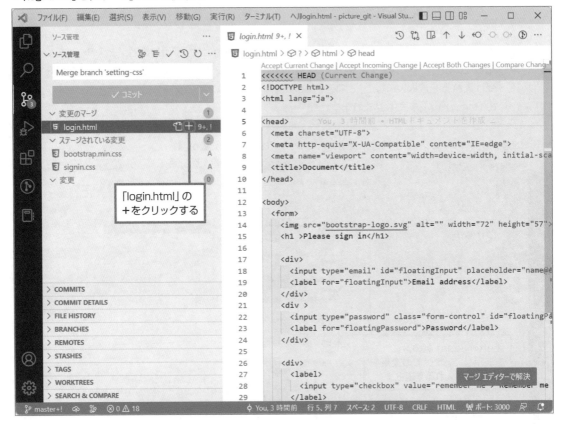

　「ステージ」エリアへの移動を確認するメッセージが表示されるので、**はい**ボタンをクリックします。

▼確認のメッセージ

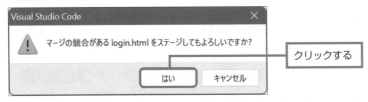

　これでマージを続行できるようになりました。メッセージは入力されているので、このまま✓**コミット**ボタンをクリックします。

▼コミットを実行してマージを完了する

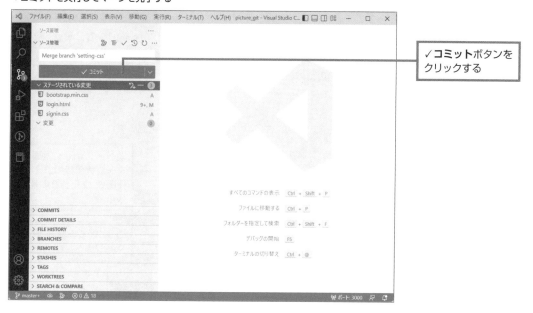

このときは以上の操作でコンフリクトを解消し、マージを完了できたのですが、実は「login.html」の内容に不備があることがあとでわかったので、「master」ブランチで修正したあとコミットを行いました。次図は修正のコミットにおける差分表示の画面です。

▼「login.html」を修正したときの差分表示の画面

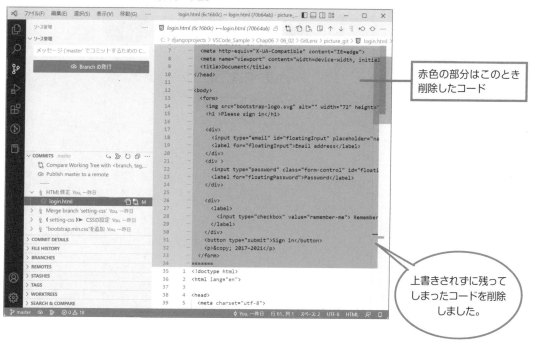

マージのコンフリクトを解消する際に、**マージエディター**で「setting-css」ブランチのコードをすべて取り込む操作を行ったのですが、コンフリクトしていた「master」ブランチ側のコードを削除し忘れたため、双方のコードが残った状態になっていたのです。コンフリクト解消後のコミットを行う前に確認して削除しておけば、このような手間はかかりませんでした。あまり参考にならないかもしれませんが、1つの例として見ていただければと思います。

▼コミットグラフ

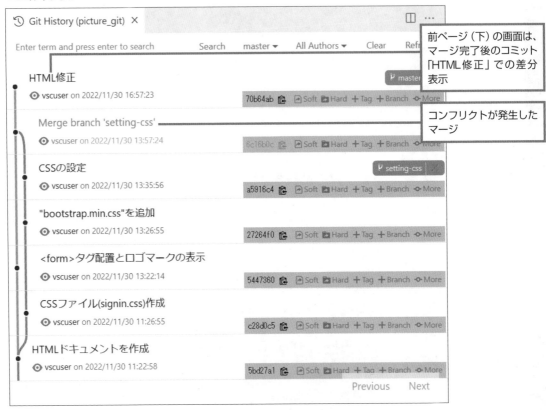

前ページ（下）の画面は、マージ完了後のコミット「HTML修正」での差分表示

コンフリクトが発生したマージ

GitHubとの連携

Level ★ ★ ★ | Keyword | GitHub リモートリポジトリ プルリクエスト

共同で開発する場合は、リモートリポジトリの利用が不可欠です。ここでは、GitHubにリモートリポジトリを作成し、ローカルリポジトリと連携させて開発を進める方法について紹介します。

GitHubを利用した
リモートリポジトリ

GitHubのリポジトリを作成すると、VSCodeで管理するローカルリポジトリと連携させて開発を進めることができます。ここでは、GitHubと連携させるための次の項目について解説します。

- GitHubのアカウントを作成する
- GitHubのリポジトリを作成する
- ローカルリポジトリからリモートにアップロードする
- リモートリポジトリでの変更を取り込む
- プルリクエストを発行する

▼GitHubで作成したリモートリポジトリ

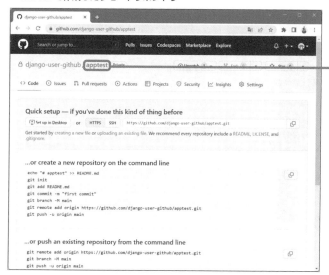

リモートとローカルのリポジトリを連携（同期）させて開発を進める

6.3.1　GitHubのアカウントを作成する

GitHubを利用するには、アカウントの登録が必要です。アカウントは誰でも無料で取得できます。

GitHubのアカウントを作成する

GitHubのアカウントを作成しましょう。

1 「https://github.com/」にアクセスして、トップページの**Sign up for GitHub**をクリックします。

2 メールアドレスを入力して**Continue**ボタンをクリックします。

▼GitHubのトップページ

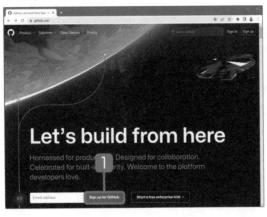

▼アカウント作成のページ

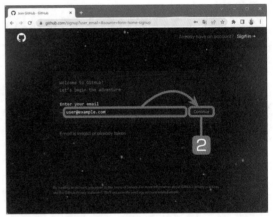

▼アカウントの作成

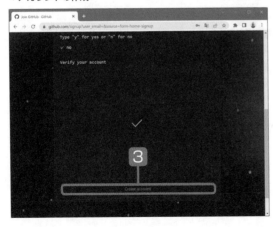

3 パスワード、ユーザー名、メール受信の可否を入力し、いくつかの質問に答えると、**Create account**ボタンが表示されるので、これをクリックします。

　登録したメールアドレスに、認証用のコードが送信されます。**Create account**ボタンをクリックしたあとに表示されたページに、メールに記載された認証コードを入力すると、認証が行われます。以上でアカウントの作成は完了です。

6.3.2　GitHubのリポジトリを作成する

　GitHubにリポジトリを作成しましょう。これは、VSCodeから「**リモートリポジトリ**」として利用するためのものです。

　GitHubのトップページからサインインすると、GitHubのマイページが表示されます。「Start a new repository」のリポジトリ名の入力欄に名前を入力し、リポジトリを公開する場合は**Public**をオンにし、非公開にするには**Private**をオンにします。ここでは**Private**をオンにしました。最後に**Create a new repository**ボタンをクリックしましょう。

▼GitHubのマイページ

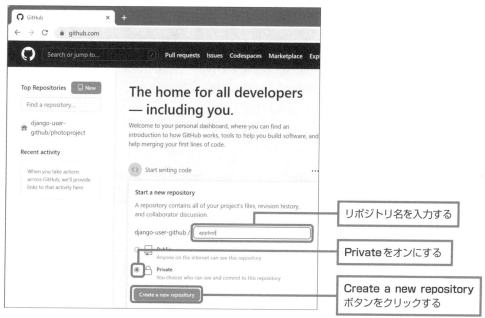

リポジトリ名を入力する

Privateをオンにする

Create a new repository
ボタンをクリックする

▼リポジトリ作成後の画面

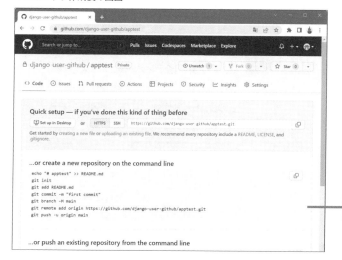

　リポジトリ「apptest」が作成され、左図のような画面が表示されます。これでGitHubのリポジトリの作成は完了です。なお、このページのURLはあとで必要になるので、コピーするなどして記録しておいてください。

作成直後なので、ファイルは存在しない

6.3.3　GitHubのリポジトリとローカルリポジトリとの連携

GitHubのリポジトリが用意できたら、これと連携するための**ローカルリポジトリ**を作成します。ローカルリポジトリの作成は、次の手順で行います。

❶GitHubのリモートリポジトリをローカル（使用しているPC）上の任意の場所（フォルダー）にクローンして、ローカルリポジトリを作成する。

❷ローカルリポジトリにファイルを作成し、入力作業を行ったあと、コミットする。

❸コミットした内容をプッシュ（リモートリポジトリにアップロード）して、ローカルリポジトリとリモートリポジトリを同期させる。

ここでは「GitHubで作成したリポジトリを**クローン**してローカルリポジトリを作成する」という方法を用いますが、連携させる他の方法として、「作成済みのローカルリポジトリをGitHubに発行（アップロード）してリモートリポジトリを作成する」という方法もあります。Gitのコマンドを用いれば簡単に実行できますが、VSCodeで実行する場合は操作に手間がかかり、慣れないと失敗する確率も高いため、この方法は採用しないことにします。「空のリモートリポジトリをローカル環境にクローンして、ローカルリポジトリでファイルを作成し、これをアップロード（プッシュ）する」方が、手順が簡単で操作も直感的に行えます。

GitHubのリポジトリのクローンを作成する

「GitHubのリポジトリをクローンする」というのは、「GitHubのリポジトリをローカルのPC上にダウンロードして、クローン（コピー）を作成する」という意味です。そのため、クローンを行う前に、クローン用のフォルダーをあらかじめ用意しておくとよいでしょう。既存のフォルダーを使っても支障はないのですが、ローカルリポジトリとして使用するため、専用のフォルダーにしておいた方が開発の際に便利です。

■ [リポジトリのクローン] を実行する

▼フォルダーを開いていない状態の [ソース管理] ビュー

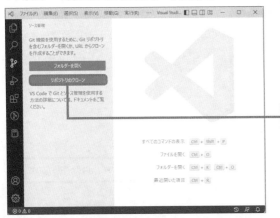

リポジトリのクローンボタン

1　VSCodeをフォルダーを開かない状態で起動し、**アクティビティバー**の**ソース管理**ボタンをクリックすると、**ソース管理**ビューに**リポジトリのクローン**というボタンが表示されます。

▼［リポジトリのクローン］ボタンをクリックした直後

2 **リポジトリのクローン**ボタンをクリックすると、GitHubのリポジトリを指定する画面が表示されるので、先ほど作成したGitHubリポジトリのURLを入力して［Enter］キーを押します。URLがわからない場合は、ブラウザーでGitHubのリポジトリを開いて、アドレスバーに表示されているURLをコピー＆ペーストしてください。

GitHubリポジトリのURLを入力して
［Enter］キーを押す

▼サインインを確認するダイアログ

3 GitHubへのサインインを確認するダイアログが表示されるので、**許可**ボタンをクリックしましょう。

4 ブラウザーの画面に「Authorize GitHub VS Code」のページが表示されるので、**Authorize Visual-Studio-Code**をクリックします。

5 GitHubのアカウントにサインインするための画面が表示されるので、アカウントの作成時に設定したパスワードを入力して**Confirm**ボタンをクリックします。

▼「Authorize GitHub VS Code」のページ

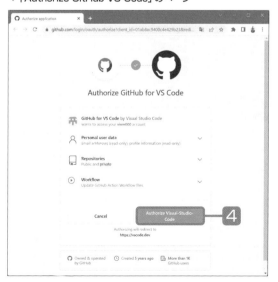

▼GitHubアカウントのパスワード入力

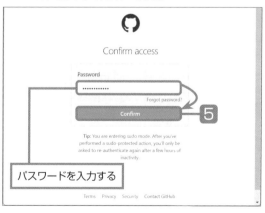

パスワードを入力する

6 VSCodeを開くことへの許可を求めるダイアログが表示されるので、**Visual Studio Code を開く**をクリックします。

7 さらに確認を求めるダイアログが表示されるので、**開く**ボタンをクリックします。

▼VSCodeを開く許可を求めるダイアログ

▼拡張機能がURLを開く許可を求めるダイアログ

8 VSCodeに制御が戻り、GitHubのリポジトリをクローン（コピー）するフォルダーを選択するためのダイアログが表示されます。対象のフォルダーを選択して**リポジトリの場所を選択**をクリックします。

9 GitHubのリポジトリのクローンが完了すると、次のダイアログが表示されます。**開く**ボタンをクリックすると、クローンしたリポジトリがローカルリポジトリとして開きます。

▼クローンする場所を選択するダイアログ

▼クローンしたリポジトリを開くかどうかの確認用ダイアログ

▼[エクスプローラー] に表示されたローカルリポジトリ

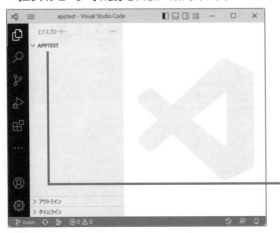

クローンしたリポジトリがローカルリポジトリとして開く

10 クローンされたリポジトリが、ローカルリポジトリとして設定された状態で開きます。リポジトリの中身は空なので、リポジトリ（のフォルダー）名だけが**エクスプローラー**に表示されています。

6.3.4　ローカルリポジトリからリモートにアップロードする

Important

　「ローカルリポジトリに作成したファイルやフォルダーを、リモートリポジトリにアップロードする」ことを「**プッシュ**」と呼びます。プッシュは、ローカルとリモートの整合性を保つ必要があることから、ローカルリポジトリでコミットしたあとでないと行えないようになっています。

ファイルを作成してリモートリポジトリにプッシュする

　ここでは次のように、ローカルリポジトリにHTMLドキュメントとCSSファイルを作成し、ファイルを編集・保存しておいてから、リモートリポジトリにプッシュします。

▼ファイルの作成、編集と保存

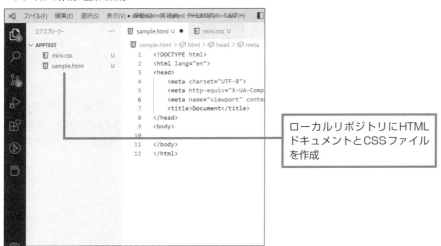

ローカルリポジトリにHTMLドキュメントとCSSファイルを作成

▼「変更」エリアから「ステージ」エリアへ移動

「変更」の＋をクリックする

1　**ソース管理**ビューで「変更」の＋をクリックして、対象のファイルを「ステージ」エリアに移動します。

●**nepoint**
●プッシュの手順
　「変更」エリアから「ステージ」エリアに移動し、コミットしたあとでプッシュを行います。

2 コミットの内容を表すメッセージを入力し、✓**コミット**ボタンをクリックします。コミット先はデフォルトブランチ「main」です（GitHubでリポジトリを作成した場合のデフォルトブランチ名は「master」ではなく「main」）。

3 コミットが完了したら、**ソース管理**ビューのメニューを展開し、**プッシュ**を選択します。

▼コミットの実行

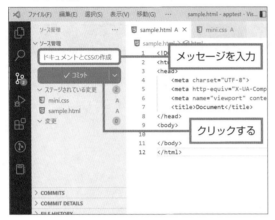

▼リモートリポジトリへの「プッシュ」

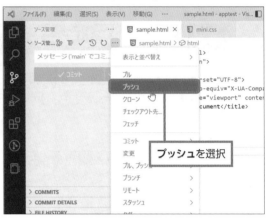

　プッシュしたことで、コミットしたファイルがすべてリモートリポジトリにアップロードされます。プッシュが完了しても特に何も表示されませんが、GitLensの**REMOTES**パネルを開くと、GitHub上のリモートリポジトリの内容が確認できます。ここでは、プッシュした2つのファイルがデフォルトブランチ「main」にコミットされているのが確認できます。

▼GitLensの［REMOTES］パネル

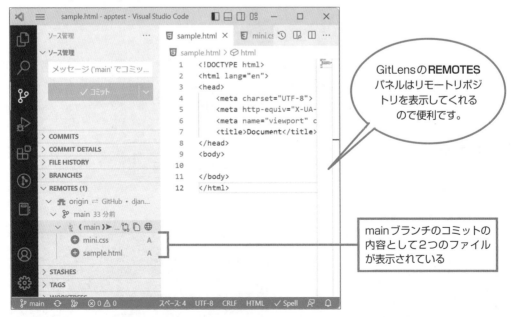

■ リモートリポジトリの確認

GitHubのリモートリポジトリをブラウザーで開くと、次の左図のように2つのファイルが表示されています。表示されているファイル名をクリックすると、ファイルの内容が表示されます。

▼リモートリポジトリ

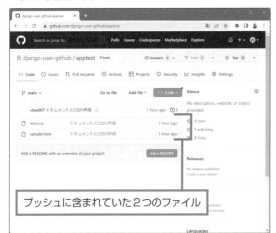

▼「sample.html」を開いたところ

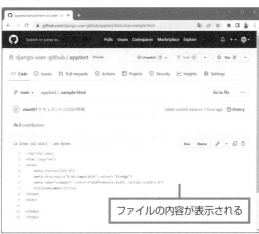

プッシュに含まれていた2つのファイル

ファイルの内容が表示される

6

VSCodeからGit、GitHubを使う

Memo｜リモートリポジトリのファイルを編集してコミットする

ブラウザーからGitHubにサインインしたうえで、リモートリポジトリのファイルを編集してコミットする手順を紹介します。

① GitHubにサインインしたあと、マイページの左側に表示されているリポジトリ名をクリックします。
② リポジトリのファイル一覧が表示されるので、編集するファイル名をクリックします。
③ ファイルが開くので、画面右上に表示されている**Edit this file**ボタン🖉をクリックします。

ソースコードを表示していた画面がエディターの画面に変わり、編集できる状態になります。編集が完了したら、コミットのメッセージを入力し、**Commit directly to the main branch.** をオンにして **Commit changes**ボタンをクリックします。この操作によって、デフォルトブランチ「main」にコミットされます。

リモートリポジトリのファイルを編集し、デフォルトブランチにコミットする

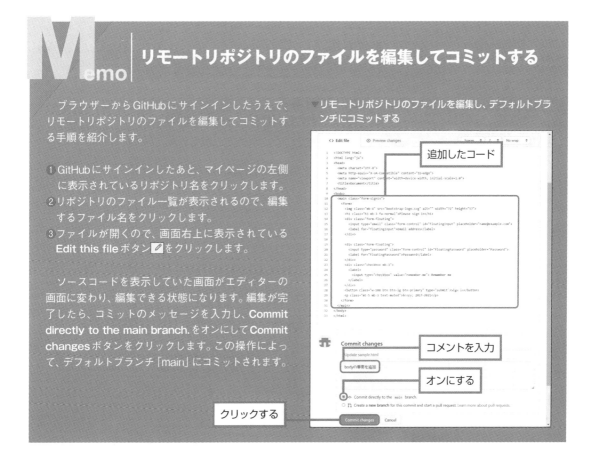

追加したコード

コメントを入力

オンにする

クリックする

6.3.5 リモートリポジトリでの変更を取り込む

GitHub 上のリモートリポジトリにおいても、ファイルの編集が行えます。共同で開発している場合はまずありませんが、1人で開発している場合は、リモートリポジトリのファイルに直接手を加えることもあるでしょう。

リモートリポジトリのファイルを変更した場合は、「**プル**」と呼ばれる操作で取り込み（ダウンロード）を行うことにより、変更内容をローカルリポジトリに反映させられます。GitHubを利用して共同で開発している場合とは異なり、リモートリポジトリを直接変更できる状況では、ここで紹介する方法でプルを行うことになります。

リモートリポジトリの変更をローカルリポジトリに取り込む

リモートリポジトリのファイルを開いて編集し、これをローカルリポジトリにプルするまでを見ていきましょう。

次図は、GitHubのリモートリポジトリに配置されている「sample.html」を開いたところです。ソースコードの上部右側に鉛筆マークの**Edit this file**ボタンがあるので、これをクリックし、ファイルを編集します。

▼GitHubのリモートリポジトリのファイルを開いたところ

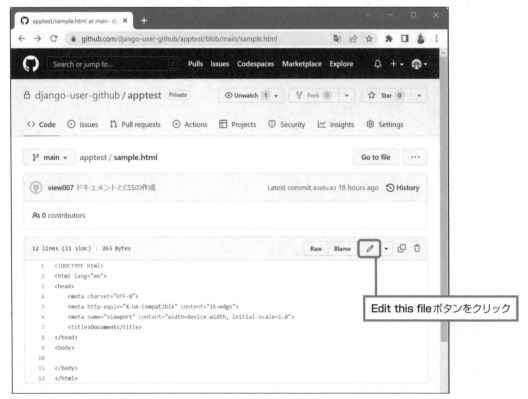

■ プルを実行して変更をダウンロードする

リモートリポジトリでファイルを編集したあと、VSCodeでローカルリポジトリを開きます。リモートリポジトリで変更されたファイルを開いてみると、当然ですが変更前の状態のままです。一方、**ステータスバー**を見ると「1 ↓ 0 ↑」の表示があります。これは「1件のプルすべきコミットがあり、0件のプッシュすべきコミットがある」ことを示しています。

▼VSCodeでローカルリポジトリを開く

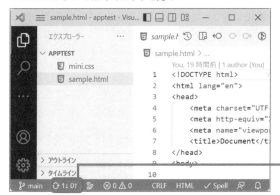

onepoint

●プル
ここではリモートリポジトリの変更を取り込むのが目的なので、「プル」のみを実行します。

「1件のプルすべきコミットがあり、0件のプッシュすべきコミットがある」ことが通知されている

では、プルを実行しましょう。**ソース管理**ビューを表示すると、**変更の同期**ボタンが表示されています。これは、プッシュとプルを行ってリポジトリ間の同期をとるためのものですが、ここではメニューから**プル**を選択して、プルのみを実行することにします。

リモートリポジトリがプルされ、ローカルリポジトリのファイルが変更されます。

▼プルの実行

メニューから**プル**を選択する

▼プル直後の画面

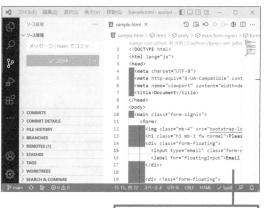

変更がローカルリポジトリのファイルに反映された

6.3.6　プルリクエストを発行する

　　複数の人が共同で開発している場合は、GitHubのリモートリポジトリを勝手に書き換えるわけにはいきません。他の開発者と相談して問題がないことを確認してから、自分の変更した内容をプッシュし、他の人にプルしてもらう——という流れになります。

　　「**プルリクエスト**」は、リモートリポジトリの変更に先立ち、変更内容に問題がないかどうか相談するための仕組みです。プルリクエストを利用してリモートリポジトリを更新するまでの流れは、次のようになります。これは、リモートリポジトリを変更しようとしている人（プルリクエストを送る側の人）から見た処理の流れになります。

❶プルリクエストのための専用のブランチを作成します。
❷ローカルブランチのファイルを変更し、❶で作成したブランチにコミットします。
❸「ブランチの発行」を行います。
❹プルリクエストを作成（発行）します。
❺レビューを通して、プルリクエストで提案した内容を確認します。
❻問題がなければプルリクエストをメインのブランチにマージし、リモートリポジトリの内容を書き換えます。

拡張機能「GitHub Pull Requests and Issues」をインストールする

　　プルリクエストはGitHubの機能であるため、VSCodeで使う場合は拡張機能「GitHub Pull Requests and Issues」をインストールする必要があります。ただし、「GitLens」にもプルリクエストを行う機能が含まれているので、「GitLens」がインストールされていれば、「GitHub Pull Requests and Issues」のインストールは必須ではありません。

▼GitHub Pull Requests and Issuesのインストール

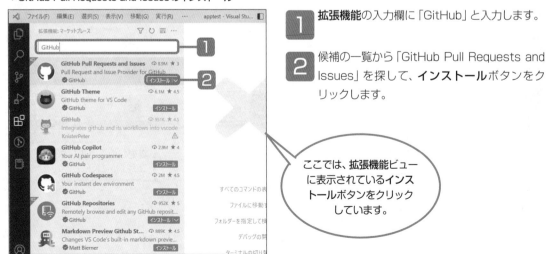

1 　**拡張機能**の入力欄に「GitHub」と入力します。

2 　候補の一覧から「GitHub Pull Requests and Issues」を探して、**インストール**ボタンをクリックします。

ここでは、**拡張機能ビュー**に表示されている**インストールボタン**をクリックしています。

「GitHub Pull Requests」でサインインしてプルリクエストを作成する

ここからは、VSCodeでローカルリポジトリを開いた状態で作業を進めていきます。「GitHub Pull Requests and Issues」（以下「GitHub Pull Requests」と表記）をインストールすると、**アクティビティバー**にGitHubのボタンが表示されます。これは、VSCode上のGitHub Pull RequestsとGitHubを連携させて作業するための**GitHub**ビューを表示するものです。GitHub Pull Requests側ではまだサインインしている状態ではないので、「サインインでまだサインインしていません」と表示されています。「サインイン」のリンクテキストをクリックしましょう。

▼［GitHub］ビュー

❷「サインイン」をクリックする

❶ GitHubボタンをクリックする

<table>
<tr><td>1</td><td>サインインを確認するダイアログが表示されるので、**許可**ボタンをクリックします。</td><td>2</td><td>ブラウザーに次のような画面が表示されるので、**Aouthorize Visual-Studio-Code** ボタンをクリックします。</td></tr>
</table>

▼サインインを確認するダイアログ

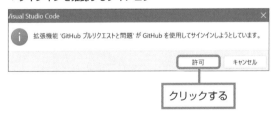

クリックする

▼ブラウザーに表示された画面

クリックする

▼ブラウザーに表示された画面

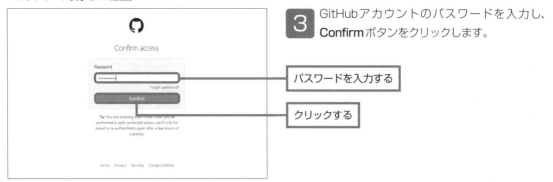

3 GitHubアカウントのパスワードを入力し、**Confirm**ボタンをクリックします。

パスワードを入力する

クリックする

4 ブラウザーの画面上にメッセージが表示されるので、**Visual Studio Code を開く**ボタンをクリックします。

5 再度、確認を求めるダイアログが表示されるので、**開く**ボタンをクリックします。

▼ブラウザーの画面上に表示されたメッセージ

▼VSCodeでGitHubを開くことの確認を求めるメッセージ

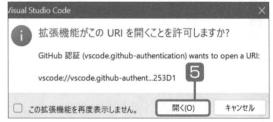

▼GitHubにサインインした状態の［GitHub］ビュー

6 サインインが完了すると、**GitHub**ビューの表示が、リモートリポジトリと連携したものに切り替わります。

プルリクエストを管理するための
パネルが表示される

498

■ プルリクエスト用のブランチを作成する

プルリクエストは、専用のブランチに変更情報をコミットした状態から作成します。あくまでリクエストなので、本流（デフォルト）のブランチにはコミットできないためです。そこで、今回のプルリクエストのためのブランチを作成します。

1 ステータスバーに表示されているブランチ名「main」をクリックし、**新しいブランチの作成**を選択します。

2 ブランチ名を「html-edit」と入力して Enter キーを押します。

▼新しいブランチの作成

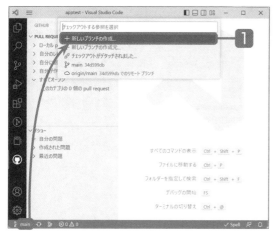

▼ブランチ名の入力

■ ファイルを変更してコミットする

プルリクエスト用のブランチを作成したので、**ステータスバー**にはブランチ名として「html-edit」が表示されています。「sample.html」を開いてソースコードを編集し、ファイルを保存します。

▼ファイルの編集と保存

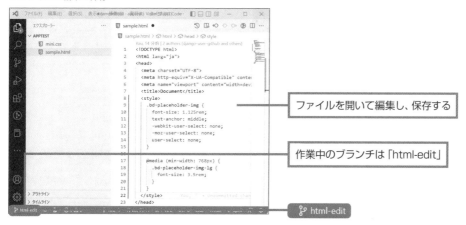

ファイルを開いて編集し、保存する

作業中のブランチは「html-edit」

6

VSCodeからGit、GitHubを使う

1 ソース管理ビューを表示し、「sample.html」を「変更」エリアから「ステージ」エリアに移動し、メッセージを入力して✓コミットボタンをクリックします。

2 Branchの発行ボタンが表示されます。このボタンをクリックすることで、リモートリポジトリに、現在作業中の「html-edit」ブランチが統合されます。

▼コミットの実行

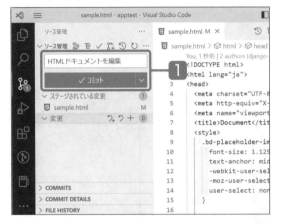

▼ブランチの発行

■ プルリクエストを作成してGitHubに発行する

プルリクエストを作成します。

1 アクティビティバーのGitHubボタンをクリックしてGitHubビューを表示し、PULL REQUESTSパネルのプルリクエストの作成ボタンをクリックします。

2 GITHUB PILL REQUESTビューが表示されます。DESCRIPTIONにプルリクエストの説明を入力してCreateボタンをクリックすると、プルリクエストが作成（発行）されます。

▼ [GITHUB] ビューの [PULL REQUESTS] パネル

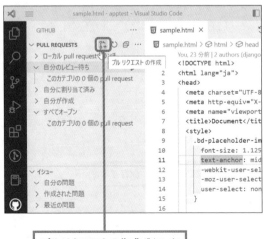

プルリクエストの作成ボタンを
クリックする

▼プルリクエストの作成

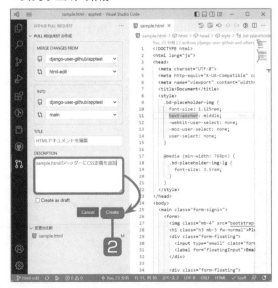

▼プルリクエスト直後の画面

3 プルリクエストが完了すると、**GITHUB PULL REQUEST**ビューの表示が「レビューモード」に切り替わり、新しい画面が開いてプルリクエストの情報が表示されます。

プルリクエストの情報が表示される

GITHUB PULL REQUESTビューの表示が「レビューモード」に切り替わる

GitHubでプルリクエストを確認する

　GitHubのマイページを表示すると、先ほど発行したプルリクエストがサイドバーに表示されていることが確認できます。クリックするとプルリクエストの内容が表示されます。この画面では、プルリクエストに対するレビュー（コメント）を送ることができます。

▼GitHub

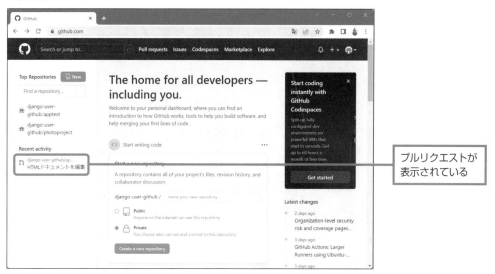

プルリクエストが表示されている

プルリクエストをレビューする

プルリクエストを評価する作業のことを「**レビュー**」と呼びます。レビューは、ファイルの特定の行にコメントを付けることによって行われます。

レビューはGitHubから行えますが、VSCodeでもレビューすることができます。プルリクエスト直後の**GITHUB PULL REQUEST**ビューの画面はレビューモードになっているので、ここからレビューすることにしましょう。

▼ [GITHUB PULL REQUEST] ビュー

プルリクエスト対象の「sample.html」が表示されているので、これをクリックします。

クリックする

2　プルリクエスト前後の差分を表示する画面が開きます。この画面では、特定の行にコメントを付けることが可能です。右側に表示されている画面（プルリクエストされたソースコード）で、コメントを付けたい行番号をポイントすると＋マークが表示されるので、これをクリックします。

3　レビューするための画面がポップアップするので、コメントを入力して**レビューを開始する**ボタンをクリックします。

▼コメント行の選択

コメントを付けたい行番号をポイントして＋をクリックする

▼レビューを開始する

コメントを入力する

4 レビューが行われたことが確認できます。

5 GitHubでプルリクエストの画面を表示すると、レビューを確認することができます。

▼レビュー直後の画面

▼GitHubでプルリクエストの画面を表示したところ

レビュー対象のソースコードがコメントと共に表示されている

プルリクエスト中に修正する

　レビューのコメントで修正依頼があったり、あとから間違いに気付くなど、プルリクエスト後に修正を行わなければならないことがあります。ここでは、修正を依頼するコメントに対応して、プルリクエスト中のファイルを修正する場合について見てみましょう。

　対象のファイルを開くと、レビューとして付けられたコメントが表示されています。

▼レビュー対象のファイルを開いたところ

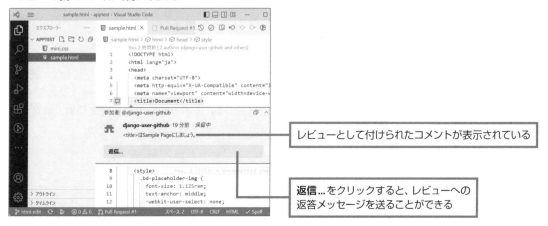

レビューとして付けられたコメントが表示されている

返信…をクリックすると、レビューへの返答メッセージを送ることができる

▼修正したファイルをコミットする

1　ソースコードを修正して保存し、「ステージ」エリアに移動したあと、メッセージを入力して✔**コミット**ボタンをクリックします。

> ソースコードを修正して保存する

> 修正したファイルをコミットする

▼リモートリポジトリと同期する

2　**変更の同期**ボタンをクリックします。

3　確認を求めるダイアログが表示されるので、**OK**ボタンをクリックすると、リモートリポジトリと同期します。

▼確認を求めるダイアログ

マージを実行してプルリクエストを終了する

▼ [GITHUB PULL REQUEST] ビュー

　レビューの結果、プルリクエストにおける変更に問題がなければ、デフォルトブランチ（main）にプルリクエスト用のブランチをマージします。

1　GITHUB PULL REQUESTビューを開き、**HTMLドキュメントを編集 #1**と表示されているパネルの**Create Merge Commit**ボタンをクリックします。

▼確認のダイアログ

2　確認を求めるダイアログが表示されるので、**は
い**ボタンをクリックすると、デフォルトブラン
チにプルリクエスト用のブランチがマージされ
ます。

以上で、デフォルトブランチへのマージは完了です。プルリクエスト用のブランチは不要になった
ので、削除しましょう。

▼プルリクエスト用ブランチの削除

3　GITHUB PULL REQUESTビューに表示され
ているプルリクエスト名をクリックすると、プ
ルリクエストの情報画面が表示されます。画面
の下の方にある**Delete branch**ボタンをク
リックします。

削除するブランチを選択する画面が表示されます。ここには、ローカルリポジトリのブランチ
(html-edit) とリモートリポジトリに作成されたブランチ (origin/html-edit) にチェックが入ってい
るので、このままの状態で**OK**ボタンをクリックします。以上で、プルリクエスト用ブランチの削除は
完了です。

▼プルリクエスト用ブランチの削除

チェックが入ったまま**OK**ボタンをクリック

Onepoint

●リモートリポジトリの「origin」ブランチ
　GitHubのリモートリポジトリには、プルリクエスト
などを追跡するための「origin」ブランチがあり、プル
リクエスト用のブランチはoriginから派生したブラン
チとして登録されます。

Memo | Webアプリ版「VSCode」

「Visual Studio Code for the Web」は、Microsoft社が提供するWebアプリ版のVSCodeです。「https://vscode.dev/」にアクセスするだけで、デスクトップ版のVSCodeと同じ画面が表示されます。

画面左上端付近の■ボタンから**ファイル**メニューの**フォルダーを開く**を選択すると、ローカルマシンのフォルダーを開くためのダイアログが表示され、デスクトップ版と同じように操作できます。

ただし、ローカルマシンのプログラムを実行できないため、アプリケーションの実行やデバッグは行えません。あくまでコーディング専用としての利用になります。

▼「Visual Studio Code for the Web」(https://vscode.dev/)

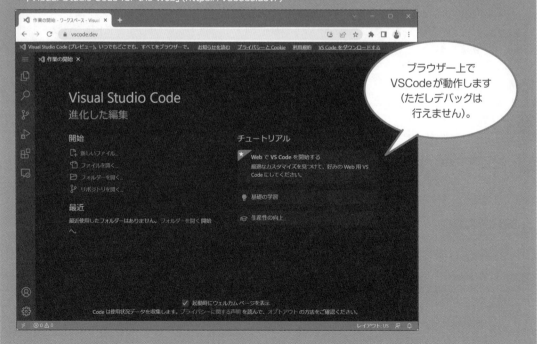

ブラウザー上で
VSCodeが動作します
（ただしデバッグは
行えません）。

Perfect Master Series
Visual Studio Code

Chapter 7

Jupyter Notebookを用いた機械学習

　Jupyter Notebookは、データ分析や機械学習で最も多く使われている開発環境です。拡張機能「Python」をインストールした際に、拡張機能「Jupyter」も一緒にインストールされています。

　この章では、VSCodeからJupyter Notebookを起動してプログラミングを行う手順を紹介します。

Section

7.1

Jupyter Notebook の
基本操作

Jupyter Notebookは、Pythonでプログラミングするための開発環境です。入力したソースコードをその場で実行して結果を確認できることから、データ分析や機械学習の分野におけるスタンダードの開発環境として広く使われています。

Jupyter Notebook を用いた
Python プログラミング

拡張機能「Python」と「Jupyter」がインストールされていれば、VSCodeからJupyter Notebookを使うことができます。

●Notebook の作成

Notebookの作成は、VSCodeの**コマンドパレット**にコマンドを入力することで行います。

▼Notebook の作成

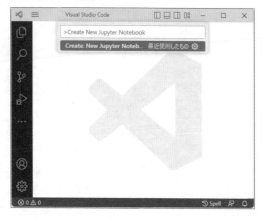

▼Notebook を保存する

7.1.1 Jupyter NotebookをVSCodeで使うための準備

Jupyter Notebookは、拡張機能「Python」がインストールされていれば、VSCodeからすぐに使うことができます。ただし、Pythonの外部ライブラリ「IPyKernel」のインストールが必要な場合があります。これについては追って詳しく解説します。

拡張機能「Python」と「Jupyter」

VSCodeでJupyter Notebookを使うためには、Pythonの拡張機能「**Python**」およびJupyter Notebookの拡張機能「**Jupyter**」がインストールされている必要があります。ただし、拡張機能「Python」をインストールすると、「Pylance」や「isort」などの拡張機能と共に、「Jupyter」も一緒にインストールされるので、別途で「Jupyter」をインストールする必要はありません。

▼ [拡張機能] ビューで「Python」を表示したところ

「Python」がインストールされている

▼ [拡張機能] ビューで「Jupyter」を表示したところ

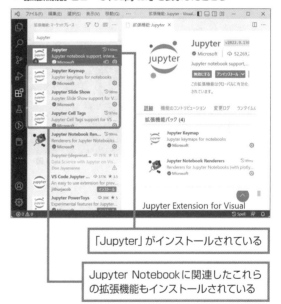

「Jupyter」がインストールされている

Jupyter Notebookに関連したこれらの拡張機能もインストールされている

何らかの原因で「Jupyter」がインストールされていない場合は、**拡張機能**ビューで「Jupyter」と入力し、検索された「Jupyter」の**インストール**ボタンをクリックしてインストールを行ってください。

Pythonの外部ライブラリ「IPyKernel」のインストール

　もう1つ、事前にインストールが必要なものに、Pythonの外部ライブラリ「**IPyKernel**」があります。すでにJupyter Notebookを別途でインストールして使っている場合は必要ありませんが、本書の説明に沿ってVSCode上でPythonプログラミングを行っている場合は、インストールが必要になります。

　「IPyKernel」はVSCodeの拡張機能ではなくPythonの外部ライブラリなので、ターミナル（Windowsの場合は「PowerShell」など）を起動して、pipコマンドでインストールを行います。ターミナルを起動し、

```
pip install ipykernel
```

と入力して［Enter］キーを押します。

▼IPyKernelのインストール

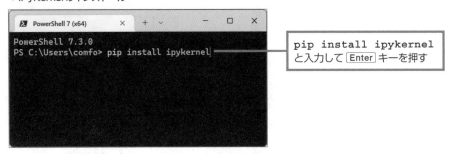

　補足ですが、IPyKernelがインストールされていない状態で、VSCodeからJupyter Notebookを起動した場合、ソースコードを入力してプログラムを実行しようとすると、次のようなダイアログが表示されます。

▼IPyKernelのインストールを促すダイアログ

　この場合、**インストール**ボタンをクリックすると自動的にIPyKernelのインストールが行われます。コマンドの入力が面倒でしたら、この方法でインストールを行ってもよいでしょう。

Onepoint

●IPyKernel

　IPyKernelは、Pythonのプログラムを対話形式で実行する機能を搭載したライブラリです。Jupyter Notebookでは、プログラムの実行にIPyKernelを使用します。

7.1.2 Notebookの作成と保存

Jupyter Notebookでは、ソースコードをはじめ、プログラムの実行結果など、プログラミングに関するすべての情報を「**Notebook**」と呼ばれる画面で管理します。Notebookの画面はとてもシンプルで、コマンドを実行するためのツールバーと、ソースコードを入力する「**セル**」と呼ばれる部分、その実行結果をセル単位で表示する部分で構成されます。

セルは必要な数だけ追加できるので、ソースコードを1つの処理ごとに複数のセルに小分けにして入力し、それぞれのセルで実行結果を確認しながら作業を進めていく、というのが基本的な使い方です。このような使い方は、試行錯誤を繰り返すことが多いデータ分析や機械学習にうってつけで、一度使うとそのよさが実感できると思います。また、セル単位でプログラムを実行できるため、バグの発見が容易で、学習用途にも適しています。

Notebookを作成する

Notebookの作成は、VSCodeの**コマンドパレット**から行います。

VSCodeを起動し、Ctrl + Shift + P (macOS：⌘ + shift + P) を押して**コマンドパレット**を開きます。コマンドの入力欄のプロンプト文字「>」に続けて、

```
Create New Jupyter Notebook
```

と入力して Enter キーを押します。

▼［コマンドパレット］

Create New Jupyter Notebook
と入力して Enter キーを押す

M emo 「Create New Jupyter Notebook」が エラーになる

Notebookを作成するコマンドを初めて実行したとき、上の本文で紹介したコマンド文ではエラーになることがあります。その場合は、

```
Jupyter: Create New Jupyter Notebook
```

のように、先頭に「Jupyter:␣」(␣は半角スペース) を付けて入力してみてください。コマンドが成功すると、次回からは「Create New Jupyter Notebook」のみで実行できるようになります。

Notebookを保存する

Notebookが作成されたら、まずは保存しましょう。

1 **ファイル**メニューの**保存**を選択します。

2 保存先のフォルダーを選択します。

3 ファイル名を入力して**保存**ボタンをクリックします。

▼Notebookを保存する

▼Notebookを保存する

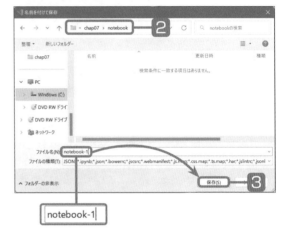

▼保存したNotebookを編集モードで開く

4 VSCodeで保存先のフォルダーを開きます。

5 **エクスプローラー**に表示されたファイル名（拡張子「.ipynb」）をダブルクリックして編集モードで開きます。

7.1.3　Notebookの画面

7.1.3　Notebookの画面

Notebookの画面には、ソースコードを入力して実行するための機能がコンパクトにまとめられています。

▼作成直後のNotebookの画面

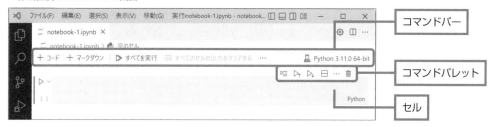

```
コマンドバー
コマンドパレット
セル
```

コマンドバー

コマンドバーには、セルを追加する**＋コード**ボタン、Markdownのドキュメントを記述するためのセルを追加する**＋マークダウン**ボタン、Notebookのすべてのセルのコードを実行する**すべてを実行**ボタンが表示されています。展開ボタン ⋯ をクリックすると、その他のコマンドを実行するためのメニューが表示されます。

▼コマンドバー

```
クリックすると、その他のコマ
ンドを実行するためのメニュー
が表示される
```

再起動という項目は、実行中のカーネル（Pythonのシステム）を再起動するためのものです。その上に表示されている**すべてのセルの出力をクリアする**は、セルを実行して出力された結果をすべてクリアします。

コマンドパレット

セルの上部には、セルの操作に関連するボタンが配置されています。

❶行単位で実行

セル内部のソースコードを1行ずつ実行します。

❷上部のセルで実行

現在のセルの上部にあるセルを実行します。

❸セルと以下の実行

現在のセルと下部にあるセルを実行します。

❹セルを分割

セルを分割して下部に新しいセルを追加します。

▼コマンドパレット

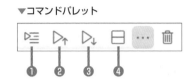

コマンドパレットの □ ボタンをクリックすると、セルの操作に関するその他のコマンドがメニューとして表示されます。セルのコピー、切り取りや貼り付け、セルの挿入や結合などの操作が行えます。

Memo | Notebookで使用するPythonの選択

Notebookのセルを初めて実行すると、Notebookで使用するPythonを選択する画面が表示されることがあります。表示された場合は、PCに複数のPython（実行環境）がインストールされているので、リストの中から使用するPythonを選択します。「提案」と表示されているものが拡張機能Pythonなので、これを選択するようにします。

▼Notebookで使用するPythonの選択画面

拡張機能のPythonを選択した際に、ライブラリの「IPyKernel」がインストールされていない場合は、インストールを促すダイアログが表示されます。

▼「IPyKernel」のインストールを促すダイアログ

インストールボタンをクリックすると、インストールが行われます。

7.1.4 ソースコードを入力して実行する

セルにソースコードを入力して、実行してみましょう。次のように入力して、**セルの実行**ボタンを
クリックします。

▼セルのソースコードを実行する

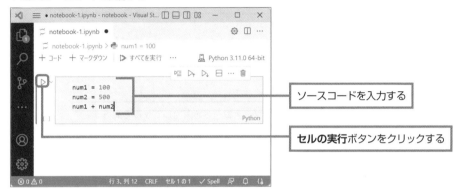

これで、実行結果が出力されます。Notebookはインタラクティブシェル（対話型シェル）として
動作するので、変数名を入力した場合はその値が出力され、計算式を入力すると計算結果が出力され
ます。

▼セルの実行結果

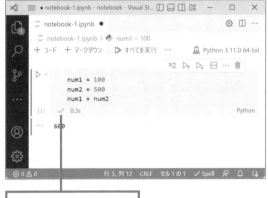

計算式の結果が出力される

Shortcut

セルの実行
Windows ： Ctrl + Alt + Enter
macOS ： control + option + Enter

セルを追加して実行する

コマンドバーの**＋コード**ボタンをクリックすると、新しいセルが追加されます。ソースコードを入力して**セルの実行**ボタンをクリックすると、セルの実行結果が出力されます。

▼セルを追加して実行

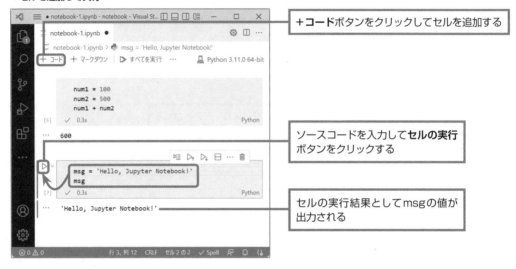

+**コード**ボタンをクリックしてセルを追加する

ソースコードを入力して**セルの実行**ボタンをクリックする

セルの実行結果としてmsgの値が出力される

7.1.5 変数の値を確認する

Notebookのセルで宣言した変数は、**JUPYTER: VARIABLES**パネルで、値を確認することができます。

Notebookのコマンドバーのメニューを表示し、**変数**を選択します。

▼ [JUPYTER: VARIABLES] パネルの表示

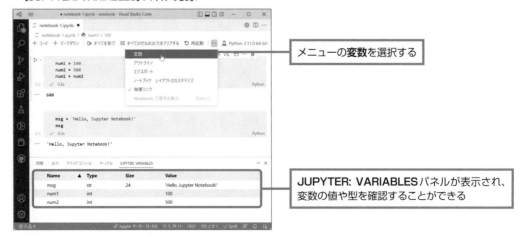

メニューの**変数**を選択する

JUPYTER: VARIABLESパネルが表示され、変数の値や型を確認することができる

Pandas、scikit-learnを用いた機械学習

Level ★ ★ ★　　　　Keyword：scikit-learn　NumPy　Pandas　Matplotlib

「California Housing」というデータセットを題材に、機械学習による住宅価格の予測を行います。

ここが
ポイント！

VSCode上のNotebookで機械学習を行う

VSCode上のNotebookでは、Pythonの外部ライブラリを利用して機械学習を行うことができます。本節では、次のライブラリをインストールします。

- **scikit-learn**

  機械学習用のライブラリです。
- **NumPy**

  数値計算用のライブラリです。

- **Pandas**

  数値や時系列データを操作するためのデータ構造を提供するライブラリです。
- **Matplotlib**

  データを可視化するためのライブラリです。

▼Notebookでデータセットを読み込んでPandasのデータフレームとして出力したところ

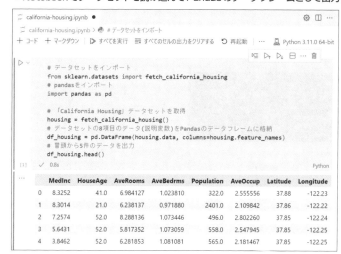

7.2.1　必要なライブラリをインストールする

機械学習を行うためのライブラリとして、以下のライブラリをpipコマンドでインストールします。

- scikit-learn
  機械学習のための様々なアルゴリズムを実行する機能が収録されています。
- NumPy
  数値計算を効率的に行うための機能が収録されています。
- Pandas
  数値データや時系列データを操作するためのデータ構造を作成・演算する機能が収録されています。
- Matplotlib
  データを可視化 (グラフ化) する機能が収録されています。

Pythonの外部ライブラリのインストール

ターミナル (Windowsの場合は「PowerShell」など) を起動して、pipコマンドでライブラリをインストールします。

■「scikit-learn」のインストール

ターミナルに

```
pip install scikit-learn
```

と入力して [Enter] キーを押します。

▼「scikit-learn」のインストール

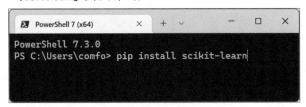

◢ 「NumPy」のインストール

ターミナルに

```
pip install numpy
```

と入力して Enter キーを押します。

◀「NumPy」のインストール

◢ 「Pandas」のインストール

ターミナルに

```
pip install pandas
```

と入力して Enter キーを押します。

◀「Pandas」のインストール

◢ 「Matplotlib」のインストール

ターミナルに

```
pip install matplotlib
```

と入力して Enter キーを押します。

◀「Matplotlib」のインストール

7

Jupyter Notebookを用いた機械学習

7.2.2 「California Housing」データセット

「California Housing」は、「1990年の米国国勢調査から得られたカリフォルニア州の住宅価格」の表形式データセットであり、scikit-learnを利用してプログラムに取り込むことができます。データセットには、部屋数や築年数などの8項目のデータと、各部屋の価格を示すデータが2万640件収録されています。

「California Housing」をデータフレームに読み込んで内容を確認する

VSCodeの**コマンドパレット**に「Jupyter: Create New Jupyter Notebook」(2回目以降は「Create New Jupyter Notebook」)と入力して新規のNotebookを作成し、ファイル名を付けて保存します。

Shortcut

コマンドパレットの表示
Windows ： Ctrl + Shift + P
macOS ： control + shift + P

インポート文を入力したあと、データセットを読み込んでデータフレームに格納するコードを入力します。

▼セル1

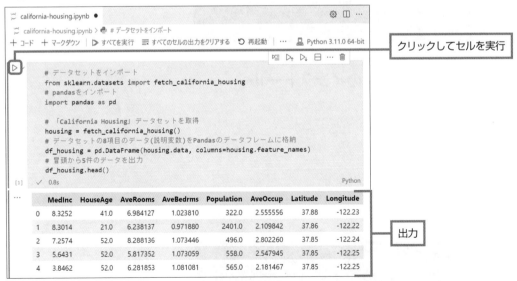

```python
# データセットをインポート
from sklearn.datasets import fetch_california_housing
# pandasをインポート
import pandas as pd

# 「California Housing」データセットを取得
housing = fetch_california_housing()
# データセットの8項目のデータ(説明変数)をPandasのデータフレームに格納
df_housing = pd.DataFrame(housing.data, columns=housing.feature_names)
# 冒頭から5件のデータを出力
df_housing.head()
```

クリックしてセルを実行

出力

	MedInc	HouseAge	AveRooms	AveBedrms	Population	AveOccup	Latitude	Longitude
0	8.3252	41.0	6.984127	1.023810	322.0	2.555556	37.88	-122.23
1	8.3014	21.0	6.238137	0.971880	2401.0	2.109842	37.86	-122.22
2	7.2574	52.0	8.288136	1.073446	496.0	2.802260	37.85	-122.24
3	5.6431	52.0	5.817352	1.073059	558.0	2.547945	37.85	-122.25
4	3.8462	52.0	6.281853	1.081081	565.0	2.181467	37.85	-122.25

head()メソッドでデータフレームの冒頭5件のデータを出力しました。8つの項目の内容は次のようになります。

▼「California Housing」の項目

項目名	説明	項目名	説明
MedInc	地区住民の収入の中央値	Population	地区の人口
HouseAge	住宅所有者の年齢の中央値	AveOccup	平均住宅占有率
AveRooms	平均部屋数	Latitude	住宅の緯度
AveBedrms	ベッドルーム数の平均値	Longitude	地区の経度

＋コードボタンでセルを追加します。「California Housing」には、学習の際に正解値（目的変数）として使用するための住宅価格がデータの数だけ用意されているので、これをデータフレームに追加するコードを入力し、実行します。

◀セル2

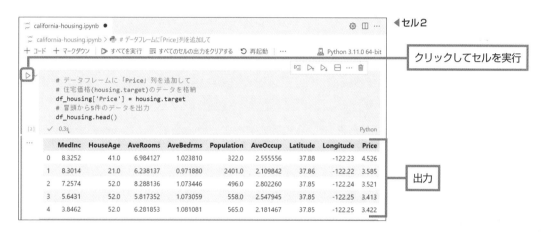

◀セル3

データフレームの最後の列に「Price」が追加されたことが確認できました。

セルを追加して、データフレームのデータ数やデータのType（型）などの情報を出力するコードを入力し、実行します。

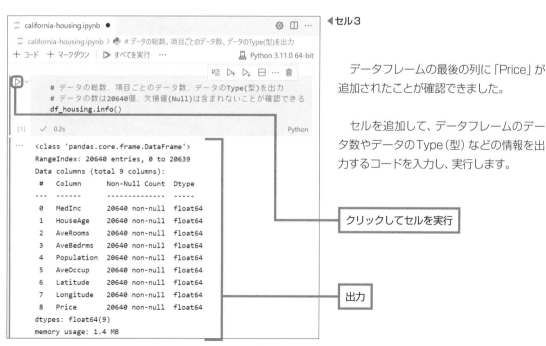

7

Jupyter Notebookを用いた機械学習

コメントにも書いてありますが、データの総数は20,640件で、Null値は含まれない（欠損値はない）ことが確認できます。

セルを追加して、項目ごとのデータをヒストグラムにするコードを入力し、実行します。

▼セル4

クリックしてセルを実行

```python
# 各項目のデータをヒストグラムにする
df_housing.hist(bins=50, figsize=(15, 13))
```

▼出力されたヒストグラム

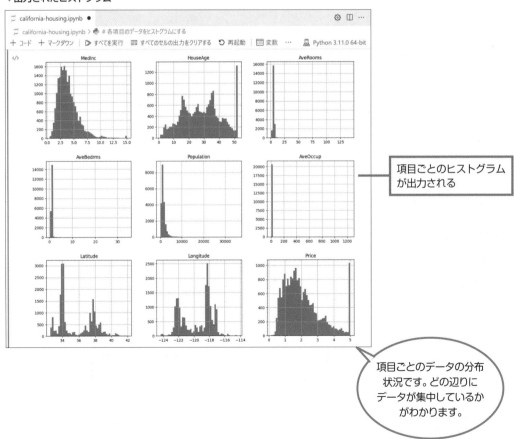

項目ごとのヒストグラムが出力される

項目ごとのデータの分布状況です。どの辺りにデータが集中しているかがわかります。

7.2.3　サポートベクター回帰による予測

「California Housing」データセットを読み込んで、住宅価格の予測を行ってみます。データセットの8項目を分析データ（説明変数）として学習を行い、データセットの住宅価格を正解値（目的変数）として予測精度を検証します。

学習には「**サポートベクター回帰**」という手法（アルゴリズム）を用います。サポートベクター回帰は、機械学習における「回帰問題」と「分類問題」の両方に使えることから、広く使われているアルゴリズムです。

サポートベクター回帰で住宅価格を予測する

新規のNotebookを作成します。「California Housing」データセットを読み込んで、「配列xに8項目のデータを、配列yに住宅価格のデータを格納する」コードを入力し、実行します。

▼セル1

8項目のデータは単位がバラバラなので、「**標準化**」という処理を行って、各項目ごとにデータを「平均0、標準偏差1」のデータに変換します。そのためのコードを入力して実行します（以下同様）。

▼セル2

標準化後の説明変数Xと目的変数（住宅価格）yを、訓練用およびテスト用として9：1の割合で分割します。

▼セル3

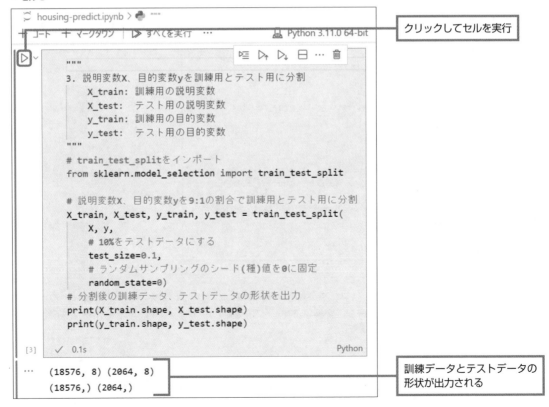

サポートベクター回帰による学習を行います。

▼セル4

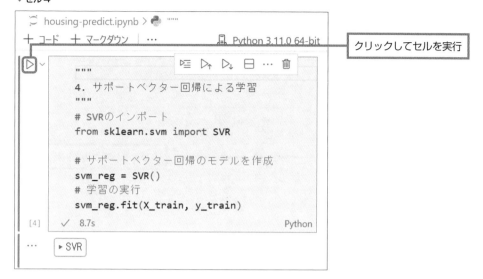

```
"""
4. サポートベクター回帰による学習
"""
# SVRのインポート
from sklearn.svm import SVR

# サポートベクター回帰のモデルを作成
svm_reg = SVR()
# 学習の実行
svm_reg.fit(X_train, y_train)
```

クリックしてセルを実行

[4] ✓ 8.7s   Python

··· ▶ SVR

学習結果をもとに、訓練データを用いた予測を行います。予測した住宅価格と正解の住宅価格との差を「平均二乗誤差」として求めます。結果は、データごとの誤差を二乗したものを平均した値になります。この値の平方根を求めて元の単位に揃えた値も求めることにします。

▼セル5

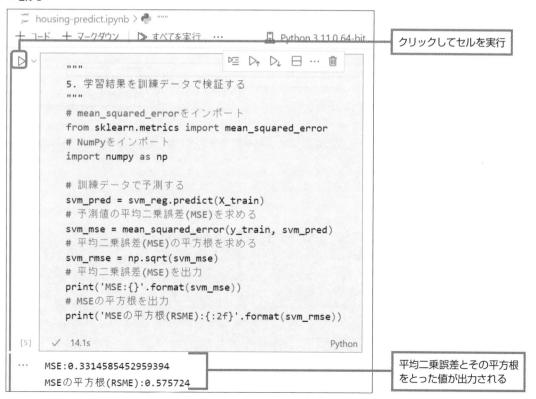

```
"""
5. 学習結果を訓練データで検証する
"""
# mean_squared_errorをインポート
from sklearn.metrics import mean_squared_error
# NumPyをインポート
import numpy as np

# 訓練データで予測する
svm_pred = svm_reg.predict(X_train)
# 予測値の平均二乗誤差(MSE)を求める
svm_mse = mean_squared_error(y_train, svm_pred)
# 平均二乗誤差(MSE)の平方根を求める
svm_rmse = np.sqrt(svm_mse)
# 平均二乗誤差(MSE)を出力
print('MSE:{}'.format(svm_mse))
# MSEの平方根を出力
print('MSEの平方根(RSME):{:2f}'.format(svm_rmse))
```

クリックしてセルを実行

[5] ✓ 14.1s   Python

··· MSE:0.3314585452959394
MSEの平方根(RSME):0.575724

平均二乗誤差とその平方根をとった値が出力される

7
Jupyter Notebookを用いた機械学習

住宅価格は10万ドル単位なので、予測値の誤差は約5万7000ドルです。

学習結果をもとに、今度はテストデータを用いた予測を行います。先ほどと同様に、予測した住宅価格と正解の住宅価格との差を「平均二乗誤差」として求め、さらにこの値の平方根を求めます。

▼セル6

クリックしてセルを実行

```python
"""
6. 学習結果をテストデータで検証する
"""
# mean_squared_errorをインポート
from sklearn.metrics import mean_squared_error
# NumPyをインポート
import numpy as np

# テストデータで予測する
svm_pred_test = svm_reg.predict(X_test)
# 予測値の平均二乗誤差(MSE)を求める
svm_mse_test = mean_squared_error(y_test, svm_pred_test)
# 平均二乗誤差(MSE)の平方根を求める
svm_rmse_test = np.sqrt(svm_mse_test)
# 平均二乗誤差(MSE)を出力
print('MSE:{}'.format(svm_mse_test))
# MSEの平方根を出力
print('MSEの平方根(RSME):{:2f}'.format(svm_rmse_test))
```

```
MSE:0.3344243070482936
MSEの平方根(RSME):0.578294
```

平均二乗誤差とその平方根をとった値が出力される

テストデータでは、訓練データのときよりも若干誤差が大きくなったとはいえ、ほぼ同じような結果になっています。

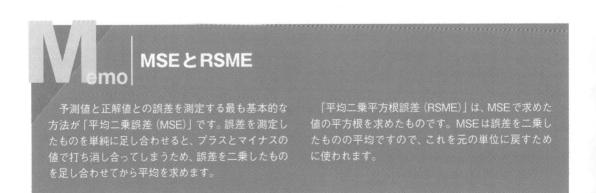

Memo｜MSE と RSME

予測値と正解値との誤差を測定する最も基本的な方法が「平均二乗誤差(MSE)」です。誤差を測定したものを単純に足し合わせると、プラスとマイナスの値で打ち消し合ってしまうため、誤差を二乗したものを足し合わせてから平均を求めます。

「平均二乗平方根誤差(RSME)」は、MSEで求めた値の平方根を求めたものです。MSEは誤差を二乗したものの平均ですので、これを元の単位に戻すために使われます。

7.3 TensorFlowを用いた機械学習

Level ★★★　　Keyword　機械学習　TensorFlow

Pythonの外部ライブラリ「TensorFlow」をインストールすると、Notebookで機械学習のプログラムを実行できるようになります。ここでは、TensorFlowに用意されている「Fashion-MNIST」という画像のデータセットを用いて、機械学習（画像認識）を行います。

機械学習をNotebookで プログラミングする

　TensorFlowをインストールし、TensorFlowに用意されているデータセット「Fashion-MNIST」を用いて機械学習を行います。本書はVSCodeの解説書なので難しい理論の説明は割愛しますが、「ソースコードを入力して、まずは動かしてみる」というスタンスで解説しますので、ぜひとも挑戦してみてください。

▼「Fashion-MNIST」の画像の一部をNotebook上に出力したところ

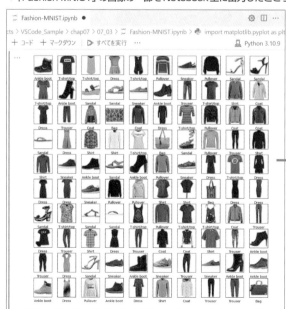

プログラムで作成した「モデル」というものに学習をさせることで、これらの画像が何であるかを言い当てられるようにする

7.3.1　TensorFlowのインストール

TensorFlowは、Pythonの機械学習用のライブラリです。TensorFlowをインストールして、VSCode上のNotebookから使えるようにしましょう。

pipコマンドでTensorFlowをインストールする

ターミナルを起動し、

```
pip install tensorflow
```

と入力して [Enter] キーを押します。

▼TensorFlowのインストール

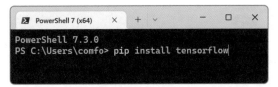

Memo｜pipコマンドでTensorFlowのインストールに失敗する場合

pipコマンドでTensorFlowをインストールしようとすると、

```
ERROR: Could not find a version that satisfies
the requirement torch (from versions: none)
ERROR: No matching distribution found for torch
```

と表示されて、エラーになる場合があります。TensorFlowでは対応するPythonのバージョンが決められており、現在インストールされているPythonのバージョンに対応していないことが原因です。この場合は、TensorFlowが対応するPythonを用意する必要があるので、次の手順で作業を行ってください。

1 現在インストールされているPythonのアンインストール

2 TensorFlowが対応するPythonのバージョンの確認

3 TensorFlowが対応するバージョンのPythonをインストール

4 pipコマンドでTensorFlowをインストール

5 拡張機能Pythonの再インストール

6 Notebookを作成し、**3** でインストールしたPythonを設定する

以下、VSCode上のNotebookでPythonを選択するところまでを通して解説します。

1 現在インストールされているPythonのアンインストール

現在インストールされているPythonをアンインストールします。

❷ TensorFlowが対応するPythonのバージョンの確認

最新バージョンのTensorFlowが対応している
Pythonのバージョンは、PyPIのサイト（https://pypi.
org/）で確認できます。PyPIのトップページの検索
欄に「TensorFlow」と入力して検索し、検索結果から
最新バージョンのTensorFlow（「tensorflow 2.xx.x」
のように表示されます）をクリックします。詳細画面
が表示されるので、「ファイルをダウンロード」のリン
クを探してこれをクリックします。

次のような画面が表示されるので、該当する箇所
の「cpxxx」の表示を確認します。「cp310」と表示さ
れている場合は、Python3のバージョン10に対応し
ていることになります。ここでの例では、Windows、
macOSともに「cp310」と表示されています。

▼最新のTensorFlowが対応するPythonのバージョンを確認

**❸ TensorFlowが対応するバージョンのPythonをイ
ンストール**

確認したバージョンのPythonを「https://www.
python.org/downloads/」からダウンロードします。

▼Pythonの各バージョンのインストールページへのリンク

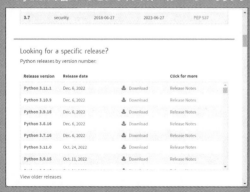

ページの下の方に旧バージョンのダウンロード
ページへのリンクがあるので、該当するバージョンを
選択してください。「cp310」の場合は、[Python
3.10.9]を選択します。

対象のバージョンのダウンロードページが表示さ
れます。ページの下の方に「Files」という項目があ
るので、ここで該当するインストーラーのリンク
をクリックします（Windowsの場合は「Windows
installer (64-bit)」、macOSの場合は「macOS 64-bit
universal2 installer」など）。

ダウンロードしたインストーラーを起動し、画面の
指示に従って操作を進め、インストールを完了させま
す。Windowsの場合、インストーラーの最初の画面
で「Add python.exe to PATH」にチェックを入れて
から操作を進めてください。

▼インストーラーの最初の画面

❹ pipコマンドでTensorFlowをインストール

TensorFlowが対応するPythonのインストールが
済んだら、ターミナルを起動し、

```
pip install tensorflow
```

と入力してインストールを行います。インストール
されたPythonのpipコマンドが実行されて、Tensor
Flowがインストールされます。

❺ 拡張機能Pythonの再インストール

拡張機能「Python」を再インストールします。再
インストールすることで、❸でインストールした
Pythonを認識させることが目的です。VSCodeを起
動して、**拡張機能ビュー**で「Python」を表示し、**アン
インストール**ボタンをクリックしてアンインストールし
ます。

▼拡張機能「Python」のアンインストール

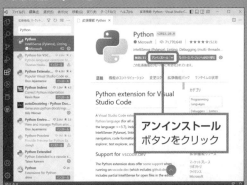

アンインストールが完了すると、拡張機能「Python」の画面に**インストール**ボタンが表示されるので、これをクリックして再度、インストールを行います。

▼拡張機能「Python」をもう一度インストールする

⑥ Notebookを作成し、③でインストールしたPython を設定する

VSCodeでNotebookを作成し、③でインストールしたPythonを設定します。

VSCodeを起動し、**コマンドパレット**に「Create New Jupyter Notebook」と入力して新規のNotebookを作成します。Notebookのコマンドバー右側にPythonのバージョンを指定するボタンがあるので、これをクリックします。

使用するPythonを選択する画面が表示されるので、③でインストールしたPythonを選択します。

▼使用するPythonを選択

▼使用するPythonを選択（続き）

「ipykernel」のインストールを促すダイアログが表示されるので、**インストール**ボタンをクリックしてインストールを行います。

▼「ipykernel」のインストールを促すダイアログ

以上で、NotebookからTensorFlowを使えるようになります。

7.3.2 ファッションアイテムの画像を収録した「Fashion-MNIST」

機械学習には「**画像認識**」という分野があり、プログラムで画像を読み込み、それが何の画像であるかを言い当てるための研究が盛んに行われています。こうした研究用の題材として、「Fashion-MNIST」（ファッション記事データベース）データセットが公開されています。

「Fashion-MNIST」には、Tシャツ/トップス、ズボン、プルオーバー、ドレス、コート、サンダル、シャツ、スニーカー、バッグ、アンクルブーツなど、10種類のファッションアイテムのモノクロ画像が、訓練用として60,000枚、テスト用として10,000枚収録されています。正解値（目的変数）は0～9の数値になっていて、それぞれが10種類の画像に対応しています。

▼正解ラベル（正解値）とファッションアイテムの対応表

ラベル	画像	ラベル	画像
0	Tシャツ/トップス	5	サンダル
1	ズボン	6	シャツ
2	プルオーバー	7	スニーカー
3	ドレス	8	バッグ
4	コート	9	アンクルブーツ

TensorFlowで「Fashion-MNIST」をダウンロードする

TensorFlowには、fashion_mnist.load_data()という関数が用意されていて、関数を実行するだけで「Fashion-MNIST」が所定の位置（TensorFlowで定められているフォルダー）にダウンロードされます。

新規のNotebookを作成して保存したあと、セルに次のコードを入力して実行してみましょう。

▼セル1

クリックしてセルを実行

```
from tensorflow.keras.datasets import fashion_mnist

# Fashion-MNISTの訓練データとテストデータを配列に格納する
(x_train, y_train), (x_test, y_test) = fashion_mnist.load_data()
```

初回の実行時のみ、ダウンロードが行われます。続いて、セルを追加して、各配列の形状を出力するコードを入力し、実行します。

▼セル2

クリックしてセルを実行

多重構造の配列（NumPyのndarray）には、以下のデータが格納されています。

・**x_trains（訓練データ）**
ファッションアイテムの画像が60,000。
・**y_trains（訓練データ）**
x_trainsの各アイテムの正解ラベル（0〜9の値）。
・**x_tests（テストデータ）**
ファッションアイテムの画像が10,000。
・**y_tests（テストデータ）**
x_testsの各アイテムの正解ラベル（0〜9の値）。

ファッションアイテムの画像は、グレースケール、28×28（784）ピクセルの小さなサイズのデータです。1枚の画像のピクセル値は2次元配列の要素として格納され、さらに3次元の要素として、60,000枚が格納されています（訓練データの場合）。

Matplotlibライブラリを使って、画像を100枚、出力してみましょう。セルを追加して次のコードを入力し、実行します。

Onepoint

●**インポート文の波線**
操作例のセル1の画面では、インポート文に波線が表示されていますが、これは拡張機能「Pylance」が該当するコードを認識していないことによるもので、ソースコードの実行には支障ありません。**拡張機能ビュー**で「Pylanse」を表示し、**無効にする**ボタンをクリックして無効にしたあと、**有効にする**ボタンをクリックし、Notebookを開き直すと、波線が表示されないようになります。

▼セル3

```python
import matplotlib.pyplot as plt
%matplotlib inline

# ラベルに割り当てられたアイテム名を登録
class_names = [
    'T-shirt/top', 'Trouser', 'Pullover', 'Dress', 'Coat',
    'Sandal', 'Shirt', 'Sneaker', 'Bag', 'Ankle boot'
    ]


plt.figure(figsize=(13,13))
# 訓練データから100枚抽出してプロットする
for i in range(100):
    # 10×10で出力
    plt.subplot(10,10,i+1)
    # タテ方向の間隔を空ける
    plt.subplots_adjust(hspace=0.3)
    # 軸目盛を非表示にする
    plt.xticks([])
    plt.yticks([])
    plt.grid(False)
    # カラーマップにグレースケールを設定してプロット
    plt.imshow(x_train[i], cmap=plt.cm.binary)
    # x軸ラベルにアイテム名を出力
    plt.xlabel(class_names[y_train[i]])
plt.show()
```

クリックしてセルを実行

▼出力された画像

10種類のファッションアイテムについて、様々なパターンの画像が収録されています。

　実際の画像は、明暗が反転したネガの状態になっています。28×28ピクセルの小さな画像なので粗めの画質ですが、機械学習を行うには十分なデータです。

7.3.3 画像認識

「Fashion-MNIST」の画像認識を、「**ニューラルネットワーク（多層パーセプトロン）**」という仕組みを用いて行います。ニューラルネットワークの理論は専門書に任せることにして、まずは「ソースコード入力して動かす」ことを目標にして解説を進めます。

TensorFlowで画像認識を実施

ニューラルネットワークを用いた画像認識は、TensorFlowの機能ですべてのことが行えます。新規のNotebookを作成して保存したあと、「Fashion-MNIST」を読み込んで、学習しやすいようにデータの変換までを行うコードを入力して実行しましょう。具体的に何をやっているかはソースコード中のコメントに記述しているので、ソースコードと併せてご参照ください。

▼セル1

クリックしてセルを実行

```
'''
1. データセットの読み込みと前処理
'''
# Fashion-MNISTデータセットをインポート
from tensorflow.keras.datasets import fashion_mnist

# Fashion-MNISTデータセットの読み込み
(x_train, y_train), (x_test, y_test) = fashion_mnist.load_data()

# (28,28)の画像データを(784)のベクトルに変換して正規化を行う
# (60000, 28, 28)の訓練データを(60000, 784)の2階テンソルに変換
x_train = x_train.reshape(-1, 784)
# 訓練データをfloat32(浮動小数点数)型に、255で割ってスケール変換
x_train = x_train.astype('float32') / 255

# (10000, 28, 28)のテストデータを(10000, 784)の2階テンソルに変換
x_test = x_test.reshape(-1, 784)
# テストデータをfloat32(浮動小数点数)型に、255で割ってスケール変換
x_test = x_test.astype('float32') / 255
```

Onepoint

●テンソル
コメントの中に「**テンソル**」という用語が出てきますが、これは多重構造の配列（多次元配列）のことを指す用語です。

TensorFlowを用いてニューラルネットワークを構築します。ここで構築されたものは「**モデル**」と呼ばれます。セルを追加し、次のようにコードを入力して実行しましょう。

▼セル2

```
'''
2. モデルの構築
'''
# ニューラルネットワークの構築
# keras.modelsからSequentialをインポート
from tensorflow.keras.models import Sequential
# keras.layersからDense、Dropoutをインポート
from tensorflow.keras.layers import Dense, Dropout
# keras.optimizersからSGDをインポート
from tensorflow.keras.optimizers import SGD

# 隠れ層
# Sequentialオブジェクトの生成
model = Sequential()

# 隠れ層のニューロン数は256
# 入力層のデータサイズは784
# 活性化はReLU関数
model.add(
    Dense(256, input_dim=784, activation='relu')
    )

# ドロップアウト
model.add(Dropout(0.5))

# 出力層のニューロン数は10
# 活性化はソフトマックス関数
model.add(
    Dense(10, activation='softmax')
    )

# モデルのコンパイル
learning_rate = 0.1
# オブジェクトのコンパイル
# 誤差関数としてスパース行列対応クロスエントロピー誤差
# 学習アルゴリズムにSGD(勾配降下法)を使用
# 学習率を0.1に設定
# 学習評価として正解率を用いる
model.compile(
    loss='sparse_categorical_crossentropy',
    optimizer=SGD(learning_rate=0.1),
    metrics=['accuracy']
    )

# モデル(ニューラルネットワーク)の概要を出力
model.summary()
```

クリックして
セルを実行

7

Jupyter Notebookを用いた機械学習

▼出力

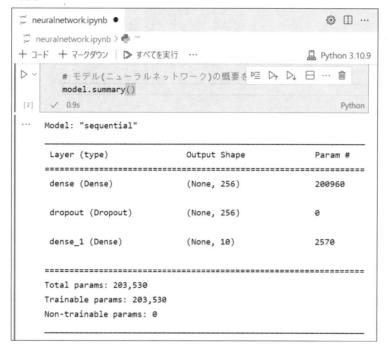

上記の出力結果について簡単に説明しておきましょう。

「dense(Dense)」は、ニューラルネットワーク内部に構築された「**隠れ層**」を示しています。Output Shapeの(None, 256)は、多重構造の配列の形状を表していて、1次元の要素数は可変長、2次元の要素数は256です。Paramの値が「200960」と表示されていますが、これは学習結果を保存するパラメーター(重み)の数を示しています。入力する画像のピクセル数784(28×28)に1個を加えた785個の重みパラメーターが、配列の2次元の要素の数(256)だけ用意されています((784+1)×256=200960)。

1次元の要素数None(可変長)は、実際に入力する画像の数になります。例えば、100枚の画像を入力するときの配列の形状は、(100, 256)になります。

「dense_1(Dence)」は出力を行う層を示しています。層を構成する2次元配列の構造は(None, 10)となっていて、1次元の要素数は可変長、2次元の要素数は10となっていることを示しています。隠れ層からdropoutを経て入力されるのは「2次元の要素数が256の配列」なので、これに1を加えて10倍したのが、パラメーター数の2570になります。

重みパラメーターは機械学習の結果を記録する要となるもので、初期値として0～1.0の範囲の値がランダムに割り当てられますが、学習を行うたびに更新されていきます。ニューラルネットワークでは、画像データを入力し、出力層から正解の予測値として0～9の値を出力します。このとき正解値(正解ラベル)と照合し、間違っている(誤差がある)場合は、全体の重みパラメーターの値を更新して正解値を出力するように調整します。これが「**学習**」と呼ばれる処理ですが、1回の学習で成果を得ることは難しいので、何度も学習を繰り返すことで誤差を最小にする試みが行われます。

　では、新しいセルを追加して、学習を実行するためのコードを入力しましょう（下記の「セル3」）。学習の実行は、tensorflow.kerasライブラリのmodelsモジュールで定義されているfit()メソッドで行います。このときのポイントは「**ミニバッチ法**」と呼ばれる手法を使うことです。例えば、60,000枚の訓練データを一度に入力するのではなく、数十個程度のミニバッチに分割して入力し、学習を行います。これをミニバッチの数だけ繰り返すことで1回の学習を終えます。1回の学習ごとにミニバッチをランダムに学習することで、局所解に陥らずに最適解を見つけるのが目的です。

▼セル3

```python
'''
3.学習を行う
'''
from tensorflow.keras.callbacks import EarlyStopping

# 学習回数、ミニバッチのサイズを設定
training_epochs = 100
batch_size = 64

# 早期終了を行うEarlyStoppingを生成
early_stopping = EarlyStopping(
    # 監視対象は損失
    monitor='val_loss',
    # 監視する回数
    patience=5,
    # 早期終了をログとして出力
    verbose=1
)

# 学習を行って結果を出力
history = model.fit(
    x_train,                   # 訓練データ
    y_train,                   # 正解ラベル
    epochs=training_epochs,    # 学習を繰り返す回数
    batch_size=batch_size,     # ミニバッチのサイズ
    verbose=1,                 # 学習の進捗状況を出力する
    validation_split=0.2,      # 検証データとして使用する割合
    shuffle=True,              # 検証データを抽出する際にシャッフルする
    callbacks=[early_stopping] # コールバックはリストで指定する
)
# テストデータで学習を評価するデータを取得
score = model.evaluate(x_test, y_test, verbose=0)
# テストデータの誤り率を出力
print('Test loss:', score[0])
# テストデータの正解率を出力
print('Test accuracy:', score[1])
```

クリックして
セルを実行

　学習する回数については、「**早期終了**（EarlyStopping）」という仕組みを使い、誤差の減少が見られなくなった段階で学習を終了するようにしています。あらかじめ学習回数を100に指定していますが、学習を繰り返しても改善が見られないとわかった段階で学習が終了します。学習が終了するまでに数分程度を要します。

▼出力（下端の部分のみ表示）

```
neuralnetwork.ipynb ●                              ⚙ ▯ ⋯
  neuralnetwork.ipynb > 🐍 ⋯
＋ コード ＋ マークダウン  ▷ すべてを実行 ⋯          🖳 Python 3.10.9

    Epoch 11/100
    750/750 [==============================] - 2s 2ms/step - loss:
    0.3500 - accuracy: 0.8741 - val_loss: 0.3434 - val_accuracy:
    0.8746
    Epoch 12/100
    750/750 [==============================] - 2s 2ms/step - loss:
    0.3420 - accuracy: 0.8749 - val_loss: 0.3299 - val_accuracy:
    0.8806
    Epoch 13/100
    ...
    750/750 [==============================] - 2s 2ms/step - loss:
    0.2580 - accuracy: 0.9033 - val_loss: 0.3008 - val_accuracy:
    0.8925
    Epoch 40: early stopping
    Test loss: 0.3309546411037445
    Test accuracy: 0.8883000016212463
```

　学習の進捗状況が次々に出力されます。結果を見ると40回目で学習が終了していることがわかります。訓練データを用いたときの正解率（accuracy）は0.9033、訓練データから検証したときの正解率（val_accuracy）は0.8925、そしてテストデータを用いたときの正解率（Test accuracy）は約0.8883となりました。

最後に、「正解率（accuracy）と誤差（loss）が学習を行うたびにどのように推移したか」をグラフにして終わりにしましょう。訓練データと訓練データから抜き出した検証データによる正解率と誤差の測定値を、それぞれグラフにします。

▼セル4

```
 neuralnetwork.ipynb ●                          ⚙ ⧉ ⋯

 ⤾ neuralnetwork.ipynb ⋯

 ＋ コード  ＋ マークダウン  ▷ すべてを実行  ⋯      ⛁ Python 3.10.9

 ▷ ∨                        ⊫ ▷↱ ▷↓ ⊟ ⋯ 🗑

        '''
        4．損失、正解率をグラフにする
        '''
        %matplotlib inline
        import matplotlib.pyplot as plt

        # 訓練データの損失をプロット
        plt.plot(
            history.history['loss'],
            marker='.',
            label='loss (Training)')
        # 検証データの損失をプロット
        plt.plot(
            history.history['val_loss'],
            marker='.',
            label='loss (Validation)')
        plt.legend()        # 凡例を表示
        plt.grid()          # グリッド表示
        plt.xlabel('epoch') # x軸ラベル
        plt.ylabel('loss')  # y軸ラベル
        plt.show()

        # 訓練データの精度をプロット
        plt.plot(
            history.history['accuracy'],
            marker='.',
            label='accuracy (Training)')
        # 検証データの精度をプロット
        plt.plot(
            history.history['val_accuracy'],
            marker='.',
            label='accuracy (Validation)')
        plt.legend(loc='best') # 凡例を表示
        plt.grid()             # グリッド表示
        plt.xlabel('epoch')    # x軸ラベル
        plt.ylabel('accuracy') # y軸ラベル
        plt.show()

 [4]   ✓  0.8s                                      Python
```

クリックしてセルを実行

7

Jupyter Notebookを用いた機械学習

▼出力

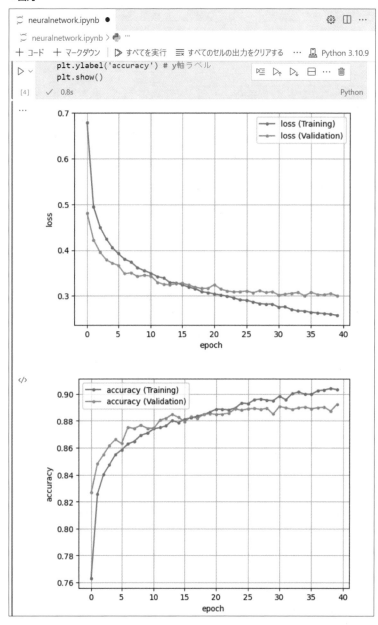

　損失、精度ともに、学習開始直後は急激に改善され、学習が進むにつれて改善のペースが緩やかに
なっていることが確認できます。

Appendix A

資料

「ショートカットキー一覧」を掲載したほか、「［コマンドパレット］でのコマンド実行」についてまとめました。

ショートカットキー一覧

資料 Appendix 1

使用頻度が高いと思われるショートカットキーを操作の対象別にまとめたので、ご活用ください。

操作別ショートカットキー一覧

●基本操作

操作	Windows	macOS
キーボードショートカットの一覧を開く	Ctrl + K ➡ Ctrl + S	⌘ + K ➡ ⌘ + S
ターミナルの表示／非表示	Ctrl + @	shift + control + @
コマンドパレットの表示 設定画面の表示	Shift + Ctrl + P	shift + ⌘ + P
VSCodeを閉じる	Ctrl + Shift + W	⌘ + shift + W

●エディターの操作

操作	Windows	macOS
エディターを左右に分割	Ctrl + ¥	⌘ + control + option + ¥
エディターを上下に分割	Ctrl + K ➡ Ctrl + ¥	⌘ + K ➡ ⌘ + control + option + ¥
エディターの分割表示（垂直または水平）を切り替える	Shift + Alt + 0（テンキー不可）	option + ⌘ + 0（テンキー不可）
「Zenモード」（全画面モード）への切り替えと取り消し	Ctrl + K ➡ Z	⌘ + K ➡ Z
ピークウィンドウの表示	Alt + F12	option + F12
呼び出し階層を**ピークウィンドウ**に表示	Shift + F2	shift + F2
呼び出し階層の表示	Shift + Alt + H	shift + option + H

●差分表示におけるショートカット

操作	Windows	macOS
次の変更箇所	Alt + F5	option + F5
前の変更箇所	Shift + Alt + F5	shift + option + F5

●検索と置換

操作	Windows	macOS
検索ボックスの表示	Ctrl + F	⌘ + F
カーソル上の文字列を検索ボックスに入力	Ctrl + F3	⌘ + F3
次の検索結果にフォーカスを移動	Enter（または F3）	Enter（または F3）

操作	Windows	macOS
前の検索結果にフォーカスを移動	Shift + Enter （または Shift + F3 ）	shift + Enter （または shift + F3 ）
検索ビューの表示	Shift + Ctrl + F	shift + ⌘ + F
置換ボックスの表示	Ctrl + H	option + ⌘ + H

●ファイル／フォルダーの操作

操作	Windows	macOS
フォルダーを開く	Ctrl + K ➡ Ctrl + O	⌘ + O （フォルダー/ファイルを開く）
フォルダーを閉じる	Ctrl + K ➡ F	⌘ + K ➡ F
ワークスペースを閉じる	Ctrl + K ➡ F	⌘ + K ➡ F
ファイルを開く	Ctrl + O	⌘ + O （フォルダー/ファイルを開く）
ファイルを保存する	Ctrl + S	⌘ + S
すべてのファイルを保存する	Ctrl + K ➡ S	⌘ + option ➡ S
ファイルパスのコピー （対象のファイルを開いた状態で）	Ctrl + K ➡ P	⌘ + K ➡ P

●VSCodeの画面表示に関するショートカット

操作	Windows	macOS
フルスクリーンの切り替え	F11	control + ⌘ + F
ズームイン／ズームアウト	Ctrl + + または −	⌘ + shift + + または ⌘ + −
サイドバーの表示／非表示	Ctrl + B	⌘ + B

A

資料

カーソル操作のショートカット

本編（2章）に掲載した表を再掲します。

●カーソルの移動に関するショートカットキー

操作	Windows	macOS
単語の末尾に移動	Ctrl + →	option + →
単語の先頭に移動	Ctrl + ←	option + ←
対応するカッコへの移動	Shift + Ctrl + ¥	shift + ⌘ + ¥
行頭へ移動	Home	home
行末へ移動	End	end
ファイルの先頭に移動	Ctrl + Home	⌘ + ↑
ファイルの末尾に移動	Ctrl + End	⌘ + ↓

●選択操作に関するショートカットキー

操作	Windows	macOS
単語単位の選択（冒頭から末尾）	Shift + Ctrl + →	shift + option + →
単語単位の選択（末尾から冒頭）	Shift + Ctrl + ←	shift + option + ←
カーソル位置の単語選択	Ctrl + D	⌘ + D
選択範囲の拡大	Shift + Alt + →	shift + control + →
選択範囲の縮小	Shift + Alt + ←	shift + control + ←
行単位の選択	Ctrl + L	⌘ + L
ファイル単位の選択	Ctrl + A	⌘ + A

●コピー、切り取り、貼り付けを行うショートカットキー

操作	Windows	macOS
選択範囲のコピー	範囲選択➡ Ctrl + C	範囲選択➡ ⌘ + C
1行単位のコピー	対象の行にカーソルを置く➡ Ctrl + C	対象の行にカーソルを置く➡ ⌘ + C
選択範囲の切り取り	範囲選択➡ Ctrl + X	範囲選択➡ ⌘ + X
1行単位の切り取り	対象の行にカーソルを置く➡ Ctrl + X	対象の行にカーソルを置く➡ ⌘ + X
貼り付け	Ctrl + V	⌘ + V
行単位で次行にコピー	対象の行にカーソルを置く➡ Shift + Alt + ↓	対象の行にカーソルを置く➡ shift + option + ↓
行単位で前行にコピー	対象の行にカーソルを置く➡ Shift + Alt + ↑	対象の行にカーソルを置く➡ shift + option + ↑
行単位で次行に移動	対象の行にカーソルを置く➡ Alt + ↓	対象の行にカーソルを置く➡ option + ↓
行単位で前行に移動	対象の行にカーソルを置く➡ Alt + ↑	対象の行にカーソルを置く➡ option + ↑
行単位の削除	Shift + Ctrl + K	shift + ⌘ + K

●編集操作に関するショートカットキー

操作	Windows	macOS
インデントの追加	Ctrl +]（閉じカッコ）	⌘ +]（閉じカッコ）
インデントの削除	Ctrl + [（開きカッコ）	⌘ + [（開きカッコ）
1行コメント化	対象の行にカーソルを置く➡ Ctrl + /	対象の行にカーソルを置く➡ ⌘ + /
1行コメントの解除	コメントの行にカーソルを置く➡ Ctrl + /	コメントの行にカーソルを置く➡ ⌘ + /
複数行コメント化	対象の行を選択➡ Ctrl + /	対象の行を選択➡ ⌘ + /
複数行コメントの解除	対象の行を選択➡ Ctrl + /	対象の行を選択➡ ⌘ + /
ブロックコメント化	対象の範囲を選択➡ Shift + Alt + A	対象の範囲を選択➡ shift + option + A
ブロックコメント解除	対象の範囲を選択➡ Shift + Alt + A	対象の範囲を選択➡ shift + option + A

[コマンドパレット]での コマンド実行

VSCodeの**コマンドパレット**を利用してコマンドを実行する方法をまとめました。

[コマンドパレット]の基本操作

コマンドパレットは、F1キー（Windows、macOSで共通）、またはWindowsのShift + Ctrl + Pキー、macOSのshift + ⌃⌘ + Pキーを押すと、VSCodeの画面上部に表示されます。

▼[コマンドパレット]

コマンドパレットには、VSCodeが提供する多数の機能にアクセスするための「コマンド」が並べて表示され、任意のコマンドを選択して実行することができます。もちろん、コマンドを手動で入力して実行することもでき、その場合は入力状況に応じて候補となるコマンドが絞り込まれるので、目的のコマンドが選択しやすくなります。

▼コマンドの冒頭を入力して候補を絞り込む

A

資料

　多くのコマンドには「Preferences:」や「Jupyter:」、「File:」などのプレフィックス（接頭辞）が付加されています。例えば、JupyterのNotebookを作成する場合のコマンドは、

```
Jupyter: Create New Jupyter Notebook
```

となります。コマンドの冒頭の文字から入力していくと候補が絞り込まれていくので、上記のコマンドが表示されたら選択する（または矢印キーで選択して Enter キーを押す）と、コマンドが実行されます。一度実行したコマンドは記録され、次回からはコマンドの一覧の上位に表示されるようになります。この場合、コマンドの表記が変わることがあるので注意してください。前記のNotebookを作成するコマンドの場合は、

```
Create: New Jupyter Notebook
```

のように接頭辞が「Create:」に変わります。

　コマンドパレットにはあらかじめ、プロンプト記号の「>」が入力された状態になっています。これはコマンドを実行するためのものなので、消してしまわないように注意してください。消してしまった場合は、ファイルの検索ボックスとして機能するようになります。

▼［コマンドパレット］の「>」を削除した場合

ファイルの検索ボックスとして
機能するようになる

　本編（1章）と重複するものもありますが、使用頻度が多いと思われるコマンドの一覧を次ページに掲載しておきます。これらのコマンドは、日本語と英語での入力が可能です。

●基本設定 （接頭辞「基本設定:」）

コマンド（日本語表記）	コマンド（英語表記）
基本設定: キーボードショートカットを開く	Preferences: Open Keyboard Shortcuts
基本設定: フォルダーの設定を開く	Preferences: Open Folder Settings
基本設定: ユーザー設定を開く	Preferences: Open User Settings
基本設定: ライトテーマとダークテーマの切り替え	Preferences: Toggle between Light/Dark Themes
基本設定: ワークスペース設定を開く	Preferences: Open Workspace Settings
基本設定: 配色テーマ	Preferences: Color Themes

●その他、よく使用されるコマンド （接頭辞は付きません）

コマンド（日本語表記）	コマンド（英語表記）
ウィンドウの切り替え	Switch Window
ウィンドウを閉じる	Close Window
すべてのコマンドの表示	Show All Commands
すべてのブレークポイントを削除する	Remove All Breakpoints
すべてのブレークポイントを無効にする	Disable All Breakpoints
すべてのブレークポイントを有効にする	Enable All Breakpoints

拡張機能Pythonがインストールされている場合は、次のコマンドが利用できます。

●Python関連のコマンド

コマンド	説明
Python: Select Interpreter	現在開いているファイルで使用するPython（インタプリター）を選択する。
Python: Create Terminal	**ターミナル**パネルを開く。
Python: Start REPL	**ターミナル**パネルを開き、対話環境（REPL）を起動する。

A

資料

ビ ジ ュ ア ル ス タ ジ オ コ ー ド
Visual Studio Code
パーフェクトマスター

| 発行日 | 2023年 2月10日 | 第1版第1刷 |
| | 2023年 7月14日 | 第1版第2刷 |

きんじょう　としや
著　者　金城　俊哉

発行者　斉藤　和邦
発行所　株式会社　秀和システム
　　　　〒135-0016
　　　　東京都江東区東陽2-4-2　新宮ビル2F
　　　　Tel 03-6264-3105（販売）Fax 03-6264-3094
印刷所　三松堂印刷株式会社　　　　　Printed in Japan

ISBN978-4-7980-6797-1 C3055

サンプルデータの解凍方法

🌐 **ダウンロードページ**
https://www.shuwasystem.co.jp/
books/vscodepermas191/

　サンプルデータは、zip形式で章ごとに圧縮されていますので、解凍してからお使いください。

▼サンプルデータのフォルダー構造

❶ Webブラウザーを起動し、ダウンロードページのアドレスを入力します。

❷ ダウンロードページが表示されますので、ダウンロードしたいファイル名を右クリックします。

▼名前を付けてリンクを保存をクリックする

❸ ショートカットメニューから**名前を付けてリンクを保存**を選択します。

▼保存場所を選択する

❹ **名前を付けて保存**ダイアログが開きますので、保存する場所を選択して（ここではデスクトップ）、**保存**ボタンをクリックします。

▼解凍する

❺ ショートカットメニューから**すべて展開**を選択します。サンプルデータが解凍されます。

※ダウンロードページのデザインは変更されることがあります。
※使用するOSやブラウザーによって動作が異なることがあります。

Windowsの基本キーボード操作

キーボードにはいろいろなキーがあります。
ここでは、よく使用するキーの名前と主な役割をおぼえておきましょう。

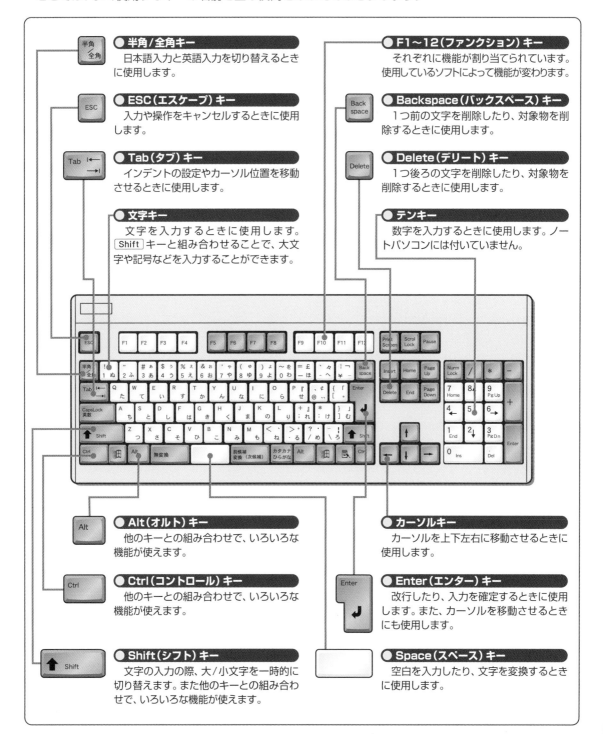

● 半角／全角キー
日本語入力と英語入力を切り替えるとき
に使用します。

● ESC（エスケープ）キー
入力や操作をキャンセルするときに使用
します。

● Tab（タブ）キー
インデントの設定やカーソル位置を移動
させるときに使用します。

● 文字キー
文字を入力するときに使用します。
Shift キーと組み合わせることで、大文
字や記号などを入力することができます。

● F1〜12（ファンクション）キー
それぞれに機能が割り当てられています。
使用しているソフトによって機能が変わります。

● Backspace（バックスペース）キー
1つ前の文字を削除したり、対象物を削
除するときに使用します。

● Delete（デリート）キー
1つ後ろの文字を削除したり、対象物を
削除するときに使用します。

● テンキー
数字を入力するときに使用します。ノー
トパソコンには付いていません。

● Alt（オルト）キー
他のキーとの組み合わせで、いろいろな
機能が使えます。

● Ctrl（コントロール）キー
他のキーとの組み合わせで、いろいろな
機能が使えます。

● Shift（シフト）キー
文字の入力の際、大／小文字を一時的に
切り替えます。また他のキーとの組み合わ
せで、いろいろな機能が使えます。

● カーソルキー
カーソルを上下左右に移動させるときに
使用します。

● Enter（エンター）キー
改行したり、入力を確定するときに使用
します。また、カーソルを移動させるとき
にも使用します。

● Space（スペース）キー
空白を入力したり、文字を変換するとき
に使用します。